기본 상수

성질	기호	값	단위
광속도	c	$2.997\,925\,58 \times 10^{8}$	$\mathrm{m\ s^{-1}}$
기본 전하	e	$1.602\,176 \times 10^{-19}$	C
패러데이 상수	$F = N_A e$	$9.648\,53 \times 10^{4}$	$\mathrm{C\ mol^{-1}}$
볼츠만 상수	k	$1.380\,65 \times 10^{-23}$	$\mathrm{J\ K^{-1}}$
기체 상수	$R = N_A k$	$8.314\,47$	$\mathrm{J\ K^{-1}\ mol^{-1}}$
		$8.314\,47 \times 10^{-2}$	$\mathrm{L\ bar\ K^{-1}\ mol^{-1}}$
		$8.205\,74 \times 10^{-2}$	$\mathrm{L\ atm\ K^{-1}mol^{-1}}$
		$6.236\,37 \times 10$	$\mathrm{L\ Torr\ K^{-1}mol^{-1}}$
		$1.987\,21$	$\mathrm{cal\ K^{-1}\ mol^{-1}}$
플랑크 상수	h	$6.626\,08 \times 10^{-34}$	J s
	$\hbar = h/2\pi$	$1.054\,57 \times 10^{-34}$	J s
아보가드로 상수	N_A	$6.022\,14 \times 10^{23}$	$\mathrm{mol^{-1}}$
원자 질량 단위	m_u	$1.660\,54 \times 10^{-27}$	kg
질량			
전자	m_e	$9.109\,38 \times 10^{-31}$	kg
양성자	m_p	$1.672\,62 \times 10^{-27}$	kg
중성자	m_n	$1.674\,93 \times 10^{-27}$	kg
진공 유전율	ε_0	$8.854\,19 \times 10^{-12}$	$\mathrm{J^{-1}\ C^2\ m^{-1}}$
	$4\pi\varepsilon_0$	$1.112\,65 \times 10^{-10}$	$\mathrm{J^{-1}\ C^2\ m^{-1}}$
진공 투과도	μ_0	$4\pi \times 10^{-7}$	$\mathrm{J\ s^2\ C^{-2}\ m^{-1}(= T^2\ J^{-1}\ m^3)}$
마그네톤			
보어	μ_B	$9.274\,01 \times 10^{-24}$	$\mathrm{J\ T^{-1}}$
핵	μ_N	$5.050\,78 \times 10^{-27}$	$\mathrm{J\ T^{-1}}$
g 값	g_e	$2.002\,32$	
보어 반지름	a_0	$5.291\,77 \times 10^{-11}$	m
미세 구조 상수	α	$7.297\,35 \times 10^{-3}$	
스테판–볼츠만 상수	σ	$5.670\,51 \times 10^{-8}$	$\mathrm{W\ m^{-2}\ K^{-1}}$
리드베리 상수	R	$1.097\,37 \times 10^{5}$	$\mathrm{cm^{-1}}$
	R_H	$1.096\,78 \times 10^{5}$	$\mathrm{cm^{-1}}$
표준 자유 낙하 가속도	g	$9.806\,65$	$\mathrm{m\ s^{-2}}$
중력 상수	G	6.673×10^{-11}	$\mathrm{N\ m^2\ kg^{-2}}$

단위 관계

SI 유도 단위	SI 기본 단위	SI 유도 단위	SI 기본 단위
N (뉴턴)	kg m s^{-2}	J (주울)	kg m^2 s^{-2}
Pa (파스칼)	kg m^{-1} s^{-2}	W (와트)	J s^{-1} = kg m^2 s^{-1}
V (볼트)	J C^{-1}	A (암페어)	C s^{-1}
S (지멘스)	Ω^{-1} = A V^{-1}	C (쿨롱)	A s

환산 인자

단위	환산 값
1 eV (전자 볼트)	1.602 18 × 10^{-19} J 96.485 kJmol^{-1} 8065.5 cm^{-1}
1 cal (칼로리)	4.184 J
1 atm (기압)	101.325 kPa 760 Torr
1 cm^{-1} (파수)	1.9864 × 10^{-23} J
1 Å (옹스트롬)	10^{-10} m

희랍 철자

철자	명칭	철자	명칭	철자	명칭	철자	명칭	철자	명칭
Α, α	알파	Β, β	베타	Γ, γ	감마	Δ, δ	델타	Ε, ε	엡실런
Ζ, ζ	제타	Η, η	에타	Θ, θ	세타	Ι, ι	이오타	Κ, κ	캐퍼
Λ, λ	람다	Μ, μ	뮤	Ν, ν	뉴	Ξ, ξ	자이/크사이	Π, π	파이(pi)
Ρ, ρ	로	Σ, σ	시그마	Τ, τ	타우	Υ, υ	윕실론	Φ, φ	파이(phi)
Χ, χ	카이	Ψ, ψ	프사이	Ω, ω	오메가				

접두어

P	T	G	M	k	d	c	m	μ	n	p	f	a
10^{15}	10^{12}	10^{9}	10^{6}	10^{3}	10^{-1}	10^{-2}	10^{-3}	10^{-6}	10^{-9}	10^{-12}	10^{-15}	10^{-18}
페타	테라	기가	메가	킬로	데시	센티	밀리	마이크로	나노	피코	펨토	아토

양자화학과 분자 구조

물리화학 연습

PHYSICAL CHEMISTRY

이민주 지음

자유아카데미

서문

이 책의 집필 동기

이 책은 저자가 펴낸 '물리화학: 양자화학과 분자 구조(자유아카데미, 2016)'에서 다룬 핵심적인 내용들을 정리 요약해 놓음은 물론 교재에 매 강에 실린 예제와 연습문제들의 풀이 과정을 자세히 제시해 놓았다. 교재에 제시된 예제와 연습문제들은 물리화학을 이해하는 데 꼭 필요한 것들만을 엄선한 것이다.

물리화학은 물리학과 수학을 이용하여 화학적 현상을 예측하고 해석한다. 따라서 물리화학의 기본 개념과 원리를 숙지하고 그와 관련된 문제들을 풀어보는 것은 물리화학을 공부하는 데 있어서 대단히 중요하다. 그럼에도 불구하고 물리화학은 심오하면서도 방대한 내용을 다루는 학문으로, 대부분의 대학에서 강의 시간의 제약으로 인하여 학생들에게 연습문제까지 풀어주기에는 거의 불가능한 실정이다.

따라서 물리화학을 공부하는 모든 학생들에게 절대적으로 필요한 문제를 푸는 데 도움이 될 수 있는 책이 필요하겠다는 생각에서 이 책을 쓰게 되었다. 이 책은 기존의 문제풀이집과는 성격이 다르다. 기존의 문제풀이집들은 단순히 문제의 풀이(대부분은 교재에 실린 문제의 일부분)만을 풀어 놓은 책으로 교재와 함께 보아야만 하였다. 그러나 이 책은 비록 저자의 교재를 바탕으로 하고 있으나, 물리화학에 대한 핵심 원리들과 문제를 함께 담아 놓아 이 책만으로도 물리화학의 핵심 내용을 복습하고, 문제를 풀어보며 공부할 수 있도록 하나의 독립적인 체제를 갖추고 있다.

이 책의 문제들은 기존의 외국 번역서들과 달리 과다하게 많은 문제들을 나열해 놓는 것을 지양하였다. 저자가 대학에서 20여 년을 강의해 본 경험에 의하면 대부분의 학생들은 그렇게 많은 문제를 제시하면 시간적인 제약 등으로 인하여 극히 일부만을 풀어보거나 아예 문제 풀기를 포기(어떤 문제를 풀어보아야 할지 학생 스스로 선택하는 것은 매우 힘든 일이므로)하는 경향을 보인다. 따라서 물리화학을 공부하는 데 있어서 꼭 풀어보아야만 하는 문제들을 엄선하여 꼼꼼하고 철저하게 풀이 과정을 제시하였으며 물리화학을 처음 공부하는 학생들의 입장에서 이해하기 쉽게 기술하려고 노력하였다.

출간 후에도 수정 사항이 있을 경우에는 자유아카데미 홈페이지(www.freeaca.com) 자료실에 제공할 예정이다.

끝으로 이 책이 물리화학을 공부하는 많은 학생들에게 도움이 될 수 있기를 바란다.

감사의 글

이 책의 출판을 기꺼이 맡아 준 자유아카데미의 주정희 사장님과 임철석 부사장님에게 감사드리며, 완성도 높은 책으로 세심히 편집을 해 주신 자유아카데미 편집부 직원들에게 감사드린다.

저자 이민주

차례

I부 양자화학

1강 양자론의 탄생
2강 양자역학의 기본 원리
3강 이상적 계에 대한 양자역학
4강 수소꼴 원자
5강 다전자 원자
6강 원자 분광학

1강 양자론의 탄생

핵심 정리

1 양자론의 기원

흑체 복사(black body radiation) 실험: 여러 온도에서 복사선의 파장이 어떻게 변하는지를 측정한 연구

흑체(black body): 모든 파장의 복사선을 균일하게 방출 또는 흡수하는 이상적 방출체

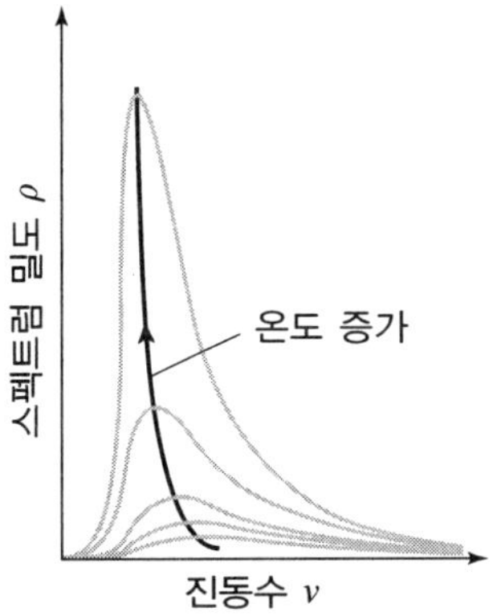

그림 흑체 복사선의 스펙트럼 분포

레일리-진스 법칙과 빈의 법칙

레일리-진스 법칙(Rayleigh-Jeans law): 낮은 진동수 영역에서 잘 맞으나 높은 진동수 영역에서는 전혀 맞지 않음

$$\rho(\nu,T)=\frac{8\pi\nu^2}{c^3}kT$$

빈의 법칙(Wien's law): 높은 진동수 영역에서 잘 맞으나 낮은 진동수 영역에서는 잘 맞지 않음

$$\rho(\nu,T)=\frac{8\pi\nu^2}{c^3}\frac{k\beta\nu}{e^{\beta\nu/T}}$$

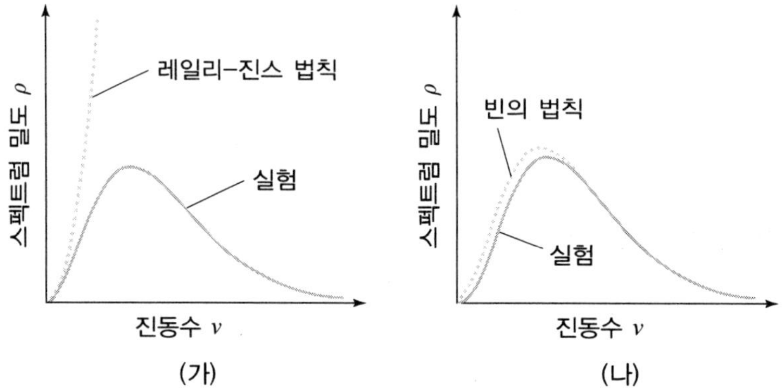

그림 흑체 복사선의 분포와 (가) 레일리–진스와 (나) 빈의 법칙 비교

플랑크 분포식(Planck distribution equation): 모든 영역에서 흑체 복사선의 분포와 일치

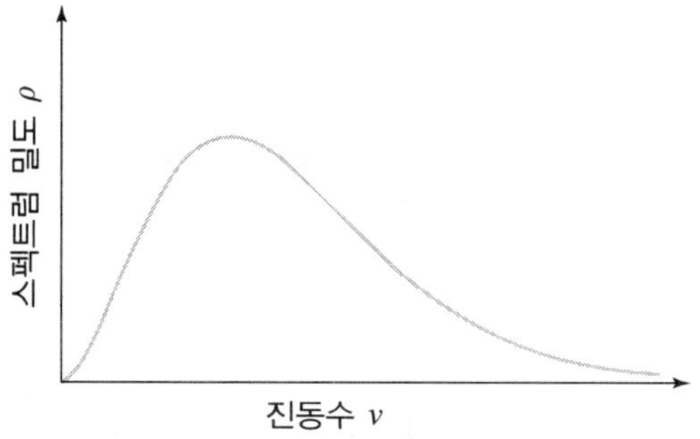

그림 흑체 복사선의 분포와 플랑크 분포식 비교

에너지의 양자화(quantization of energy): 플랑크 분포식의 결과 전자기파 진동자의 에너지는 불연속적인 값을 가짐

$$E=nh\nu \quad n=0,1,2,\cdots$$

$$h=k\beta=6.62608\times10^{-34}\ \mathrm{J\ s}$$

광전 효과(photoelectric effect): 빛을 금속 표면에 쪼였을 때 전자가 방출되는 현상

광전 효과의 특징

1. 방출되는 전자수는 빛의 세기에 비례
2. 방출되는 전자의 운동 에너지는 입사광의 진동수에 비례
3. 입사광의 진동수가 금속 고유의 문턱 진동수(ν_0)보다 낮으면 아무리 센 빛을 쪼여도 전자는 방출되지 않음

$$h\nu = \Phi + \frac{1}{2}m_e v^2$$

$$\Phi = h\nu_0 \qquad \Phi\text{: 일함수}$$

아인슈타인 빛의 양자화

빛이 입자라면, 빛의 세기(즉 밝기)는 빛의 입자수에 비례

빛의 세기 증가 → 빛이 입자수 증가 → 방출되는 전자수 증가

빛의 에너지가 $E = nh\nu$이면 빛의 에너지는 진동수 ν에 비례

빛의 진동수 증가 → 빛 입자의 에너지 증가 → 방출된 전자의 에너지 증가

아인슈타인의 광양자설

빛은 에너지의 기본 단위가 $h\nu$인 입자(광자, photon)로 이루어짐

2 원자 스펙트럼과 보어의 원자 모형

발머의 수소 원자 방출 스펙트럼

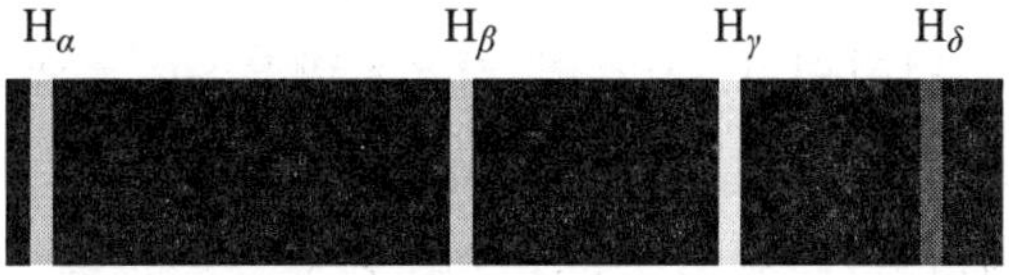

그림 가시광선 영역에서의 수소 방출 스펙트럼

$$H_\alpha = 626.21\ \text{nm},\ H_\beta = 486.01\ \text{nm},\ H_\gamma = 434.01\ \text{nm},\ H_\delta = 410.12\ \text{nm}$$

발머의 선스펙트럼 관계식

$$\lambda = \frac{n^2}{n^2 - 4}a \qquad n = 3, 4, 5, 6 \quad a = 364.56\ \text{nm}$$

리드베리 일반식

$$\nu = R\left\{\frac{1}{(n_1+a)^2} - \frac{1}{(n_2+b)^2}\right\}$$

R(리드베리 상수) = 109737.3 cm^{-1}

n_1, n_2 : 정수로 $n_2 > n_1$

a, b: 원자의 형태에 의하여 결정되는 상수

수소 원자: $a = b$

$$\nu = R_H\left\{\frac{1}{n_1^2} - \frac{1}{n_2^2}\right\}$$

R_H = 109677.6 cm^{-1}

리드베리 식의 의미: 원자가 방출하는 빛은 무엇인가 두 값의 차이

원자가 방출하는 빛 = (   ) − (   )

보어의 원자 모형

보어의 가정

1. 원자 내 전자의 에너지는 $E = nh\nu$ (n = 0, 1, 2, ⋯)인 불연속적인 값만을 가짐
2. 전자들은 핵 주위의 어떤 특별한 궤도에서만 원운동을 하며 이들 궤도 위에서 운동할 때는 에너지를 방출하거나 흡수하지 않음
3. 원자 내 전자의 에너지는 원자핵으로부터 전자까지의 거리에 의하여 결정되고, 전자의 각운동량은 $h/2\pi$의 정수 배
4. 바깥쪽 궤도에 있는 전자가 안쪽으로 전이하면 궤도가 작아지고 에너지가 역시 감소하며 궤도 간의 에너지 차에 해당하는 에너지만큼을 광양자로 방출

$$\Delta E = E_{n_2} - E_{n_1} = h\nu$$

$$\lambda = \frac{n^2}{n^2 - 4}a \quad \text{(보어의 진동수 관계식)}$$

전자 궤도 반지름과 에너지 준위

$$r = \frac{4\pi\varepsilon_0\hbar^2 n^2}{m_e e^2 Z}$$

$$E_n = -\frac{m_e e^4}{8\varepsilon_0^2 h^2}\frac{1}{n^2} \qquad (n = 1, 2, 3, \cdots)$$

3 파동–입자 이중성

파동–입자 이중성(wave-particle duality): 어떤 경우에는 파동 같은 성질을 나타내고, 또 다른 경우에는 입자 같은 성질을 나타내는 것

드브로이 파동–입자 관계식: 운동하는 입자의 파장과 운동량 사이의 관계

$$p = \frac{h}{\lambda}$$

4 양자 조건과 불확정성 원리

양자 조건(quantum condition): 양성자(즉 핵) 주위를 도는 전자가 안정성을 유지하기 위한 조건

궤도 위를 도는 파동의 양자 조건

$$2\pi r = n\lambda \qquad n = 1, 2, 3, \cdots$$

보어의 양자 조건

$$pr = n\frac{h}{2\pi} = n\hbar \qquad \hbar = \frac{h}{2\pi}$$

하이젠베르크 불확정성 원리(Hesenberg uncertainty principle): 모든 물체는 파동–입자 이중성을 가지므로 어떤 물체에 대한 위치와 운동량은 동시에 정밀하게 측정할 수 없음

위치의 불확정성 Δx와 운동량의 불확정성 Δp와의 관계

$$\Delta x \Delta p \geq h$$

예제

1.1 수소 원자에 대하여 다음을 구하시오.

(1) 에너지가 바닥 상태에 있는 수소 원자의 반지름

(2) 이 상태에 있는 수소 원자의 에너지

풀이 보어의 식을 사용하여 원자의 반지름과 에너지를 구하는 문제이다.

(1) **전자 궤도의 반지름 식에** 수소이므로 $Z=1$, 바닥 상태이므로 $n=1$을 적용하여 계산하면 다음과 같이 수소 원자의 바닥 상태 반지름(a_0라

고 함)을 구할 수 있다.

$$r = a_0 = \frac{4\pi\varepsilon_0\hbar^2 n^2}{m_e e^2 Z}$$

$$= \frac{4\pi(8.854\times10^{-12}\ \mathrm{J^{-1}\ C^2\ m^{-1}})(1.055\times10^{-34}\ \mathrm{J\ s})^2(1)^2}{(9.109\times10^{-31}\ \mathrm{kg})(1.602\times10^{-19}\ \mathrm{C})^2(1)}$$

$$= 5.292\times10^{-11}\ \mathrm{J\ m^{-1}\ s^2\ kg}$$

$$\mathbf{= 5.292\times10^{-11}\ m}$$

(2) 수소 원자의 에너지 준위 식으로부터 수소 원자의 바닥 상태(n = 1)의 에너지를 구하면 다음과 같다.

$$E_1 = -\frac{m_e e^4}{8\varepsilon_0^2 h^2}\frac{1}{1^2}$$

$$= \frac{(9.109\times10^{-31}\ \mathrm{kg})(1.602\times10^{-19}\ \mathrm{C})^4(1)^2}{(8)(8.854\times10^{-12}\ \mathrm{J^{-1}\ C^2\ m^{-1}})^2(6.626\times10^{-34}\ \mathrm{J\ s})^2}\frac{1}{1^2}$$

$$\mathbf{= 2.180\times10^{-18}\ J}$$

답 (1) $r = 5.292\times10^{-11}$ m (2) $E_1 = 2.180\times10^{-18}$ J

1.2 어떤 전자가 빛의 $\frac{1}{10}$의 속도로 운동한다. 이 전자의 파장은 얼마가 되겠는가?

풀이 드브로이 식으로부터 운동하는 입자의 파장을 구하는 문제이다. 드브로이 식을 파장에 대하여 정리하면 다음과 같다.

$$\lambda = \frac{h}{p}$$

여기에서 운동량 $p = mv$ 이므로 다음과 같이 구해진다.

$$p = m_e v$$

$$= (9.109\times10^{-31}\ \mathrm{kg})(2.998\times10^{7}\ \mathrm{m\ s^{-1}})$$

$$= 2.731\times10^{-23}\ \mathrm{kg\ m\ s^{-1}}$$

그러므로 이 전자의 파장은 다음과 같다.

$$\lambda = \frac{h}{p}$$
$$= \frac{6.626\times10^{-34}\ \text{J s}}{2.731\times10^{-23}\ \text{kg m s}^{-1}}$$
$$= 2.426\times10^{-11}\ \text{m} = \mathbf{24.26\ pm}$$

답 $\lambda = 24.26$ pm

1.3 수소 원자의 첫 번째 궤도를 도는 전자의 속도는 얼마가 되겠는가?

풀이 보어 궤도에서 운동하는 분자의 속도를 구하는 문제이다.

$n=1$인 보어 궤도를 도는 전자의 속도는 다음과 같이 계산된다.

$$v = \frac{n\hbar}{m_e r}$$
$$= \frac{(1)(1.055\times10^{-34}\ \text{J s})}{(9.109\times10^{-31}\ \text{kg})(5.291\times10^{-11}\ \text{m})}$$
$$= \mathbf{2.189\times10^{6}\ m\ s^{-1}}$$

답 $v = 2.189\times10^{6}$ m s^{-1}

1.4 원자 내 전자의 위치를 Δx = 50 pm 이내의 정확성을 가지고 측정하려 한다. 다음을 구하시오.

(1) 운동량의 불확정성

(2) 속도의 불확정성

풀이 하이젠베르크의 불확정성 원리를 적용하여 운동량과 속도의 불확정성을 구하는 문제이다.

(1) 불확정성 관계식을 Δp에 대하여 정리하여 계산하면 다음과 같이 구해진다.

$$\Delta p = \frac{h}{\Delta x} = \frac{6.626\times10^{-34}\ \text{J s}}{50\times10^{-12}\ \text{m}}$$
$$= \mathbf{1.3\times10^{-23}\ kg\ m\ s^{-1}}$$

(2) $\Delta p = m\Delta v$이므로 속도의 불확정성은 다음과 같이 구해진다.

$$\boldsymbol{\Delta v} = \frac{\Delta p}{m_e} = \frac{1.3\times10^{-23}\ \text{kg m s}^{-1}}{9.109\times10^{-31}\ \text{kg}}$$
$$= \mathbf{1.4\times10^{7}\ m\ s^{-1}}$$

답 (1) $\Delta p = 1.3\times10^{-23}\ \text{kg m s}^{-1}$ (2) $\Delta v = 1.4\times10^{7}\ \text{m s}^{-1}$

연습 문제

1.1 양자론이 태동하게 된 계기를 간략하게 설명하시오.

1.2 플랑크가 에너지의 양자화 개념을 제시하게 된 이유를 설명하시오.

1.3 전자기파의 진동수 $\nu = \frac{c}{\lambda}$ 와 플랑크 상수 $h = k\beta$를 이용하여 플랑크의 흑체 복사선 식 $\rho(\nu,T) = \frac{8\pi\nu^2}{c^3}\frac{k\beta\nu}{e^{\beta\nu/T}-1}$ 가 다음과 같이 됨을 보이시오.

(1) $\rho(\nu,T) = \frac{8\pi h\nu^3}{c^3}\frac{1}{e^{h\nu/kT}-1}$

(2) $\rho(\lambda,T)d\lambda = \frac{8\pi hc}{\lambda^5}\frac{1}{e^{hc/kT}-1}d\lambda$

1.4 열역학적으로 유도되어 별의 표면 온도를 예측하는 데 사용한 슈테판-볼츠만 법칙에 의하면 단위 시간, 단위 면적당 흑체에서 방출되는 총 에너지는 다음과 같이 된다.

$$E = \frac{c}{4}E_V = \sigma T^4$$

여기에서 E_V는 총 복사 에너지 밀도이고, $\sigma = 5.6697 \times 10^{-8}\ \mathrm{J\,m^{-2}\,K^{-4}\,s^{-1}}$ 이다. 플랑크의 분포식을 모든 진동수에 대하여 적분하여 그 결과를 슈테판-볼츠만 법칙과 비교하시오.

1.5 Cu 금속에 대한 광전 효과 실험으로부터 조사한 빛의 진동수와 방출된 전자의 운동 에너지에 대하여 다음과 같은 결과를 얻었다.

$\nu/10^{16}\ \mathrm{s^{-1}}$	1.00	1.50	2.00	2.50	3.00
$E_k/10^{-17}\ \mathrm{J}$	0.586	0.917	1.25	1.58	1.91

이 결과를 도시하여 다음을 구하시오.

(1) 플랑크 상수 (2) 일함수

1.6 Na 금속의 일함수 Φ는 1.82 eV이다. 300 nm의 빛을 이 금속 표면에 쪼였을 때 정지 전위가 1.83 V로 측정되었다. 다음을 구하시오.

(1) 문턱 진동수 (2) 방출 전자의 속력

1.7 발머의 수소 원자 선스펙트럼에서 측정된 H_α = 626.21 nm를 진동수와 파수로 환산하시오.

1.8 수소 원자 스펙트럼에서 라이먼 계열은 $n_1 = 1$, $n_2 = 2, 3, 4, \cdots$이다. 리드베리 식으로부터 라이먼 계열의 두 번째 선의 파장을 구하시오.

1.9 보어의 원자 모형 이론을 적용하여 수소 원자의 이온화 에너지(I)를 다음 각 단위에 대하여 구하시오.

(1) 파수(cm^{-1}) (2) J (3) eV

1.10 H, He^+, Li^{2+}의 첫 번째 보어 반지름을 구하고, 각 입자의 부피를 비교하시오. [1]

1.11 n번째 보어 궤도를 도는 전자의 속력이 다음 식과 같이 됨을 보이고,

$$v = \frac{Ze^2}{2\varepsilon_0 nh}$$

다음을 구하시오.

(1) 수소 원자의 처음 세 궤도를 도는 전자의 속력

(2) Li^{2+}의 처음 세 궤도를 도는 전자의 속력

1.12 다음 입자들의 드브로이 파장을 구하시오.

(1) 100 eV의 운동 에너지를 가진 전자

(2) 100 eV의 운동 에너지를 가진 양성자

(3) 수소 원자의 첫 번째 보어 궤도를 도는 전자

1.13 불확정성 원리는 에너지와 시간에 대해서도 존재하며 다음과 같다.

$$\Delta E \Delta t \geq h$$

이 관계식은 원자와 분자의 들뜬 상태의 에너지와 수명에 적용할 수 있다. 들뜬 상태 수명이 10 ns일 때 이 상태의 에너지 불확정성은 얼마가 되겠는가?

1.14 문제 1.13의 식은 질량 m인 입자는 $\Delta t \leq h/\Delta E$의 시간에서는 물질로 존재하지 않다가 Δt 또는 그 이상의 시간에서는 물질화될 수 있음을 나타낸다. 소립자인 파이온(pion, π)의 질량은 2.5×10^{-28} kg이다. 파이온이 물질화되어 실제 입자가 되는 최소 수명은 얼마가 되겠는가? ($E = mc^2$ 관계를 사용하시오.)

---

[1] 구의 부피: $V = \frac{4}{3}\pi r^3$

2강 양자역학의 기본 원리

핵심 정리

1 고전적 파동 방정식

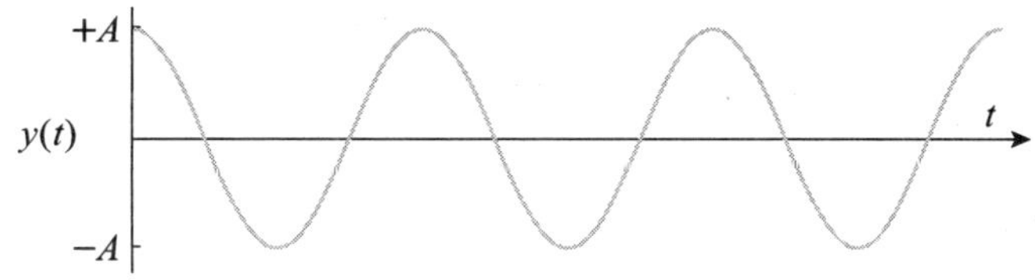

그림 x축을 따라 이동하는 파동. 코사인 파 $y(t) = A\cos\omega t$

사인 파의 임의 시간 t에서의 파동 방정식

$$y = A\sin 2\pi\left(\frac{x}{\lambda} - \nu t\right) \quad \text{(파동 방정식 1)}$$

y: 파동 함수, A: 진폭, λ: 파장, ν: 진동수

$$\frac{\partial^2 y}{\partial x^2} = \frac{1}{v^2}\frac{\partial^2 y}{\partial t^2} \quad \text{(파동 방정식 2)}$$

v: 파동의 이동 속도

경계 조건(boundary condition)

$$y(0,t) = 0 \qquad y(l,t) = 0 \qquad (\text{모든 } t\text{에서})$$

파동 방정식의 해

$$y(x,t) = X(x)T(t)$$

$$X(x) = B\sin\frac{n\pi}{l}x \qquad n = 1,\ 2,\ 3,\ \cdots$$

$$T(t) = D\cos\omega_{\mathrm{n}}t + E\sin\omega_{\mathrm{n}}t$$

$$\omega_{\mathrm{n}} = \beta v = \frac{n\pi v}{l}$$

$$y_n(x,t) = \sum_{n=1}^{\infty} y_n(x,t)$$
$$= \sum_{n=1}^{\infty} A_n \cos(\omega_n t + \phi_n) \sin\frac{n\pi}{l} x$$

A_n: 각 파동의 진폭, ϕ_n: 각 파동의 위상

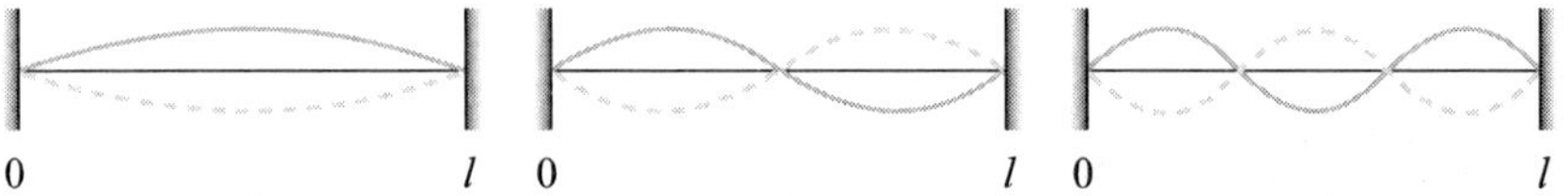

그림 진동하는 끈의 처음 세 기준 방식. 마디수 $= n - 1$

2 연산자

연산자와 피연산자

연산자(operator): 특정한 계산을 수행하라는 명령어, 일반적으로 기호 위에 '^' (탈자 부호, caret)를 붙여 표기

피연산자(operand): 연산자에 의하여 연산의 대상이 되는 수 또는 함수

연산 꼴

(연산자)·(피연산자: 함수 또는 상수) = (다른 함수 또는 상수)

연산 규칙

덧셈과 뺄셈

$$\left(\hat{A} + \hat{B}\right) f = \hat{A}f + \hat{B}f$$
$$\left(\hat{A} - \hat{B}\right) f = \hat{A}f - \hat{B}f$$

$$\left(\hat{A} + \hat{B}\right) = \hat{B} + \hat{A}$$
$$\left(\hat{A} - \hat{B}\right) = -\hat{B} + \hat{A}$$

곱셈

$$\hat{C}f = \hat{A}\hat{B}f$$

$\hat{C}$: 두 연산자 $\hat{A}$와 $\hat{B}$의 곱에 의하여 만들어진 새로운 연산자

$$\hat{C}f = \hat{A}\hat{B}f = \hat{A}\left(\hat{B}f\right) = \hat{A}f' = f''$$

교환 가능과 교환 불가능

$$\hat{A}\hat{B} = \hat{B}\hat{A} \qquad (\text{교환 가능})$$

$$\hat{A}\hat{B} \neq \hat{B}\hat{A} \qquad (\text{교환 불가능})$$

교환자: 교환 가능한 두 연산자 $\hat{A}$와 $\hat{B}$로부터 만들어진 새로운 연산자 $\hat{A}\hat{B} - \hat{B}\hat{A}$

$$[\hat{A}, \hat{B}] = \hat{A}\hat{B} - \hat{B}\hat{A} \qquad (\text{교환자의 정의})$$

양자역학 연산자

선형 연산자(linear operator): 둘 이상의 함수의 합으로 이루어진 함수를 연산할 때 각 함수를 분리하여 연산하여도 같은 결과를 주는 연산자, 양자역학에서는 선형 연산자만을 다룸

$$\hat{A}(f+g) = \hat{A}f + \hat{A}g$$

$$\hat{A}cf = c\hat{A}f$$

c: 상수

고유 함수(eigenfunction)와 고유값(eigenvalue)

$$\hat{A}\phi = a\phi \qquad (\text{고유값 방정식})$$

ϕ: 고유 함수, a: 고유값

에르미트 연산자(Hermite operator, 또는 Hermitian): 고유 함수가 복소수일 때 고유값이 실수가 되게 하는 연산자

$$\int \phi^* \hat{A}\phi \mathrm{d}x = \left\{ \int \phi^* \hat{A}\phi \mathrm{d}x \right\}^* = \int \phi \hat{A}\phi^* \mathrm{d}x \qquad (\text{에르미트성})$$

※물리적으로 측정 가능한 양들에 대한 양자역학적 연산자는 선형이며 에르미트 연산자

벡터 연산자와 라플라스 연산자

벡터 연산자(∇)

$$\nabla = \mathbf{i}\frac{\partial}{\partial x} + \mathbf{j}\frac{\partial}{\partial y} + \mathbf{k}\frac{\partial}{\partial z}$$

라플라스 연산자(Laplacian, ∇^2)

$$\nabla^2 = \frac{\partial^2}{\partial x^2} + \frac{\partial^2}{\partial y^2} + \frac{\partial^2}{\partial z^2}$$

3 슈뢰딩거 방정식

슈뢰딩거 방정식(Schröndinger equation): 양자역학의 기본 방정식으로 그 해인 파동 함수는 계에 대하여 입자성과 파동성을 모두 포함하여 물질의 성질을 완전하게 나타냄

$$\frac{d^2\psi(x)}{dx^2}+\frac{2m}{\hbar^2}\{E-V(x)\}\psi(x)=0 \qquad \text{(슈뢰딩거 방정식 1)}$$

$$-\frac{\hbar^2}{2m}\frac{d^2\psi(x)}{dx^2}+V(x)\psi(x)=E\psi(x) \qquad \text{(슈뢰딩거 방정식 2)}$$

파동 함수 ψ의 허용 조건

- ψ는 유한해야 함, 즉 무한히 발산하지 않아야 함
- ψ는 단일 값을 가져야 함
- ψ는 모든 영역에서 연속이어야 함
- ψ의 1차 도함수 $d\psi/dx$ 역시 연속이어야 함

측정 가능 양에 대한 양자역학 연산자

표 고전역학적 측정 가능 변수와 대응되는 양자역학 연산자

변수 이름	기호	연산자 기호	연산자
위치	x	$\hat{x}$	$x\times$
	r	$\hat{r}$	$r\times$
운동량	p_x	$\hat{p}_x$	$-i\hbar\frac{\partial}{\partial x}$
	p	$\hat{p}$	$-i\hbar\left(\frac{\partial}{\partial x}+\frac{\partial}{\partial x}+\frac{\partial}{\partial x}\right)$
운동 에너지	$E_{k,x}$	$\hat{T}_x$	$-\frac{\hbar^2}{2m}\frac{\partial^2}{\partial x^2}$
	E_k	$\hat{T}$	$-\frac{\hbar^2}{2m}\nabla^2$
퍼텐셜 에너지	$V(x)$	$\hat{V}(x)$	$V(x)\times$
	$V(x,y,z)$	$\hat{V}(x,y,z)$	$V(x,y,z)\times$
전체 에너지	E	$\hat{H}$	$\hat{H}=\hat{T}+\hat{V}$
각운동량	l	$\hat{l}$	$-i\hbar r\nabla$

변수 이름	기호	연산자 기호	연산자
	l_x	$\hat{l}_x$	$-i\hbar\left(y\frac{\partial}{\partial z}-z\frac{\partial}{\partial y}\right)$
	l_y	$\hat{l}_y$	$-i\hbar\left(z\frac{\partial}{\partial x}-x\frac{\partial}{\partial z}\right)$
	l_z	$\hat{l}_z$	$-i\hbar\left(x\frac{\partial}{\partial y}-y\frac{\partial}{\partial x}\right)$

4 양자역학 가설과 일반 원리

양자역학 가설(또는 공리): 양자역학 이론의 토대가 되는 기본 가정

가설 1: 역학적 계에 대한 모든 정보는 파동 함수 $\Psi(r,t)$에 담겨 있다. 따라서 계의 상태는 $\Psi(r,t)$로 완전하게 기술된다. 주어진 시간 t에서 어떤 공간 τ와 $d\tau$ 사이에서 발견될 확률은 $\Psi^*\Psi d\tau$이다.

가설 2: 고전역학적으로 측정 가능한 양에는 그에 대응하는 양자역학적 선형 연산자가 존재한다.

가설 3: 어떤 연산자 $\hat{A}$에 대응하는 측정 가능한 양의 측정에서 측정되는 값은 고유값 방정식을 만족시키는 고유값뿐이다.

가설 4: 어떤 계가 $\Psi(r,t)$로 기술될 때 일련의 측정값들에 대한 평균값은 대응하는 연산자에 대한 기댓값(expectation value)과 동일하다.

$$\langle A\rangle = \frac{\int\psi^*\hat{A}\psi d\tau}{\int\psi^*\psi d\tau} \qquad \text{(기댓값의 정의)}$$

가설 5: 양자역학적 계의 시간에 따른 변화는 시간-의존 슈뢰딩거 방정식에 따른다.

양자역학 일반 원리

입자를 발견할 확률 밀도(probability density)

$$\text{확률 밀도} = \psi^*\psi \text{ 또는 } |\psi|^2$$

정규화(normalization)

$$\int_{-\infty}^{\infty} N\psi^* N\psi d\tau = N^2\int_{-\infty}^{\infty}\psi^*\psi d\tau = 1$$

$$N = \frac{1}{\left(\int_{-\infty}^{\infty} \psi^* \psi \mathrm{d}\tau\right)^{1/2}} \quad \text{(정규화 상수)}$$

직교성(orthogonality)

$$\int_{-\infty}^{\infty} \psi_{\mathrm{i}}^* \psi_{\mathrm{j}} \mathrm{d}\tau = 0 \quad (i \neq j)$$

직교정규성(orthonomality)

$$\int_{-\infty}^{\infty} \psi_{\mathrm{i}}^* \psi_{\mathrm{j}} \mathrm{d}\tau = \delta_{\mathrm{ij}}$$

$$\delta_{\mathrm{ij}} = 0 \quad (i \neq j) \quad \text{(직교성)}$$

$$\delta_{\mathrm{ij}} = 1 \quad (i = j) \quad \text{(정규화)}$$

브라켓 표기법(braket notation)

브라(bra): $\langle n | \equiv \int \psi_{\mathrm{n}}^*$

켓(ket): $| n \rangle \equiv \psi_{\mathrm{n'}} \mathrm{d}\tau$

직교성: $\int \psi_{\mathrm{n}}^* \psi_{\mathrm{n'}} d\tau = \langle n | n' \rangle = 0 \quad (n \neq n')$

정규화: $\int \psi_{\mathrm{n}}^* \psi_{\mathrm{n'}} d\tau = \langle n | n' \rangle = 1 \quad (n = n')$

기댓값: $\langle A \rangle = \int \psi_{\mathrm{n}}^* \hat{A} \psi_{\mathrm{n'}} \mathrm{d}\tau = \langle n | A | n' \rangle$

중첩과 파속

중첩(superposition): 전체 파동 함수가 다음과 같이 두 개 이상의 파동 함수로 구성되는 것

$$\Psi = c_1\psi_1 + c_2\psi_2 + \cdots = \sum_{\mathrm{k}} c_{\mathrm{k}}\psi_{\mathrm{k}}$$

파속(wave packet): 중첩에 의하여 예리하게 국지화된 파동 함수

예제

2.1 다음 연산을 하시오.

(1) $\hat{A}(2x)$ $\hat{A}=\frac{d^2}{dx^2}$ (2) $\hat{A}(xy^3)$ $\hat{A}=\frac{\partial}{\partial y}$

(3) $\hat{A}(x^2)$ $\hat{A}=\frac{d^2}{dx^2}+2\frac{d}{dx}+3$

풀이 연산자의 의미를 간단한 연산을 통하여 이해하는 문제이다.

(1) $\hat{A}(2x)=\frac{d^2}{dx^2}(2x)=\frac{d}{dx}(2)=\mathbf{0}$

(2) $\hat{A}(xy^3)=\frac{\partial}{\partial y}(xy^3)=\mathbf{3xy^2}$

(3) $\hat{A}(x^2)=\frac{d^2}{dx^2}x^2+2\frac{d}{dx}x^2+3x^2=\mathbf{2+4x+3x^2}$

답 (1) $\hat{A}(2x)=2$ (2) $\hat{A}(xy^3)=3xy^2$ (3) $\hat{A}(x^2)=2+4x+3x^2$

2.2 함수 $y(x)=\cos x$가 다음 연산자들에 대하여 고유 함수인지를 밝히고, 고유 함수이면 고유값을 구하시오.

(1) $\frac{d}{dx}$ (2) $\frac{d^2}{dx^2}$

풀이 연산자에 대한 고유 함수 여부와 고유값을 구하는 문제이다.

(1) $\frac{d}{dx}(\cos x)=-\sin x$, $\cos x$는 연산자 $\frac{d}{dx}$의 **고유 함수가 아님**

(2) $\frac{d^2}{dx^2}(\cos x)=\frac{d}{dx}(-\sin x)=-\cos x$, $\cos x$는 연산자 $\frac{d^2}{dx^2}$의 **고유 함수, 고유값 $=-1$**

답 (1) 고유 함수가 아님 (2) 고유 함수, 고유값 $=-1$

2.3 다음 파동 함수를 주어진 구간에 대하여 정규화하시오.

(1) $e^{-x^2/2}$ $(-\infty,\infty)$ (2) $e^{-i\theta}$ $(0, 2\pi)$

풀이 정규화된 파동 함수를 구하는 문제이다.

(1) $\psi = e^{-x^2/2}$, $\psi^* = e^{-x^2/2}$ 이므로 전체 공간에서 확률은 다음과 같이 구해진다.

$$\int_{-\infty}^{\infty} \psi^* \psi \mathrm{d}x = \int_{-\infty}^{\infty} e^{-x^2/2} e^{-x^2/2} \mathrm{d}x = 2\int_0^{\infty} e^{-x^2} \mathrm{d}x = \pi^{1/2}$$

그러므로 정규화 상수는 다음과 같이 된다.

$$N = \frac{1}{\left(\pi^{1/2}\right)^{1/2}} = \pi^{-1/4}$$

따라서 정규화된 파동 함수는 다음과 같다.

$$\boldsymbol{\psi = \pi^{-1/4} e^{-x^2/2}}$$

(2) $\psi = e^{i\theta}$, $\psi^* = e^{-i\theta}$ 이므로 전체 공간에서 확률과 정규화 상수는 다음과 같이 구해진다.

$$\int_0^{2\pi} e^{-i\theta} e^{i\theta} \mathrm{d}\theta = \int_0^{2\pi} \mathrm{d}\theta = 2\pi$$

$$N = \frac{1}{(2\pi)^{1/2}}$$

$$\boldsymbol{\psi = \frac{1}{(2\pi)^{1/2}} e^{i\theta}}$$

답 (1) $\psi = \pi^{-1/4} e^{-x^2/2}$ (2) $\psi = \dfrac{1}{(2\pi)^{1/2}} e^{i\theta}$

연습 문제

2.1 다음 미분을 하시오.

(1) $\dfrac{\mathrm{d}\left\{x^3 + \sin x\right\}}{\mathrm{d}x}$　　(2) $\dfrac{\mathrm{d}\{(\sin x)(\cos x)\}}{\mathrm{d}x}$

(3) $\dfrac{\mathrm{d}(1/\sin x)}{\mathrm{d}x}$　　(4) $\dfrac{\mathrm{d}\left(x^2/\sin x\right)}{\mathrm{d}x}$

(5) $\dfrac{\mathrm{d}e^{ax^2}}{\mathrm{d}x}$

2.2 다음 연산을 수행하여 연산자에 대하여 함수가 고유 함수인지를 밝히고, 고유 함수이면 고유값을 말하시오.

(1) $\dfrac{\mathrm{d}^3}{\mathrm{d}x^3}(x^3)$　　(2) $\left\{x\left(\dfrac{\partial}{\partial x}\right)+y\left(\dfrac{\partial}{\partial y}\right)\right\}(xy)$

(3) $\dfrac{\partial^2}{\partial\theta^2}(\sin\theta\cos\phi)$　　(4) $\dfrac{\mathrm{d}^2}{\mathrm{d}x^2}(\cos ax)$

(5) $\dfrac{\mathrm{d}^2}{\mathrm{d}x^2}(\sin^2 x)$　　(6) $\dfrac{\mathrm{d}^2}{\mathrm{d}x^2}(e^{-ix})$

(7) $\dfrac{1}{\sin\theta}\dfrac{\mathrm{d}}{\mathrm{d}\theta}\left(\sin\theta\dfrac{\mathrm{d}}{\mathrm{d}\theta}\right)(3\cos^2\theta-1)$

2.3 다음의 함수와 연산자들에 대하여 연속 연산 $\hat{A}\hat{B}f(x)$를 구하시오.

(1) $\hat{A}=\dfrac{\mathrm{d}}{\mathrm{d}x},\ \hat{B}=x,\ f(x)=xe^{-ax^2}$

(2) $\hat{A}=x,\ \hat{B}=\dfrac{\mathrm{d}}{\mathrm{d}x},\ f(x)=xe^{-ax^2}$

(3) $\hat{A}=x\dfrac{\partial}{\partial y},\ \hat{B}=y\dfrac{\partial}{\partial x},\ f(x)=xe^{-a(x^2+y^2)}$

2.4 다음 복소수를 $re^{i\theta}$ 꼴로 나타내시오.

(1) $7-5i$　　(2) $-5i$

(3) $\dfrac{3+i}{1-2i}$　　(4) $\dfrac{3-i}{1+2i}$

2.5 함수 $Ae^{-ik_x x}e^{-ik_y y}e^{-ik_z z}$ 에 대하여 다음 연산자에 대한 연산을 하여 고유값을 구하시오.

(1) $\nabla\left(=\dfrac{\partial}{\partial x}+\dfrac{\partial}{\partial y}+\dfrac{\partial}{\partial z}\right)$ (2) $\nabla^2\left(=\dfrac{\partial^2}{\partial x^2}+\dfrac{\partial^2}{\partial y^2}+\dfrac{\partial^2}{\partial z^2}\right)$

2.6 다음 미분 방정식의 일반해를 구하시오.

(1) $\dfrac{\mathrm{d}y}{\mathrm{d}x}+3y=0$ (2) $\dfrac{\mathrm{d}^2y}{\mathrm{d}x^2}-3\dfrac{\mathrm{d}y}{\mathrm{d}x}+2y=0$

(3) $\dfrac{\mathrm{d}^2y}{\mathrm{d}x^2}+y=0$ (4) $\dfrac{\mathrm{d}y}{\mathrm{d}x}-2y=0,\ y(0)=-2$ 일 때

(5) $\dfrac{\mathrm{d}^2y}{\mathrm{d}x^2}-5\dfrac{\mathrm{d}y}{\mathrm{d}x}+6y=0,\ y(0)=-1,\ \dfrac{\mathrm{d}y}{\mathrm{d}x}=0\,(x=0$에서$)$일 때

(6) $\dfrac{\mathrm{d}^2x}{\mathrm{d}t^2}+\omega^2x(t)=0,\ x(0)=A,\ \dfrac{\mathrm{d}x}{\mathrm{d}t}=0\,(t=0$에서$)$일 때

2.7 다음 파동 함수가 진동수 $\nu=\dfrac{\omega}{2\pi}$ 로 진동함을 보이시오.

(1) $x(t)=\cos\omega t$ (2) $x(t)=A\sin\omega t+B\cos\omega t$

2.8 다음 함수가 주어진 구간에서 파동 함수 ψ로 적절한지 여부를 판단하시오.

(1) e^{-x} (구간: $0\sim\infty$) (2) e^{-x} (구간: $-\infty\sim\infty$)

(3) $e^{-|x|}$ (구간: $-\infty\sim\infty$) (4) $\dfrac{\sin x}{x}$ (구간: $0\sim\infty$)

2.9 함수 $y(t)=c_1\sin\omega t+c_2\cos\omega t$ 는 $y(t)=A\sin(\omega t+\phi)$ 꼴로 변환될 수 있음을 보이시오.

2.10 함수 e^{ikx}가 선형 운동량 연산자 $\hat{p}_x=-i\hbar\dfrac{\partial}{\partial x}$ 의 고유 함수임을 보이고 고유값을 구하시오.

2.11 $\hat{A}$ 가 에르미트 연산자이고 ϕ가 고유값 a를 갖는 고유 함수이면 a가 실수임을 보이시오.

2.12 양자역학적 연산자는 에르미트 연산자이어야 한다. 운동량 연산자 $\hat{p}_x$가 에르미트 연산자임을 보이시오.

2.13 운동량 연산자와 위치 연산자에 대하여 $[\hat{p}_x, x]$를 구하시오.

2.14 1차원 상자 속 입자의 정규화된 파동 함수는 다음과 같다.

$$\psi_n(x) = \sqrt{\frac{2}{a}}\sin\frac{n\pi}{a}x \qquad 0 \le x \le a$$

입자가 길이 0과 $\frac{a}{2}$ 사이에서 발견될 확률 P를 구하시오.

2.15 문제 2.14에 주어진 1차원 상자 속 입자의 파동 함수에 대하여 운동 에너지의 기댓값을 구하시오.

3강 이상적 계에 대한 양자역학

핵심 정리

1 병진 운동

병진 운동(translational motion): 입자가 다른 힘의 작용에 구속되지 않고 공간에서 선형 운동하는 것

자유 입자(free particle): 공간에서 아무런 힘의 구속도 없고 이동 공간의 제약도 없이 자유롭게 움직이는 입자

퍼텐셜 에너지 연산자: $\hat{V}=0$

해밀토니안: $\hat{H}=\hat{T}=-\dfrac{\hbar^2}{2m}\dfrac{\mathrm{d}^2}{\mathrm{d}x^2}$

슈뢰딩거 방정식: $\hat{H}\psi=-\dfrac{\hbar^2}{2m}\dfrac{\mathrm{d}^2\psi}{\mathrm{d}x^2}=E\psi$

파동 함수: $\psi_{\mathrm{k}}=Ae^{ikx}+Be^{-ikx}$

에너지: $E=\dfrac{k^2\hbar^2}{2m}$

상자 속 입자(particle in a box): 일정한 공간 영역에 갇혀 병진 운동하는 입자 모형

1차원 상자 속 입자

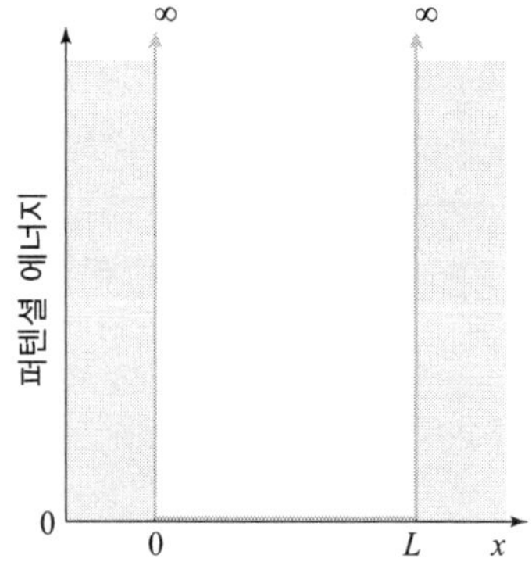

그림 1차원 상자 모형

$$상자\ 안:\ V(x) = 0 \quad (0 < x < L)$$
$$상자\ 밖:\ V(x) = \infty \quad (x \le 0,\ x \ge L)$$

슈뢰딩거 방정식: $\hat{H}\psi = -\frac{\hbar^2}{2m}\frac{d^2\psi}{dx^2} = E\psi$

경계 조건: $\psi_k(0) = 0,\ \psi_k(L) = 0$

파동 함수: $\psi_n(x) = \sqrt{\frac{2}{L}}\sin\frac{n\pi}{L}x \quad 0 \le x \le L \quad n = 1, 2, 3, \cdots$

에너지: $E_n = \frac{n^2h^2}{8mL^2} \quad n = 1,\ 2,\ 3\cdots$

영점 에너지: $E_1 = \frac{h^2}{8mL^2}$

인접한 에너지 준위들 사이의 간격: $E_{n+1} - E_n = \frac{(2n+1)h^2}{8mL^2}$

확률 밀도: $\psi^2(x) = \frac{2}{L}\sin^2\left(\frac{n\pi}{L}x\right)$

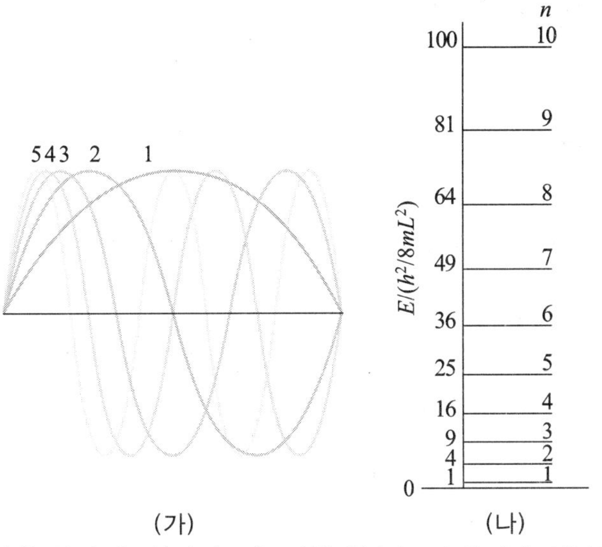

그림 1차원 상자 속 입자의 (가) 파동 함수(n = 1~5), (나) 에너지 준위

대응 원리(correspondence principle): $n \to \infty$에서 양자역학적 결과와 고전역학적 결과가 같아지는 것

2차원과 3차원 상자 속 입자: 1차원 상자 속 입자 계의 단순한 확장

2차원 상자 속 입자

$$\hat{H}\psi(x,y) = -\frac{\hbar^2}{2m}\left(\frac{\partial^2}{\partial x^2}+\frac{\partial^2}{\partial y^2}\right)\psi = E(x,y)\psi(x,y)$$

$$\psi_{n_1,n_2} = \frac{2}{\sqrt{L_1 L_2}}\sin\left(\frac{n_1\pi}{L_1}x\right)\sin\left(\frac{n_2\pi}{L_2}y\right) \qquad 0 \le x \le L_1,\ 0 \le y \le L_2$$

$$E_{n_1,n_2} = \frac{n_1^{\,2}h^2}{8mL_1^{\,2}} + \frac{n_2^{\,2}h^2}{8mL_2^{\,2}} \qquad n_1, n_2 = 1, 2, 3\cdots$$

3차원 상자 속 입자

$$\hat{H}\psi(x,y,z) = -\frac{\hbar^2}{2m}\left(\frac{\partial^2}{\partial x^2}+\frac{\partial^2}{\partial y^2}+\frac{\partial^2}{\partial z^2}\right)\psi = E(x,y,z)\psi(x,y,z)$$

$$\psi_{n_1,n_2,n_3} = X(x)Y(y)Z(z) = \sqrt{\frac{8}{L_1 L_2 L_3}}\sin\left(\frac{n_1\pi}{L_1}x\right)\sin\left(\frac{n_2\pi}{L_2}y\right)\sin\left(\frac{n_3\pi}{L_3}z\right)$$

$$0 \le x \le L_1,\ 0 \le y \le L_2,\ 0 \le z \le L_3$$

$$E_{n_1,n_2,n_3} = E_x + E_y + E_z = \left(\frac{n_1^{\,2}}{L_1^{\,2}}+\frac{n_2^{\,2}}{L_2^{\,2}}+\frac{n_3^{\,2}}{L_3^{\,2}}\right)\frac{h^2}{8m} \qquad n_1, n_2, n_3 = 1, 2, 3\cdots$$

축퇴도(또는 겹침도, degeneracy): 파동 함수는 서로 다르나 에너지가 같은 경우

2 진동 운동

조화 진동자(harmonic oscillator): 2원자 분자의 진동 운동에 대한 이상적 모형

해밀토니안: $\hat{H} = \hat{T} + \hat{V} = -\frac{\hbar^2}{2m}\frac{\mathrm{d}^2}{\mathrm{d}x^2} + \frac{1}{2}kx^2$

슈뢰딩거 방정식: $\hat{H}\psi = \left(-\frac{\hbar^2}{2m}\frac{\mathrm{d}^2}{\mathrm{d}x^2} + \frac{1}{2}kx^2\right)\psi = E\psi$

경계 조건: $x = \pm\infty$ 에서 $\psi(x) = 0$

파동 함수: $\psi_v(x) = N_v H_v\left(\alpha^{1/2}x\right)e^{-\alpha x^2/2} \qquad v = 0,\ 1,\ 2,\ 3,\ \cdots$

$$N_v = \frac{1}{(2^v v!)^{1/2}}\left(\frac{\alpha}{\pi}\right)^{1/4}$$

$H_v\left(\alpha^{1/2}x\right)$: 에르미트 다항식(Hermite polynomial)

$$\alpha=\left(\frac{mk}{\hbar^2}\right)^{1/2}$$

표 처음 7개의 에르미트 다항식

v	$H_v(y)^*$
0	1
1	$2y$
2	$4y^2-2$
3	$8y^3-12y$
4	$16y^4-48y^2+12$
5	$32y^5-160y^3+120y$
6	$64y^6-480y^4+720y^2-120$

* $y=\alpha^{1/2}x$

표 조화 진동자에 대한 처음 4개의 파동 함수

v	$\psi_v(x)^*$
0	$\left(\frac{\alpha}{\pi}\right)^{1/4} e^{-\alpha x^2/2}$
1	$\left(\frac{4\alpha^3}{\pi}\right)^{1/4} xe^{-\alpha x^2/2}$
2	$\left(\frac{\alpha}{4\pi}\right)^{1/4}\left(2\alpha x^2-1\right)e^{-\alpha x^2/2}$
3	$\left(\frac{\alpha^3}{9\pi}\right)^{1/4}\left(2\alpha x^3-3x\right)e^{-\alpha x^2/2}$

* $\alpha=\left(\frac{mk}{\hbar^2}\right)^{1/2}$

에너지: $E_v=\left(v+\frac{1}{2}\right)\hbar\omega=\left(v+\frac{1}{2}\right)h\nu$

영점 에너지: $E_0 = \frac{1}{2}\hbar\omega = \frac{1}{2}h\nu$

진동수: $\omega = \sqrt{\frac{k}{m}},\ \nu = \frac{1}{2\pi}\sqrt{\frac{k}{m}}$

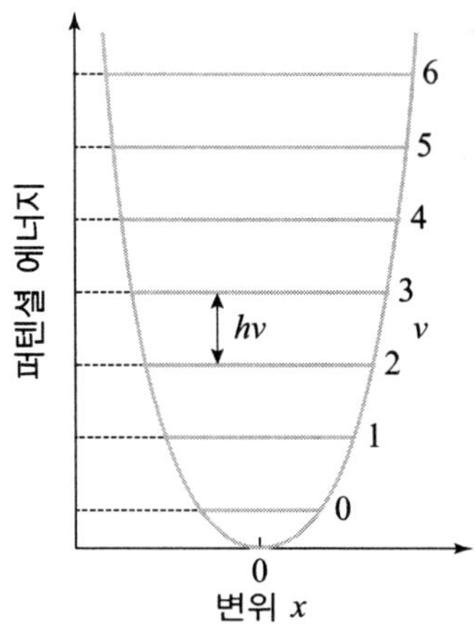

그림 조화 진동자의 퍼텐셜 에너지 곡선과 에너지 준위

조화 진동자의 성질

평균 변위: $<x>=0$

평균 변위 제곱: $<x^2> = \left(v+\frac{1}{2}\right)\frac{\hbar}{\sqrt{mk}}$

평균 퍼텐셜 에너지: $<E_p> = \left\langle \frac{1}{2}kx^2 \right\rangle = \frac{1}{2}\left(v+\frac{1}{2}\right)\hbar\omega = \frac{1}{2}E_v$

평균 운동 에너지: $<E_k> = <E_v> - <E_p> = \frac{1}{2}E_v$

3 회전 운동

강체 회전자(rigid rotor): 길이가 변하지 않는 단단한 막대의 양쪽 끝에 두 입자가 묶여 회전하는 운동 모형, 회전 운동에 대한 이상적인 모형

극좌표계(polar coordinates)

평면 극좌표계

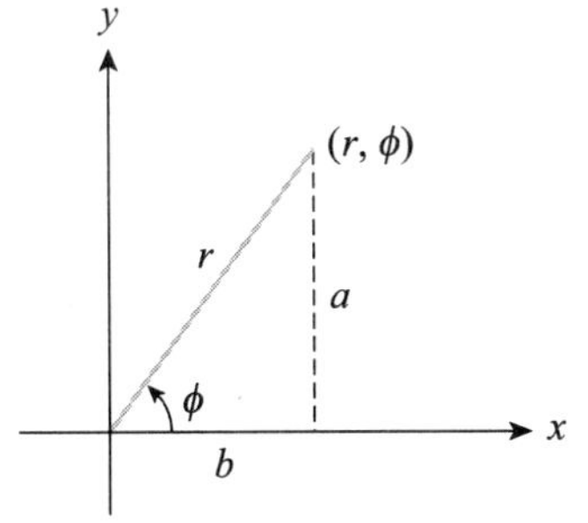

그림 평면 극좌표계

$$x = r\cos\phi \qquad y = r\sin\phi$$

$$\phi = \tan^{-1}\frac{y}{x} \qquad r = \left(x^2 + y^2\right)^{1/2}$$

x와 y의 도함수: $\mathrm{d}x = \mathrm{d}r\cos\phi - r\sin\phi$, $\mathrm{d}y = \mathrm{d}r\sin\phi + r\cos\phi$

라플라스 연산자: $\nabla^2 = \dfrac{\partial^2}{\partial x^2} + \dfrac{\partial^2}{\partial y^2} = \dfrac{\partial^2}{\partial r^2} + \dfrac{1}{r}\dfrac{\partial}{\partial r} + \dfrac{1}{r^2}\dfrac{\partial^2}{\partial \phi^2}$

구면 극좌표계

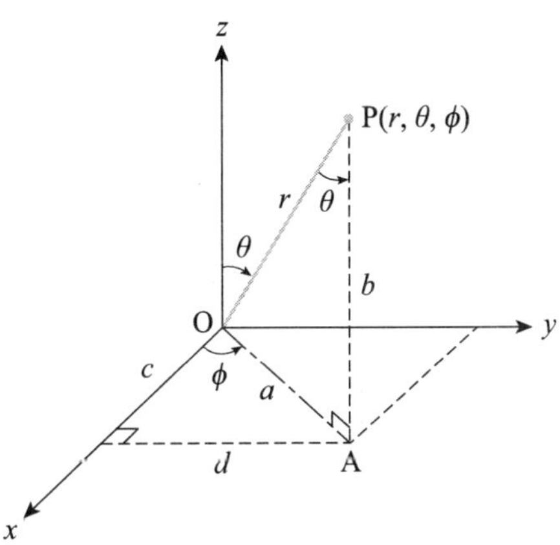

그림 구면 극좌표계

영역: $0 \le r \le \infty \quad 0 \le \theta \le \pi \quad 0 \le \phi \le 2\pi$

미분 부피 요소: $\mathrm{d}\tau = \mathrm{d}x\mathrm{d}y\mathrm{d}z = r^2\sin\theta\mathrm{d}r\mathrm{d}\theta\mathrm{d}\phi$

2차원 회전

슈뢰딩거 방정식: $\hat{H}\psi = -\dfrac{\hbar^2}{2mr^2}\dfrac{\mathrm{d}^2}{\mathrm{d}\phi^2}\Phi(\phi) = -\dfrac{\hbar^2}{2I}\dfrac{\mathrm{d}^2}{\mathrm{d}\phi^2}\Phi(\phi) = E\Phi(\phi)$

$$\frac{d^2\Phi}{d\phi^2} = -\frac{2I}{\hbar^2}E\Phi \qquad I = mr^2$$

파동 함수: $\Phi(\phi) = \frac{1}{\sqrt{2\pi}}e^{\pm im_l\phi} \qquad m_l = 0, \pm 1, \pm 2, \cdots, \pm l$

확률 밀도: $\Phi^*(\phi)\Phi(\phi) = \left(\frac{1}{\sqrt{2\pi}}e^{\pm im_l\phi}\right)\left(\frac{1}{\sqrt{2\pi}}e^{\mp im_l\phi}\right) = \frac{1}{2\pi}$

각운동량 z축 성분 값: $l_z = \pm m_l\hbar$

에너지: $E = \frac{l_z^2}{2I} = \frac{m_l^2\hbar^2}{2I}$

3차원 회전

슈뢰딩거 방정식: $\hat{H}\psi = -\frac{\hbar^2}{2m}\frac{1}{r^2}\Lambda^2\psi = E\psi$

$$\Lambda^2 = \frac{1}{\sin^2\theta}\frac{\partial^2}{\partial\varphi^2} + \frac{1}{\sin\theta}\frac{\partial}{\partial\theta}\sin\theta\frac{\partial}{\partial\theta}$$

$$\Lambda^2\psi = -\frac{2mr^2E}{\hbar^2}\psi = -\frac{2IE}{\hbar^2}\psi = -\varepsilon\psi \qquad \varepsilon = \frac{2IE}{\hbar^2}$$

파동 함수: $\Phi_{m_l}(\phi) = \frac{1}{\sqrt{2\pi}}e^{im_l\phi} \qquad m_l = 0,\ \pm 1,\ \pm 2,\ \cdots$

$$\Theta_l(\theta) = \frac{1}{2^l l!}\frac{d^l}{d\theta^l}\left(\theta^2 - 1\right)^l \qquad l = 0,\ 1,\ 2,\ \cdots$$

구면 조화 함수(spherical harmonics): $Y_{l,m_l}(\theta,\phi) = \Theta_l(\theta)\Phi_{m_l}(\phi)$

각운동량(angular momentum)과 회전 운동 에너지

각운동량 z축 성분: $l_z = \pm m_l\hbar \quad m_l = 0,\ \pm 1,\ \cdots,\ \pm l$

각운동량 크기: $L = \sqrt{l(l+1)}\hbar \qquad l = 0, 1, 2,\ \cdots$

회전 운동 에너지: $E_{l,m_l} = \frac{L^2}{2I} = l(l+1)\frac{\hbar^2}{2I} \qquad l = 0, 1, 2, \cdots$

표 처음 몇 개의 구면 조화 함수

l	m_l	$Y_{l,m_l}(\theta,\phi)$	l	m_l	$Y_{l,m_l}(\theta,\phi)$
0	0	$\left(\frac{1}{4\pi}\right)^{1/2}$	3	0	$\left(\frac{7}{16\pi}\right)^{1/2}(5\cos^3\theta-3\cos\theta)$
1	0	$\left(\frac{3}{4\pi}\right)^{1/2}\cos\theta$		±1	$\mp\left(\frac{21}{64\pi}\right)^{1/2}(5\cos^2\theta-1)\sin\theta e^{\pm i\phi}$
	±1	$\mp\left(\frac{3}{8\pi}\right)^{1/2}\sin\theta e^{\pm i\phi}$		±2	$\left(\frac{105}{32\pi}\right)^{1/2}\sin^2\theta\cos\theta e^{\pm 2i\phi}$
2	0	$\left(\frac{5}{16\pi}\right)^{1/2}(3\cos^2\theta-1)$		±3	$\mp\left(\frac{35}{64\pi}\right)^{1/2}\sin^3\theta e^{\pm 3i\phi}$
	±1	$\mp\left(\frac{15}{8\pi}\right)^{1/2}\cos\theta\sin\theta e^{\pm i\phi}$			
	±2	$\left(\frac{15}{32\pi}\right)^{1/2}\sin^2\theta e^{\pm 2i\phi}$			

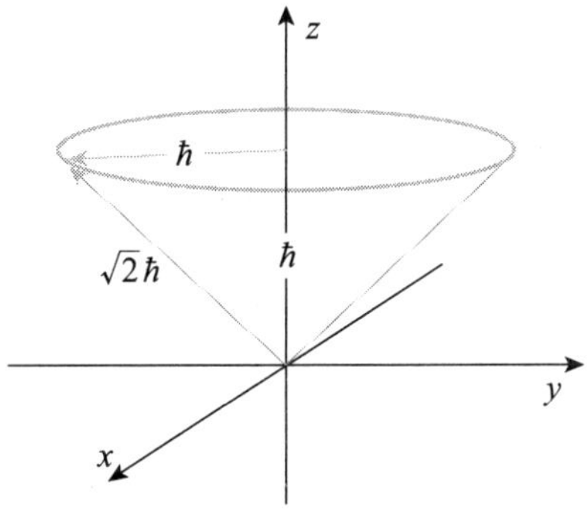

그림 $l=1,\ m_l=+1$인 각운동량의 크기와 배향

스핀(spin): 입자의 자체 회전(즉 자전)에 기인하는 각운동량

스핀 각운동량 z축 성분: $S_z = m_s\hbar \quad m_s = s, s-1, \cdots, -s$

스핀 각운동량 크기: $S=\sqrt{s(s+1)}\hbar$

스핀 양자수

페르미온(전자, 양성자 등 물질을 구성하는 입자): $s = \frac{1}{2}, \frac{3}{2}, \cdots$의 반정수

보손(광자 등 페르미온을 결합시키는 힘과 관련된 입자): $s = 0, 1, \ldots$의 정수

예제

3.1 길이가 L인 1차원 상자 속에 있는 바닥 상태 입자에 대하여 다음을 구하시오. (적분 계산은 부록을 참조하시오.)

(1) 입자의 위치 평균값 $<x>$

(2) 입자가 $\frac{a}{3}$와 $\frac{2a}{3}$ 사이에서 발견될 확률 P

풀이 상자 속 입자의 파동 함수로부터 기댓값과 특정 지점에서의 발견 확률을 구하는 문제이다.

바닥 상태($n=1$)의 파동 함수는 다음과 같다.

$$\psi_1 = \sqrt{\frac{2}{L}} \sin\frac{\pi x}{L}$$

(1) 바닥 상태의 위치 기댓값은 다음과 같이 구해진다.

$$< \boldsymbol{x} > = \int_0^L \psi_1^* \hat{x} \psi_1 \mathrm{d}x = \frac{2}{L}\int_0^L \left(\sin\frac{\pi x}{L}\right) x \left(\sin\frac{\pi x}{L}\right) \mathrm{d}x$$

$$= \frac{2}{L}\int_0^L x\left(\sin\frac{\pi x}{L}\right)^2 \mathrm{d}x$$

$$= \frac{2}{L}\left[\frac{x^2}{4} - \frac{\cos(2\pi x/L)}{8(\pi/L)^2} - \frac{x\sin(2\pi x/L)}{4(\pi/L)}\right]_0^L$$ [2]

$$= \frac{2}{L}\left\{\left(\frac{L^2}{4} - \frac{L^2}{8\pi^2} - 0\right) + \frac{L^2}{8\pi^2}\right\} = \boldsymbol{\frac{L}{2}}$$

---

[2] $\int\left(x\sin^2 ax\right)\mathrm{d}x = \frac{x^2}{4} - \frac{1}{8a^2}\cos 2ax - \frac{x\sin 2ax}{4a} + C$

(2) 입자가 $\frac{a}{3}$와 $\frac{2a}{3}$ 사이에서 발견될 확률은 다음과 같이 구해진다.

$$\boldsymbol{P} = \int_{L/3}^{2L/3} \psi_1^2 \mathrm{d}x = \frac{2}{L}\int_{L/3}^{2L/3} \sin^2\left(\frac{\pi x}{L}\right)\mathrm{d}x$$

$$= \frac{2}{L}\left[\frac{x}{2} - \frac{\sin(2\pi x/L)}{4\pi/L}\right]_{L/3}^{2L/3} \quad {}^{3}$$

$$= \frac{2}{L}\left\{\frac{L}{6} - \frac{L}{4\pi}\left(\sin\frac{4\pi}{3} - \sin\frac{2\pi}{3}\right)\right\}$$

$$= \frac{1}{3} - \frac{1}{2\pi}\left(\sin\frac{4\pi}{3} - \sin\frac{2\pi}{3}\right) = \mathbf{0.609}$$

답 (1) $< x > = \frac{L}{2}$ (2) $P = 0.609$

3.2 조화 진동자에서 $v = 1$일 때 파동 함수는 다음과 같다.

$$\psi_1(x) = \left(\frac{4\alpha^3}{\pi}\right)^{1/4} xe^{-\alpha x^2/2} \qquad \alpha = \frac{\sqrt{mk}}{\hbar}$$

퍼텐셜 에너지와 운동 에너지의 기댓값이 다음과 같음을 보이시오.

$$< V > = < E_\mathrm{k} > = \frac{3}{4}\sqrt{\frac{k}{m}}\hbar$$

풀이 양자 역학 가설에 의한 기댓값으로부터 조화 진동자의 에너지 평균값을 구하는 문제이다.

퍼텐셜 에너지의 기댓값은 다음과 같이 구해진다.

$$< E_\mathrm{p} > = \int_{-\infty}^{\infty} \psi_1^*(x)\hat{V}(x)\psi_1(x)\mathrm{d}x$$

$$= \int_{-\infty}^{\infty}\left(\frac{4\alpha^3}{\pi}\right)^{1/4} xe^{-\alpha x^2/2}\left(\frac{1}{2}kx^2\right)\left(\frac{4\alpha^3}{\pi}\right)^{1/4} xe^{-\alpha x^2/2}\mathrm{d}x$$

---

3 $\int\left(\sin^2 ax\right)\mathrm{d}x = \frac{x}{2} - \frac{\sin 2ax}{4a} + C$

$$=\frac{k}{2}\left(\frac{4\alpha^3}{\pi}\right)^{1/2}\int_{-\infty}^{\infty}x^4e^{-\alpha x^2}\mathrm{d}x=k\left(\frac{4\alpha^3}{\pi}\right)^{1/2}\int_0^{\infty}x^4e^{-\alpha x^2}\mathrm{d}x$$

여기에서 $\int_0^{\infty}x^{2n}e^{-\alpha x^2}\mathrm{d}x=\frac{1\cdot3\cdot5\cdots(2n-1)}{2^{n+1}a^n}\left(\frac{\pi}{a}\right)^{1/2}$ 을 적용하면 다음과 같이 된다.

$$\int_0^{\infty}x^4e^{-\alpha x^2}\mathrm{d}x=\frac{1\cdot3}{2^{2+1}\alpha^2}\left(\frac{\pi}{\alpha}\right)^{1/2}=\frac{3}{8\alpha^2}\left(\frac{\pi}{\alpha}\right)^{1/2}$$

따라서 퍼텐셜 에너지 기댓값과 운동 에너지 기댓값은 다음과 같이 구해진다.

$$<E_\mathrm{p}>=k\left(\frac{4\alpha^3}{\pi}\right)^{1/2}\frac{3}{8\alpha^2}\left(\frac{\pi}{\alpha}\right)^{1/2}=\frac{3}{4}\frac{k}{\alpha}=\frac{3}{4}\sqrt{\frac{k}{m}}\hbar$$

$$<E_\mathrm{k}>=\frac{1}{2}E_\mathrm{v}=\frac{1}{2}\left(1+\frac{1}{2}\right)\hbar\omega=\frac{3}{4}\hbar\sqrt{\frac{k}{m}}$$

그러므로 $<V_\mathrm{p}>=<E_\mathrm{k}>=\frac{3}{4}\sqrt{\frac{k}{m}}\hbar$ 이다.

답 풀이 참조

3. 3 $^1\mathrm{H}^{127}\mathrm{I}$가 l = 0에서 l = 1로 들뜰 때의 진동수는 얼마인가? $^1\mathrm{H}$ 원자가 정지되어 있는 $^{127}\mathrm{I}$ 원자 주위를 돈다고 가정하시오. (회전 반지름 r=160 pm이다.)

풀이 회전 운동 전이의 진동수를 구하는 문제이다.

$E_{l,m_l}=l(l+1)\frac{\hbar^2}{2I}$ 이므로 먼저 주어진 분자에 대한 관성 모멘트 I를 구하면 다음과 같다.

$$I=m_\mathrm{H}r^2=\left(1.674\times10^{-27}\ \mathrm{kg}\right)\left(1.60\times10^{-10}\ \mathrm{m}\right)^2=4.29\times10^{-47}\ \mathrm{kg\ m^2}$$

따라서 l=0에서 l=1로 들뜰 때의 에너지 차는 다음과 같이 계산된다.

$$\Delta E_{1\to0}=\{1(2)-0(1)\}\frac{\hbar^2}{2I}=\frac{\hbar^2}{I}=\frac{\left(1.055\times10^{-34}\ \mathrm{Js}\right)^2}{4.29\times10^{-47}\ \mathrm{kg\ m^2}}=2.60\times10^{-22}\ \mathrm{J}$$

또한 전이에 의한 에너지 차와 진동수의 관계는 $\Delta E = h\nu$ 이므로 진동수 ν는 다음과 같이 구해진다.

$$\nu = \frac{\Delta E_{1\to 0}}{h} = \frac{2.60\times 10^{-22}\ \mathrm{J}}{6.626\times 10^{-34}\ \mathrm{J\ s}} = \mathbf{3.92\times 10^{11}\ s^{-1}}$$

답 $\nu = 3.92\times 10^{11}\ \mathrm{s}^{-1}$

연습 문제

3.1 x축을 따라 $x = 0$에서 $x = 1$ 사이에서 병진 운동하는 어떤 입자의 파동 함수가 $\psi(x) = ax$ 일 때 다음을 구하시오.

(1) $x = 0.4$에서 $x = 0.6$ 사이에서 입자를 발견할 확률

(2) 입자 위치의 기댓값 $<x>$

3.2 상자의 길이가 a인 1차원 상자 속에서 양자수가 n인 입자에 대하여 다음을 구하시오.

(1) 평균 운동량 (2) p^2의 평균값

3.3 1차원 상자 속 입자 모형을 사용하여 1,3-뷰타다이엔의 비편재화된 π 전자에 대하여 다음을 구하시오. 분자는 선형으로 가정하고 C=C와 C−C의 결합 길이는 각각 135 pm와 154 pm, 탄소 원자의 반경은 77.0 pm를 사용하시오.

(1) 첫 번째 들뜬 상태로 전이될 때 필요한 에너지

(2) 이 전이를 유발하는 데 필요한 빛의 파장

3.4 파동 함수 $\psi_0(x) = \left(\frac{\alpha}{\pi}\right)^{1/4} e^{-\alpha x^2/2}$와 $\psi_1(x) = \left(\frac{4\alpha^3}{\pi}\right)^{1/4} xe^{-\alpha x^2/2}$가 서로 직교함을 보이시오.

3.5 에르미트 다항식 H_v에 대하여 v가 홀수이면 기함수, 짝수이면 우함수임을 보이시오.

3.6 $^{35}Cl_2$ 분자가 조화 진동자로 행동할 때 이 분자의 영점 에너지를 구하시오. 힘상수는 323 N m^{-1}이다.

3.7 질량이 1.54×10^{-25} kg인 조화 진동자의 인접하는 두 에너지 준위 간의 차가 4.78×10^{-21} J이다. 이 진동자의 힘상수를 구하시오.

3.8 부록의 정적분을 사용하여 조화 진동자의 바닥 상태에 대하여 다음을 구하시오.

(1) 퍼텐셜 에너지 (2) 평균 운동 에너지

3.9 다음 좌표를 변환하시오.

(1) 직교 좌표 $x = 3$, $y = 2$, $z = 5$를 구 좌표로

(2) 구 좌표 $r = 5$, $\theta = \frac{\pi}{4}$, $\phi = \frac{5\pi}{4}$를 직교 좌표로

3.10 2차원 회전에 대한 정규화된 파동 함수는 다음과 같다.

$$\Phi_+(\phi) = \frac{1}{\sqrt{2\pi}} e^{im_l\phi}, \quad \Phi_-(\phi) = \frac{1}{\sqrt{2\pi}} e^{-im_l\phi}$$

(1) 이 두 파동 함수에 대하여 연산자 $\hat{l}_\phi$의 고유값을 구하시오.

(2) (1)의 결과로부터 위 두 파동 함수에 대한 운동의 차이를 말하시오.

3.11 다음의 2차원 회전에 대한 정규화된 파동 함수가 그 양자수가 다를 때 서로 직교함을 보이시오.

$$\Phi_+(\phi) = \frac{1}{\sqrt{2\pi}} e^{im_l\phi}, \quad \Phi_-(\phi) = \frac{1}{\sqrt{2\pi}} e^{-in_l\phi} \qquad m_l \neq n_l$$

3.12 각운동량의 벡터 모형은 다음 그림과 같이 원뿔로 나타낸다. 다음을 구하시오.

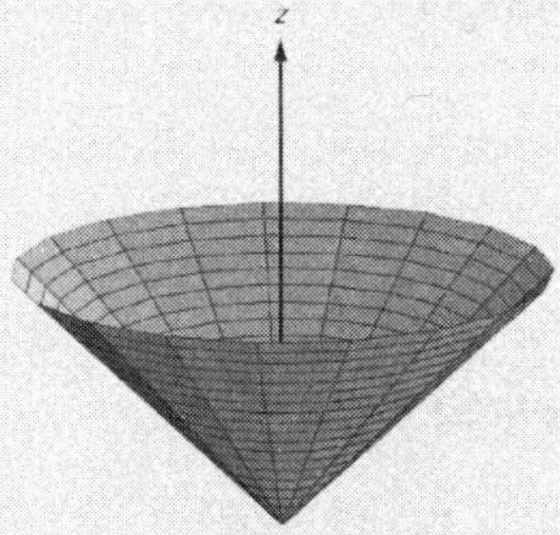

(1) $l=100$일 때 나타나는 위 그림과 같은 원뿔의 개수

(2) $l=100$일 때 z축과 z축으로부터 가장 가까운 원뿔 사이의 각도

3.13 $l=2$일 때 고리를 따라 회전하는 입자에 대하여 다음을 구하시오.

(1) 각운동량의 크기 (2) 각운동량의 z축 성분 값

3.14 문제 3.13의 결과를 벡터 모형 그림으로 나타내시오.

4강 수소꼴 원자

핵심 정리

1 슈뢰딩거 방정식의 구성

수소꼴 원자: 전자가 1개인 원자 또는 이온, 즉 1전자 원자 계

$$-\frac{\hbar^2}{2\mu}\nabla^2\psi(r,\theta,\phi)-\frac{Ze^2}{4\pi\varepsilon_0 r}\psi(r,\theta,\phi)=E\psi(r,\theta,\phi)$$

$$\mu=\frac{m_N m_e}{m_N+m_e}$$

2 수소꼴 원자의 파동 함수와 에너지

파동 함수 분리: $\psi(r,\theta,\phi)=R(r)Y(\theta,\phi)$ $R(r)$: 방사 방향 파동 함수

방사 방향 파동 함수

$$R_{n,l}(r)=N_{n,l}\rho^l L_{n+1}^{2l+1}(\rho)e^{-\rho/2}$$

$N_{n,l}$: 정규화 상수, L_{n+1}^{2l+1} : 버금 라게르 다항식

$$\rho=\left(\frac{2Z}{na}\right)r \quad a=\frac{4\pi\varepsilon_0\hbar^2}{\mu e^2}$$

표 수소꼴 원자의 방사 방향 파동 함수

n	l	R_{nl}
1	0	$R_{10}=1s=2\left(\frac{Z}{a}\right)^{3/2}e^{-\rho/2}$
2	0	$R_{20}=2s=\frac{1}{2\sqrt{2}}\left(\frac{Z}{a}\right)^{3/2}(2-\rho)e^{-\rho/2}$

n	l	R_{nl}
	1	$R_{21} = 2p = \dfrac{1}{2\sqrt{6}}\left(\dfrac{Z}{a}\right)^{3/2} \rho e^{-\rho/2}$
3	0	$R_{30} = 3s = \dfrac{1}{9\sqrt{3}}\left(\dfrac{Z}{a}\right)^{3/2} \left\{6-6\rho+\rho^2\right\} e^{-\rho/3}$
	1	$R_{31} = 3p = \dfrac{1}{9\sqrt{6}}\left(\dfrac{Z}{a}\right)^{3/2} (4-\rho)\rho e^{-\rho/3}$
	2	$R_{32} = 3d = \dfrac{1}{9\sqrt{30}}\left(\dfrac{Z}{a}\right)^{3/2} \rho^2 e^{-\rho/3}$

* $\rho = \left(\dfrac{2Z}{na}\right) r, \quad a = \dfrac{4\pi\varepsilon_0 \hbar^2}{\mu e^2}$

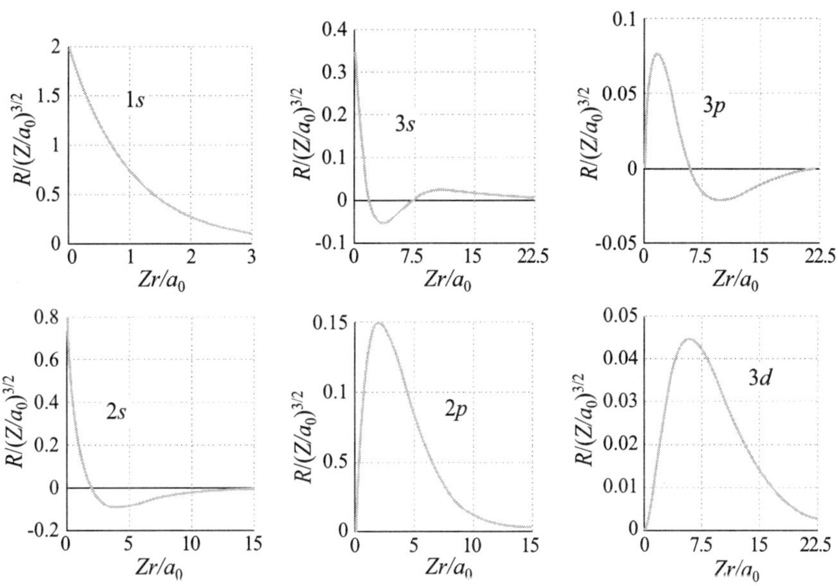

그림 원자 번호가 Z인 수소꼴 원자의 n = 1~3 상태의 방사 방향 파동 함수

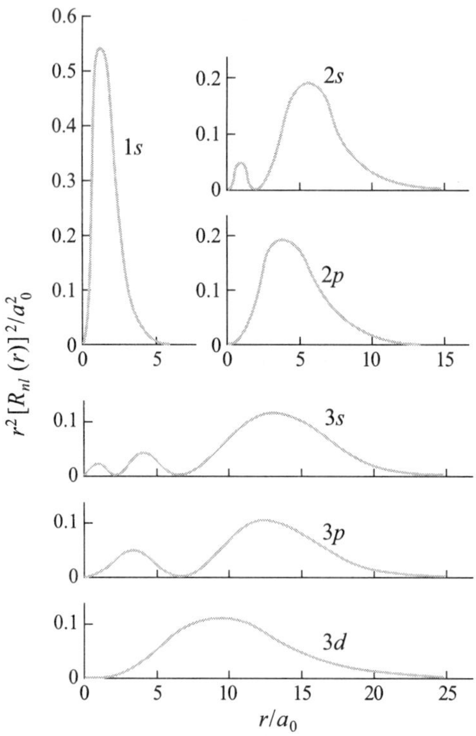

그림 원자 번호가 Z인 수소꼴 원자의 n = 1~3 상태의 방사 방향 파동 함수의 확률 밀도

수소꼴 원자의 에너지

$$E_n = -\frac{Z^2e^2}{8\pi\varepsilon_0 an^2} = -\frac{hcR}{n^2} \qquad R\text{: 리드베리 상수}$$

이온화 에너지(ionization energy, I)

$$I = E_\infty - E_1 = 0 - (-hcR) = hcR$$

3 원자 궤도함수

원자 궤도함수(atomic orbital, AO): $\psi_{AO} = \psi_{nlm_l} = R_{nl}(r)Y_{lm_l}(\theta,\phi)$

원자 궤도함수를 정의하는 양자수

주양자수(principal quantum number): 전자의 에너지를 결정

n = 1 2 3 4 …

K L M N …

각운동량 양자수(angular momentum quantum number): 각운동량의 크기 결정

l = 0 1 2 3 4 … (n − 1)
s p d f g…

자기 양자수(magnetic quantum number): 각운동량의 공간 배향(z축 성분) 결정

$$m_l = 0, \pm 1, \pm 2, \cdots, \pm l$$

스핀 양자수(spin quantum number): 전자의 스핀 각운동량 결정

$$m_s = \pm \frac{1}{2}$$

표 수소꼴 원자의 원자 궤도함수

n	l	m_l	ψ_{nlm_l}
1	0	0	$\psi_{100} = \frac{1}{\sqrt{\pi}}\left(\frac{Z}{a}\right)^{3/2} e^{-\rho/2}$
2	0	0	$\psi_{200} = \frac{1}{4\sqrt{2\pi}}\left(\frac{Z}{a}\right)^{3/2} (2-\rho)e^{-\rho/2}$
	1	0	$\psi_{210} = \frac{1}{4\sqrt{2\pi}}\left(\frac{Z}{a}\right)^{3/2} \rho e^{-\rho/2}\cos\theta$
		±1	$\psi_{21\pm1} = \frac{1}{8\sqrt{\pi}}\left(\frac{Z}{a}\right)^{3/2} \rho e^{-\rho/2}\sin\theta e^{\pm i\phi}$
3	0	0	$\psi_{300} = \frac{1}{81\sqrt{3\pi}}\left(\frac{Z}{a}\right)^{3/2} \{27-18\rho+2\rho^2\}e^{-\rho/3}$
	1	0	$\psi_{310} = \frac{\sqrt{2}}{81\sqrt{\pi}}\left(\frac{Z}{a}\right)^{3/2} (6-\rho)\rho e^{-\rho/3}\cos\theta$
		±1	$\psi_{31\pm1} = \frac{1}{81\sqrt{\pi}}\left(\frac{Z}{a}\right)^{3/2} (6-\rho)\rho e^{-\rho/3}\sin\theta e^{\pm i\phi}$
	2	0	$\psi_{320} = \frac{1}{81\sqrt{6\pi}}\left(\frac{Z}{a}\right)^{3/2} \rho^2 e^{-\rho/3}(3\cos^2\theta-1)$
		±1	$\psi_{32\pm1} = \frac{1}{81\sqrt{\pi}}\left(\frac{Z}{a}\right)^{3/2} \rho^2 e^{-\rho/3}\sin\theta\cos\theta e^{\pm i\phi}$
		±2	$\psi_{32\pm2} = \frac{1}{162\sqrt{\pi}}\left(\frac{Z}{a}\right)^{3/2} \rho^2 e^{-\rho/3}\sin^2\theta e^{\pm 2i\phi}$

s **궤도함수**: $l = 1$, $m_l = 0$, 각 n에 대하여 1개의 s 궤도함수, r에만 의존하고 각도와는 무관, 구형 대칭

p **궤도함수**: $l = 1$, $m_l = 0, \pm 1$, 각 n에 대하여 3개의 p 궤도함수($Y_{1,0}(\theta,\phi)$, $Y_{1,\pm1}(\theta,\phi)$) 존재

$$\psi_{2p_z} = \psi_{210}$$

$$2p_x = -\frac{1}{\sqrt{2}}(\psi_{21+1} - \psi_{21-1})$$

$$2p_y = \frac{1}{\sqrt{2}}(\psi_{21+1} + \psi_{21-1})$$

d **궤도함수**: $l=2$, $m_l = 0, \pm 1, \pm 2$, 각 n에 대하여 5개의 d 궤도함수 존재

예제

4.1 파동 함수가 방사 방향으로 분포하는 확률 밀도를 나타내는 함수를 방사 방향 분포 함수(radial distribution function, $P(r)$)라고 하고 다음과 같이 정의한다.

$$P(r) = r^2 |R_{nl}|^2$$

수소꼴 원자 H, He^+, Li^{2+}에 대하여 바닥 상태 전자에 대한 발견 확률이 최대인 곳의 반지름을 구하시오.

풀이 수소꼴 원자의 방사 방향 확률 밀도가 최대가 되는 지점의 반지름을 구하는 문제이다.

핵이 무거울 때 $a \approx a_0$이므로 바닥 상태의 방사 방향 분포 함수는 다음과 같다.

$$P(r) = r^2 |R_{10}|^2 = \frac{4Z^3}{a_0^3} r^2 e^{-2Zr/a_0}$$

최대점에서 $dP(r)/dr = 0$이므로 다음과 같이 놓을 수 있다.

$$\frac{dP(r)}{dr} = \frac{4Z^3}{a_0^3}\left(2r - \frac{2Zr^2}{a_0}\right)e^{-2Zr/a_0} = 0$$

이 식이 0이 되려면 $2r - \frac{2Zr^2}{a_0} = 0$ 이어야 하므로 r은 다음과 같은 값을 가진다.

$$2r - \frac{2Zr^2}{a_0} = 2r\left(1 - \frac{Z}{a_0}r\right) = 0$$

$$r = 0 \text{ 또는 } r = \frac{a_0}{Z}$$

여기에서 $r = 0$은 구하고자 하는 해가 아니므로 확률 밀도가 최대가 되는 반지름은 $r = a_0/Z$ 이다. 따라서 $a_0 = 5.29 \times 10^{-11}$ m 을 사용하여 각 수소꼴 원자의 확률 밀도가 최대가 되는 반지름은 다음과 같이 구해진다.

$$\mathbf{H} : r = a_0 = \mathbf{5.29 \times 10^{-11}\ m}$$

$$\mathbf{He^+} : r = \frac{a_0}{2} = \mathbf{2.65 \times 10^{-11}\ m}$$

$$\mathbf{Li^{2+}} : r = \frac{a_0}{3} = \mathbf{1.76 \times 10^{-11}\ m}$$

답 H: $r = 5.29 \times 10^{-11}$ m, He^+: $r = 2.65 \times 10^{-11}$ m, Li^{2+} : $r = 1.76 \times 10^{-11}$ m

4.2 $\int r^2 e^{-r/\alpha} dr = \left(-\alpha r^2 - 2\alpha^2 r - 2\alpha^3\right) e^{-r/\alpha}$ 이다. 다음에 답하시오.

(1) 수소 원자에서 1s 파동 함수로 기술되는 전자가 반지름 r인 구 내에서 발견될 확률이 다음과 같이 됨을 보이시오.

$$1 - e^{-2r/a_0} - \frac{2r}{a_0}\left(1 + \frac{r}{a_0}\right) e^{-2r/a_0}$$

(2) 이 전자가 핵에서부터 1.0 보어 반지름 이내의 공간에서 발견될 확률을 구하시오.

풀이 수소꼴 원자의 파동 함수를 사용하여 수소 원자에 대하여 확률 밀도 식을 유도하고 일정 공간 영역에서의 발견 확률을 구하는 문제이다.

(1) 수소꼴 원자의 1s 궤도함수는 다음과 같다.

$$\psi_{100} = \frac{2}{\sqrt{\pi}}\left(\frac{Z}{a}\right)^{3/2} e^{-\rho/2} \qquad \rho = \left(\frac{2Z}{na}\right) r$$

그러므로 수소 원자의 1s 파동 함수는 다음과 같고,

$$\psi_{1s}(\mathrm{H}) = \frac{2}{\sqrt{\pi}}\left(\frac{1}{a_0}\right)^{3/2} e^{-r/a_0}$$

3차원 구면 좌표 공간에서 입자의 발견 확률은 다음과 같이 계산된다.

$$P = \int_0^{\pi}\int_0^{2\pi}\int_0^{\infty}\psi^*\psi \mathrm{d}\tau$$

여기에서 $\mathrm{d}\tau = r^2\sin\theta \mathrm{d}r\mathrm{d}\theta\mathrm{d}\phi$ 이므로 수소 원자의 1*s* 궤도의 전자를 발견할 확률은 다음과 같이 된다.

$$P = \frac{1}{\pi a_0^3}\int_0^{\pi}\mathrm{d}\phi\int_0^{2\pi}\sin\theta \mathrm{d}\theta\int_0^{\infty}r^2 e^{-r/a_0}\mathrm{d}r$$

따라서 전자를 발견할 확률은 방사 방향 파동 함수에만 의존하므로 확률 식은 다음과 같이 간략해진다.

$$P = 4\left(\frac{1}{a_0}\right)^3\int_0^{\infty}r^2 e^{-r/a_0}\mathrm{d}r$$

이 식에 $\alpha = a_0/2$로 놓고 문제에서 주어진 적분식을 적용하면 다음과 같이 된다.

$$P = \frac{4}{a_0^3}\left[e^{-2r/\alpha}\left(-\frac{a_0}{2}r^2 - \frac{a_0^2}{2}r - \frac{a_0^3}{4}\right)\right]_0^r$$

$$= \frac{4}{a_0^3}\left\{e^{-2r/\alpha}\left(-\frac{a_0}{2}r^2 - \frac{a_0^2}{2}r - \frac{a_0^3}{4}\right) + \frac{a_0^3}{4}\right\}$$

$$= 1 - e^{-2r/a_0} - \frac{2r}{a_0}\left(1 + \frac{r}{a_0}\right)e^{-2r/a_0}$$

(2) 전자를 핵에서부터 1.0 보어 반지름 이내의 공간에서 발견할 확률은 위에서 구한 식에 $r = 1.0\,a_0$를 대입하여 구하면 다음과 같이 된다.

$$\boldsymbol{P} = 1 - e^{-2a_0/a_0} - \frac{2a_0}{a_0}\left(1 + \frac{a_0}{a_0}\right)e^{-2a_0/a_0}$$

$$= 1 - e^{-2} - 4e^{-2} = 1 - 5e^{-2}$$

$$= \mathbf{0.323}$$

답 (1) 풀이 참조 (2) $P = 0.323$

연습 문제

4.1 수소꼴 원자의 전자 상태를 정의하는 데 필요한 양자수들을 말하고, 그 양자수로 나타내는 것이 무엇인지 기술하시오.

4.2 수소꼴 원자의 전자 구조에 대하여 보어 모형과 양자역학 모형의 다른 점은 무엇인가?

4.3 방사 방향 분포 함수의 마디와 '*p* 궤도함수와 *d* 궤도함수의 3차원 모양'에서 보는 각운동량에 의한 마디의 차이는 무엇인가?

4.4 다음 함수들을 구면 극좌표계에 대하여 정규화하시오. (필요하면 부록의 정적분 식을 활용하시오.)

(1) $e^{-r/2a_0}$ (2) $\dfrac{r}{a_0}e^{-r/a_0}\sin\theta e^{i\phi}$

4.5 '표 수소꼴 원자의 원자 궤도함수'에서 수소꼴 원자의 파동 함수 ψ_{200}과 ψ_{210}은 서로 직교함을 보이시오.

4.6 수소 원자에서 1*s* 궤도함수로 표현되는 전자에 대하여

(1) 이 전자를 발견할 확률이 최대인 거리 *r*이 보어 반경 a_0임을 보이시오.

(2) 이 전자가 핵에서부터 a_0까지 이내의 영역에서 발견될 확률을 구하시오.

4.7 수소 원자에서 ψ_{100} 궤도함수의 평균 거리가 $3a_0/2$임을 보이시오.

4.8 다음 상태에 있는 수소 원자의 에너지를 구하시오.

(1) 1*s* (2) 2*s*

4.9 바닥 상태에 있는 수소 원자와 중수소 원자의 에너지 비를 구하시오.

4.10 전자의 정지 질량을 사용하여 다음 수소꼴 원자들의 이온화 에너지를 구하시오.

(1) H (2) He^+ (3) Li^{2+}

4.11 수소 원자의 다음 궤도함수에 대하여 방사 방향 분포 함수가 극대가 되는 지점에 대한 핵으로부터의 거리를 구하시오.

(1) 2*s* (2) 2*p*

4.12 수소 원자의 다음 상태에 대하여 평균 거리 $\langle r \rangle$을 구하고, 그 결과를 문제 4.11의 결과와 비교하여 설명하시오.

(1) 2*s* (2) 2*p*

4.13 수소꼴 원자의 평균 거리는 다음과 같이 된다. $2s$와 $2p$ 궤도함수를 예로 하여 문제 4.12에서 얻은 결과와 비교하여 이 식이 잘 맞음을 보이시오.

$$\langle r \rangle_{nl} = \frac{n^2 a_0}{Z}\left\{1+\frac{1}{2}\left(1-\frac{l(l+1)}{n^2}\right)\right\}$$

4.14 $2p$ 궤도함수들인 $2p_x, 2p_y, 2p_z$에 대한 전체 확률 밀도가 구형 대칭임을 보이시오.

5강 다전자 원자

핵심 정리

1 헬륨 원자

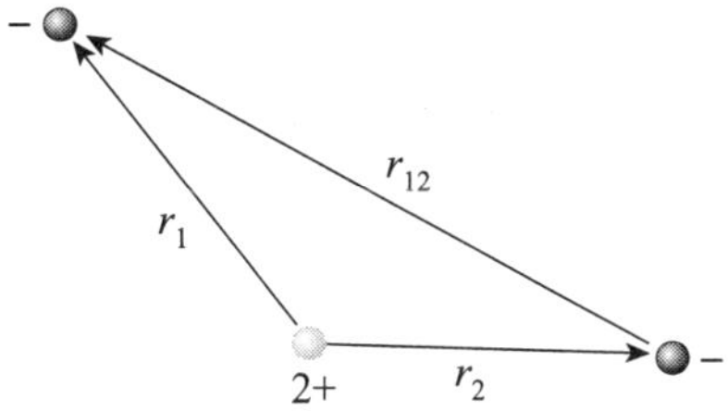

그림 헬륨 원자 내 입자간 상호작용

$$V = -\frac{2e^2}{4\pi\varepsilon_0 r_1} - \frac{2e^2}{4\pi\varepsilon_0 r_2} + \frac{e^2}{4\pi\varepsilon_0 r_{12}}$$

$$\hat{H} = -\frac{\hbar^2}{2m_e}\nabla_1^2 - \frac{\hbar^2}{2m_e}\nabla_2^2 - \frac{2e^2}{4\pi\varepsilon_0 r_1} - \frac{2e^2}{4\pi\varepsilon_0 r_2} + \frac{e^2}{4\pi\varepsilon_0 r_{12}}$$

궤도함수 근사(orbital approximation): 다전자 계의 전자들이 각자 자신의 궤도함수에만 속해 있다고 가정하여 근사적으로 다루는 방법, 전자-전자 상호작용 무시

$$\hat{H}\Psi(1,2) = \left(\hat{H}_1 + \hat{H}_2\right)\psi(1)\psi(2) = (E_1 + E_2)\psi(1)\psi(2)$$

$$E = E_1 + E_2$$

동등한 입자의 구분 불가능성: 동일한 입자들은 근본적으로 서로 분간할 수 없음

$$|\Psi(1,2)|^2 = |\Psi(2,1)|^2$$

$$\Psi(1,2) = N\{\psi(1)\psi(2) \pm \psi(1)\psi(2)\} \quad \text{(파동 함수의 선형 결합)}$$

$$\Psi(\mathrm{He}) = N\{\psi(1)\psi(2) - \psi(1)\psi(2)\} \quad \text{(He의 궤도함수)}$$

전자 스핀 함수

전자에 대한 완전한 파동 함수: $\Psi = \psi_{orb}\alpha$ 또는 $\psi_{orb}\beta$

He의 바닥 상태 파동 함수: $\frac{1}{\sqrt{2}}\psi(1)\psi(2)\{\alpha(1)\beta(2)-\alpha(2)\beta(1)\}$

슬레이터 행렬식: 파동 함수의 반대칭성을 나타내는 행렬식

$$\Psi(1,2,\cdots,N)$$
$$=\frac{1}{\sqrt{N!}}\begin{vmatrix}\psi_a(1)\alpha(1) & \psi_a(2)\alpha(2) & \cdots & \psi_a(N)\alpha(N)\\ \psi_a(1)\beta(1) & \psi_a(2)\beta(2) & \cdots & \psi_a(N)\beta(N)\\ \vdots & \vdots & \vdots & \vdots \\ \psi_z(1)\beta(1) & \psi_z(2)\beta(2) & \cdots & \psi_z(N)\beta(N)\end{vmatrix}$$

2 슈뢰딩거 방정식을 푸는 근사적 방법

원자 단위(atomic unit)

각운동량: $\hbar$

길이: $a_0=\frac{4\pi\varepsilon_0\hbar^2}{m_e e^4}$

에너지: $E_h=\frac{m_e e^4}{16\pi^2\varepsilon_0{}^2\hbar^2}$

표 원자 단위와 원자 단위의 SI 값

양	원자 단위	SI 단위 값
질량	$m_e=1$	9.1094×10^{-31} kg
전하	$e=1$	1.6022×10^{-19} C
각운동량	$\hbar=1$	1.0546×10^{-34} J s
길이	$a_0=1$ (bohr)	5.2918×10^{-11} m
에너지	$E_h=1$ (hartree)	4.3597×10^{-18} J
유전율	$\kappa_0=4\pi\varepsilon_0=1$	1.1127×10^{-10} C^2 J^{-1} m^{-1}

원자 단위로 나타낸 He 원자의 해밀토니안

$$\hat{H} = -\frac{1}{2}\nabla_1^2 - \frac{1}{2}\nabla_2^2 - \frac{2}{r_1} - \frac{2}{r_2} + \frac{1}{r_{12}}$$

변분법(variation method): 입자의 위치를 정의하는 임의의 파라미터들을 선정하여 시도 파동 함수(trial wave function)를 만들어 에너지를 계산하고, 에너지가 최소화되도록 하는 최상의 계수를 가진 파동 함수를 얻는 방법

변분 원리: 임의의 파동 함수($\varPsi_\mathrm{i}$)를 사용하여 구한 에너지 값은 실제 에너지 값보다 작을 수 없음. 현대적 원자 및 분자 구조 계산의 기초 원리

$$\int \varPsi_\mathrm{i}^* \hat{H} \varPsi_\mathrm{i} \, \mathrm{d}\tau \ge E_0$$

자체 일관성 장(self-consistent field, SCF) **궤도함수 법**

원칙

1. 한 전자의 입장에서 다른 전자를 개개의 전자로 다루지 않고 전자장으로 취급
2. 에너지가 오차 범위 내에서 최적화될 때까지 반복 계산

3 전자가 3개 이상인 원자

리튬(원자)

해밀토니안

$$\hat{H} = -\frac{\hbar^2}{2m_\mathrm{e}}\left(\nabla_1^2 + \nabla_2^2 + \nabla_3^2\right) - \frac{1}{4\pi\varepsilon_0}\left(\frac{3e^2}{r_1} + \frac{3e^2}{r_2} + \frac{3e^2}{r_3}\right) + \frac{1}{4\pi\varepsilon_0}\left(\frac{e^2}{r_{12}} + \frac{e^2}{r_{13}} + \frac{e^2}{r_{23}}\right)$$

$\hat{H} = \hat{H}_1 + \hat{H}_2 + \hat{H}_3$ (전자−전자 반발력 항을 무시)

에너지: $E = E_1 + E_2 + E_3$

파동 함수

$\varPsi(1,2,3) = 1s(1)1s(2)2s(3)$ (수소꼴 궤도함수 사용)

$$\Psi(1,2,3) = \frac{1}{\sqrt{6}} \begin{vmatrix} 1s(1) & 1s(2) & 1s(3) \\ 1s(1) & 1s(2) & 1s(3) \\ 2s(1) & 2s(2) & 2s(3) \end{vmatrix} \quad \text{(구분 불가능성과 반대칭화 적용)}$$

$$\Psi(1,2,3) = \frac{1}{\sqrt{6}} \begin{vmatrix} 1s(1)\alpha(1) & 1s(2)\alpha(2) & 1s(3)\alpha(3) \\ 1s(1)\beta(1) & 1s(2)\beta(2) & 1s(3)\beta(3) \\ 2s(1)\alpha(1) & 2s(2)\alpha(2) & 2s(3)\alpha(3) \end{vmatrix} \quad \text{(전자 스핀 포함)}$$

모든 다전자 원자에 대한 일반화

해밀토니안

$$\hat{H} = -\frac{\hbar^2}{2m_e}\sum_{i=1}^{Z}\nabla_i^2 - \frac{e^2}{4\pi\varepsilon_0}\sum_{i=1}^{Z}\frac{Z}{r_i} + \frac{e^2}{4\pi\varepsilon_0}\sum_{i=2}^{Z}\sum_{j=1}^{i\text{-}1}\frac{1}{r_{ij}}$$

$$\hat{H} = \sum_{i=1}^{Z}\hat{H}_i \quad \text{(전자−전자 반발항 무시)}$$

파동 함수

$$\Psi = \prod_{i=1}^{Z}\psi(i)$$

허용되는 근사 파동 함수

$$\Psi(1,2,\cdots,Z) = \frac{1}{\sqrt{Z!}} \begin{vmatrix} \psi_1(1) & \psi_1(2) & \cdots & \psi_1(Z) \\ \psi_2(1) & \psi_2(2) & \cdots & \psi_2(Z) \\ \vdots & \vdots & \vdots & \vdots \\ \psi_z(1) & \psi_z(2) & \cdots & \psi_z(Z) \end{vmatrix}$$

다전자 원자의 양자수: L, M_L, S, M_S

L: 전체 궤도 각운동량 양자수

$$L = l_1 + l_2, l_1 + l_2 - 1, \cdots, |l_1 - l_2|$$

$$\text{전체 궤도 각운동량 크기} = \sqrt{L(L+1)}\hbar$$

$L = 0$	1	2	3	4	5	⋯	(양자수)
S	P	D	F	G	H	⋯	(기호)

M_L: 전체 궤도 각운동량의 z축 성분

$$M_L = \sum_i m_{l,i} = 0, \pm 1, \pm 2, \cdots, \pm L$$

$$\text{전체 궤도 각운동량의 } z\text{축 성분 값} = M_L\hbar$$

S: 전체 스핀 각운동량 양자수

$$S = s_1 + s_2, s_1 + s_2 - 1, \cdots, |s_1 - s_2|$$

$$\text{스핀 각운동량 크기} = \sqrt{S(S+1)}\hbar$$

M_S: 전체 스핀 각운동량 양자수의 z축 성분

$$M_S = \sum_i m_{s,i}$$

$$\text{스핀 각운동량의 } z\text{축 성분 값} = M_S\hbar$$

스핀 다중도(spin multiplicity): 스핀 각운동량의 z축 성분이 가질 수 있는 값의 수

$$\text{스핀 다중도} = 2S + 1$$

J: 전체 각운동량 양자수

$$J = L + S, L + S - 1, \cdots, |L - S| \quad (\text{루셀-사운더스 짝지음})$$

$$\text{전체 각운동량 크기} = \sqrt{J(J+1)}\hbar$$

M_J: 전체 각운동량 z축 성분

$$M_J = 0,\ \pm 1,\ \pm 2,\ \cdots,\ \pm J \quad (\text{짝수 개의 전자})$$

$$M_J = \pm\frac{1}{2},\ \pm\frac{3}{2},\ \pm\frac{5}{2},\ \cdots,\ \pm J \quad (\text{홀수 개의 전자})$$

$$\text{전체 각운동량의 } z\text{축 성분 값} = M_J\hbar$$

예제

5.1 헬륨 원사의 첫 번째 들뜬 상태의 전자 배치는 $1s^1 2s^1$이다. 이 배치에 대하여 스핀 상태는 다음과 같은 4가지 스핀 배향 방법이 있다.

$$\alpha\alpha \quad \alpha\beta \quad \beta\alpha \quad \beta\beta$$

이들에 대응하는 파동 함수에 대한 슬레이터 행렬식과 그 연산 결과를 쓰시오. (부록 A.6 참조)

풀이 파동 함수를 행렬식 형태로 쓰고, 행렬식을 풀어 방정식을 구하는 문제이다.

$$\Psi_1 = \frac{1}{\sqrt{2}} \begin{vmatrix} 1s(1)\alpha(1) & 2s(1)\alpha(1) \\ 1s(2)\alpha(2) & 2s(2)\alpha(2) \end{vmatrix}$$

$$= \frac{1}{\sqrt{2}} \{1s(1)\alpha(1)2s(2)\alpha(2) - 1s(2)\alpha(2)2s(1)\alpha(1)\}$$

$$\Psi_2 = \frac{1}{\sqrt{2}} \begin{vmatrix} 1s(1)\alpha(1) & 2s(1)\beta(1) \\ 1s(2)\alpha(2) & 2s(2)\beta(2) \end{vmatrix}$$

$$= \frac{1}{\sqrt{2}} \{1s(1)\alpha(1)2s(2)\beta(2) - 1s(2)\alpha(2)2s(1)\beta(1)\}$$

$$\Psi_3 = \frac{1}{\sqrt{2}} \begin{vmatrix} 1s(1)\beta(1) & 2s(1)\alpha(1) \\ 1s(2)\beta(2) & 2s(2)\alpha(2) \end{vmatrix}$$

$$= \frac{1}{\sqrt{2}} \{1s(1)\beta(1)2s(2)\alpha(2) - 1s(2)\beta(2)2s(1)\alpha(1)\}$$

$$\Psi_4 = \frac{1}{\sqrt{2}} \begin{vmatrix} 1s(1)\beta(1) & 2s(1)\beta(1) \\ 1s(2)\beta(2) & 2s(2)\beta(2) \end{vmatrix}$$

$$= \frac{1}{\sqrt{2}} \{1s(1)\beta(1)2s(2)\beta(2) - 1s(2)\beta(2)2s(1)\beta(1)\}$$

답 풀이 참조

5.2 다음 원자에 대하여 전체 궤도 각운동량 양자수 L, 전체 스핀 각운동량 양자수 S, 전체 양자수 J와 스핀 다중도를 구하시오.

(1) He (2) B

풀이 원자의 전자 배치로부터 다전자 원자의 각운동량 관련 양자수를 구하는 문제이다.

(1) He 원자의 전자 배치는 $1s^2$이다. 그러므로 $l_1 = l_2 = 0$, $s_\alpha = 1/2$, $s_\beta = -1/2$ 이다. 따라서 L, S, J는 다음과 같이 구해진다.

$$\boldsymbol{L} = l_1 + l_2 = 0 + 0 = \mathbf{0} \quad (\text{항 기호} = \text{S})$$

$$\boldsymbol{S} = s_\alpha + s_\beta = \frac{1}{2} + \left(-\frac{1}{2}\right) = \mathbf{0}$$

$$\boldsymbol{J} = L + S = 0 + 0 = \mathbf{0}$$

$$\textbf{스핀 다중도} = 2S + 1 = 2(0) + 1 = \mathbf{1}$$

이 계산 결과는 다 채워진 전자 궤도는 각운동량의 벡터 합들이 모두 0으로 원자의 각운동량에 전혀 기여하지 않으며 스핀 다중도 = 1로 한 가지 상태로만 존재한다. 따라서 **원자의 각운동량은 짝짓지 않은 전자에만 의존**한다.

(2) Li 원자의 전자 배치는 [He]$2s^2 2p^1$으로 짝짓지 않은 전자의 전자 배치는 $2p^1$이다. 그러므로 $l_1 = 1, s = 1/2$ 이다. 따라서 L, S, J는 다음과 같이 구해진다.

$$\boldsymbol{L} = l_1 = \mathbf{1} \quad (\text{항 기호} = \text{P})$$

$$\boldsymbol{S} = s_\alpha = \frac{\mathbf{1}}{\mathbf{2}}$$

$$\boldsymbol{J} = L + S, L + S - 1 = 1 + \frac{1}{2}, 1 + \frac{1}{2} - 1 = \frac{\mathbf{3}}{\mathbf{2}}, \frac{\mathbf{1}}{\mathbf{2}}$$

$$\textbf{스핀 다중도} = 2S + 1 = 2\left(\frac{1}{2}\right) + 1 = \mathbf{2}$$

이 계산 결과에서 보듯이 원자는 어떤 특정 전자 배치에서 2가지 이상의 상태로 존재할 수 있음을 알 수 있다.

답 (1) $L = 0$, $S = 0$, $J = 0$, 스핀 다중도 = 1

(2) $L = 1$, $S = \frac{1}{2}$, $J = \frac{3}{2}, \frac{1}{2}$, 스핀 다중도 = 2

연습 문제

5.1 다전자 원자 계에 대하여 완전한 슈뢰딩거 방정식의 해를 구할 수 없는 이유를 말하시오.

5.2 다전자 원자 계에 대한 파동 함수를 구하는 방법 중 하나인 궤도함수 근사법을 설명하시오.

5.3 변분법을 설명하시오.

5.4 다전자 원자의 에너지가 각 전자에 대한 궤도함수의 에너지를 합한 값과 다른 이유를 말하시오.

5.5 자체 일관성 장 궤도함수 법을 설명하시오.

5.6 Li 원자는 $1s^2 2s^1$의 전자 배치를 가진다. $2s$ 전자의 스핀을 α라고 할 때 Li 원자에 대한 슬레이터 행렬식을 만들어 허용되는 파동 함수를 구하시오.

5.7 수소꼴 원자에 대하여 다음 식들을 원자 단위를 사용하여 표기하시오.

(1) 슈뢰딩거 방정식 (2) 에너지 식 E_n

(3) $1s$ 궤도함수에 대한 파동 함수 ψ_{100}

5.8 He 원자에 대한 원자 단위 해밀토니안은 다음과 같다.

$$\hat{H} = -\frac{1}{2}\nabla_1^2 - \frac{1}{2}\nabla_2^2 - \frac{2}{r_1} - \frac{2}{r_2} + \frac{1}{r_{12}}$$

이 $\hat{H}$에 다음 식을 대입했을 때 $E = E_1 + E_2 + J_{12}$임을 보이시오.

$$E = \iint \psi^*(r_1)\psi^*(r_2)\hat{H}\psi(r_1)\psi(r_2)\mathrm{d}r_1\mathrm{d}r_2$$

$$E_\mathrm{i} = \int \psi^*(r_\mathrm{i})\left(-\frac{1}{2}\nabla_\mathrm{i}^2 - \frac{Z}{r_\mathrm{i}}\right)\psi(r_\mathrm{i})\mathrm{d}r_\mathrm{i}$$

$$J_{12} = \iint \psi^*(r_1)\psi^*(r_2)\frac{1}{r_{12}}\psi(r_1)\psi(r_2)\mathrm{d}r_1\mathrm{d}r_2$$

5.9 길이가 L인 1차원 상자 속 입자에 대하여 $\psi = (L-x)x$인 시도 함수를 사용하였을 때에 대하여 다음을 구하시오.

(1) 이 함수는 경계 조건을 만족시키는가?

(2) 에너지를 구하고, 이 에너지를 1차원 상자 속 입자의 바닥 상태 에너지의 참값과 비교하시오.

5.10 조화 진동자에 대하여 시도 함수로 다음의 식을 사용했을 때에 대한 에너지를 구하고, 조화 진동자의 바닥 상태 에너지 참값과 비교하시오.

$$\psi = \cos \lambda x \qquad -\frac{\pi}{2\lambda} < x < \frac{\pi}{2\lambda}$$

5.11 어떤 전자가 다음 궤도함수에 들어 있을 때 그 전자의 궤도 각운동량의 크기를 구하시오.

(1) s (2) p (3) d (4) f

5.12 하나의 전자가 다음 궤도함수에 들어 있을 때 그 전자가 가질 수 있는 전체 각운동량 양자수를 구하시오.

(1) s (2) p (3) d (4) f

5.13 두 전자의 양자수 j가 각각 다음과 같을 때 허용되는 전체 각운동량 양자수를 구하시오.

(1) $j_1 = 1, j_2 = 2$ (2) $j_1 = 3, j_2 = 5$

6강 원자 분광학

핵심 정리

1 원자의 미세 구조와 항 기호

미세 구조: 원자 내 전자 구조는 궤도함수뿐만 아니라 미세한 세부 구조가 존재
쿨롱 상호작용: 전체 각운동량 양자수 L에 따른 에너지 준위 분리
스핀–스핀 상호작용: 같은 방향으로 스핀하는 전자들과 반대 방향으로 스핀하는 전자들 간에는 상호작용이 서로 다름에 기인, 스핀 다중도가 큰 것과 작은 것으로 에너지 준위 분리
스핀–궤도 짝지음: 스핀 자기 모멘트와 궤도 각운동량 자기 모멘트 간의 상호작용, 전자의 전체 각운동량에 의존
원자 항(term): 원자의 에너지 준위
항 기호(term symbol)

$$^{2S+1}L_J \qquad \text{(항 기호 표기법)}$$

표 동등한 전자에 대한 여러 전자 배치에서 나타나는 항 기호

전자 배치	항 기호(J 생략)
s^1	^2S
p^1	^2P
p^2, p^4	^1S, ^3P, ^1D
p^3	^4S, ^2P, ^2D
p^1, p^5	^2P
d^1, d^9	^2D
d^2, d^8	^1S, ^3P, ^1D, ^3F, ^1G
d^3, d^7	^2P, ^4P, 2^2D, ^2F, ^4F, ^2G, ^2H
d^4, d^6	2^1S, 2^3P, 2^1D, ^3D, ^5D, ^1F, 2^3F, ^1G, ^3G, ^3H, ^1I
d^5	^2S, ^6S, ^2P, ^4P, 3^2D, ^4D, 2^2F, ^4F, 2^2G, ^4G, ^2H, ^2I

훈트 규칙: 항의 안정도 순서

첫째, 다중도가 클수록(즉 S 값이 클수록) 안정

둘째, 다중도가 같을 때는 L 값이 큰 것이 안정

셋째, S와 L이 같을 때

부껍질이 절반 미만으로 채워졌을 때는 J 값이 작은 것이 안정

부껍질이 절반보다 많이 채워졌을 때는 J 값이 큰 것이 안정

2 선택 규칙

전기 쌍극자 전이: 복사선의 전기장 벡터가 원자의 순간 전기 모멘트와 상호작용할 때 발생

선택 규칙(selection rule): 허용되는 전이에 대한 일반 규칙

$$\Delta l = \pm 1,\ \Delta m_l = 0,\ \pm 1 \quad \text{(수소꼴 원자의 선택 규칙)}$$

$$\Delta L = 0,\ \pm 1\ (L = 0 \rightarrow L = 0\ \text{제외})$$
$$\Delta S = 0 \quad \text{(다전자 원자의 선택 규칙)}$$
$$\Delta J = 0,\ \pm 1\ (J = 0 \rightarrow J = 0\ \text{제외})$$

3 원자 스펙트럼의 예

He 원자

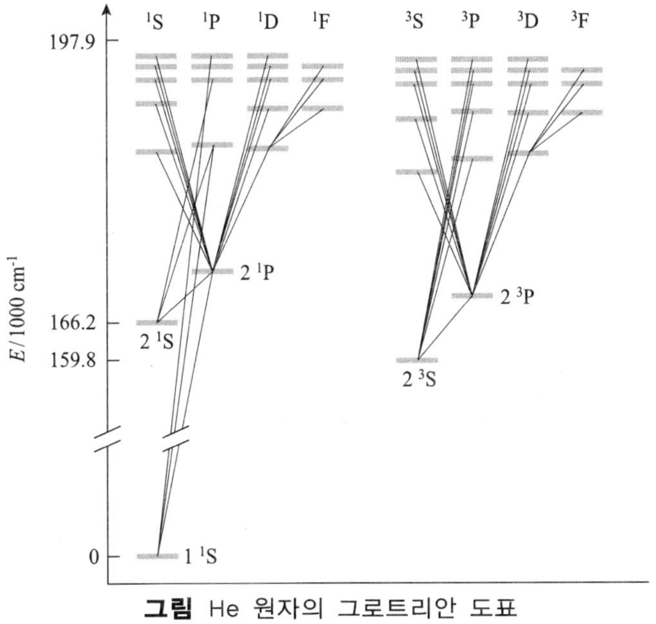

그림 He 원자의 그로트리안 도표

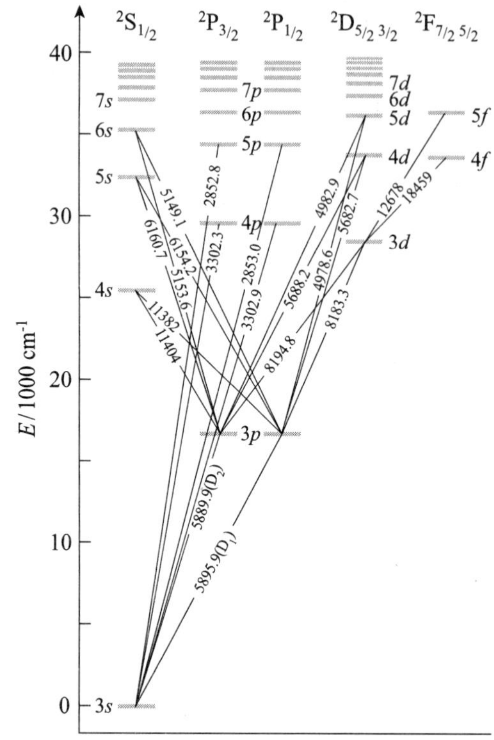

그림 Na 원자의 그로트리안 도표

예제

6.1 훈트 규칙을 사용하여 다음 전자 배치에 대한 항 기호를 모두 구하고, 가장 낮은 에너지 상태의 항을 말하시오.

(1) $2s^1 3s^1$ (2) 바닥 상태 탄소 원자

풀이 전자 배치로부터 항 기호를 구하고 훈트 규칙을 적용하여 가장 낮은 에너지 상태를 판단하는 문제이다.

(1) $2s^1 3s^1$에서 $l_1 = l_2 = 0,\ s_1 = s_2 = 1/2$ 이다. 그러므로 L, S, J는 다음과 같다.

L	0	
S	1	0
J	1	0

그러므로 항 기호는 $\mathbf{^3S_1}$과 $\mathbf{^1S_0}$이고, 훈트 첫째 규칙에 의하면 $\mathbf{^3S_1}$이 가장 낮은 에너지의 항이다.

(2) 바닥 상태 탄소 원자의 전자 배치는 [He]$2s^2 2p^2$로 짝짓지 않은 전자의 전자 배치는 $2p^2$이다. '표 동등한 전자에 대한 여러 전자 배치에서 나타나는 항 기호'의 자료를 활용하면 항 기호는 다음과 같다.

항 기호(*J* 제외)	^1S	^3P			^1D
J 값	0	2	1	0	2
항 기호(*J* 포함)	$^1\mathbf{S_0}$	$^3\mathbf{P_2}$	$^3\mathbf{P_1}$	$^3\mathbf{P_0}$	$^1\mathbf{D_2}$

훈트 첫째 규칙에 의하면 가장 낮은 에너지 상태는 ^3P 중의 하나이고, 셋째 규칙에 의하면 $^3\mathbf{P_0}$이다.

답 (1) $^3S_1$ $^1S_0$, 가장 낮은 에너지 항= $^3S_1$
(2) $^1S_0$ $^3P_2$ $^3P_1$ $^3P_0$, $^1D_2$, 가장 낮은 에너지 항= $^3P_0$

6.2 다음은 Na 원자의 처음 몇 전자 상태에 대한 자료이다.

전자 배치	$2p^6 3s$	$2p^6 3p$		$2p^6 4s$	$2p^6 4p$	
항	^2S	^2P		^2S	^2P	
J 값	1/2	1/2	3/2	1/2	1/2	3/2
에너지 준위/cm^{-1}	0	16956	16973	25740	30267	30273

이 표를 사용하여 Na 원자의 다음 전이에 대하여 2중선의 파수와 2중선 간의 간격을 구하시오.

(1) $3p\ ^2P_{1/2} \rightarrow 3s\ ^2S_{1/2}$, $3p\ ^2P_{3/2} \rightarrow 3s\ ^2S_{1/2}$

(2) $4p\ ^2P_{1/2} \rightarrow 4s\ ^2S_{1/2}$, $4p\ ^2P_{3/2} \rightarrow 4s\ ^2S_{1/2}$

풀이 에너지 준위 자료로부터 특정 전이에 대한 스펙트럼의 파수를 구하고 스펙트럼 사이의 간격을 구하는 문제이다.

(1) 두 전이에 대한 파수와 간격은 다음과 같다.

$$\mathbf{3p\ ^2P_{1/2} \rightarrow 3s\ ^2S_{1/2}} = (16956 - 0)\ \mathrm{cm^{-1}} = \mathbf{16956\ cm^{-1}}$$

$$\mathbf{3p\ ^2P_{3/2} \rightarrow 3s\ ^2S_{1/2}} = (16973 - 0)\ \mathrm{cm^{-1}} = \mathbf{16973\ cm^{-1}}$$

$$\mathbf{\Delta\tilde{\nu}} = (16973 - 16956)\ \mathrm{cm^{-1}} = \mathbf{14\ cm^{-1}}$$

(2) 두 전이에 대한 파수와 간격은 다음과 같다.

$$\mathbf{4p\ ^2P_{1/2} \rightarrow 4s\ ^2S_{1/2}} = (30267 - 25740)\ \mathrm{cm^{-1}} = \mathbf{4527\ cm^{-1}}$$

$$\mathbf{4p\ ^2P_{3/2} \rightarrow 4s\ ^2S_{1/2}} = (30273 - 25740)\ \mathrm{cm^{-1}} = \mathbf{4533\ cm^{-1}}$$

$$\mathbf{\Delta\tilde{\nu}} = (4533 - 4527)\ \mathrm{cm^{-1}} = \mathbf{6\ cm^{-1}}$$

답 (1) 풀이 참조 (2) 풀이 참조

연습 문제

6.1 다전자 원자의 스펙트럼에서 미세 구조가 나타나는 원인을 말하고 각 작용을 간략하게 설명하시오.

6.2 다전자 원자의 (1) 항 기호 표기법을 쓰고, (2) 항의 안정도 순서를 판단하는 훈트 규칙을 말하시오.

6.3 원자의 에너지 준위들 사이에 분광학적 전이가 일어날 때 모든 준위들 사이에 전이가 허용되지 않는 이유를 설명하시오.

6.4 전자가 모두 짝지어진 전자 배치는 항상 ^{1}S의 항으로 나타남을 보이시오.

6.5 궤도함수 각운동량 양자수가 $l_1 = 1$, $l_2 = 2$인 원자에서 전체 각운동량 양자수 J가 가질 수 있는 값들을 구하시오.

6.6 다음 전자 배치가 가질 수 있는 상태(항 기호)를 구하시오.

(1) ns^2 (2) np^6 (3) nd^{10}

6.7 다음 전자 배치가 가질 수 있는 상태(항 기호)를 구하시오.

(1) s^1 (2) p^1 (3) d^1 (4) f^1

6.8 '표 동등한 전자에 대한 여러 전자 배치에서 나타나는 항 기호'에서 p^1과 p^5의 항 기호가 같은 이유를 설명하시오.

6.9 항 기호 ^{2S+1}L에 대해서 가능한 총 미세 상태 수는 다음과 같은 식으로 주어짐을 보이시오.

$$\text{총 미세 상태 수} = (2L+1)(2S+1)$$

6.10 '표 동등한 전자에 대한 여러 전자 배치에서 나타나는 항 기호'에서 p^2는 ^{1}S, ^{3}P, ^{1}D 상태가 있다. 문제 6.9의 식을 사용하여 np^2 전자 배치에 대하여 다음을 구하시오.

(1) 가능한 총 미세 상태 수

(2) 각 상태에 대한 미세 상태 항 기호

(3) 바닥 상태 항 기호

6.11 '표 동등한 전자에 대한 여러 전자 배치에서 나타나는 항 기호'를 참조하여 다음의 전자 배치에 대한 가능한 총 미세 상태 수를 구하시오.

(1) p^3 (2) p^4 (3) d^2 (4) d^3

6.12 ns^1np^1 전자 배치에 대해서 다음을 구하시오.

(1) 가능한 총 미세 상태 수

(2) 각 상태에 대한 미세 상태 항 기호

(3) 바닥 상태 항 기호

II부 분자 구조

7강 화학 결합: 원자에서 분자로

핵심 정리

1 보른-오펜하이머 근사법

보른-오펜하이머 근사(Born-Oppenheimer approximation): 핵들이 정지(즉 핵간 거리는 일정)해 있다고 가정하여 슈뢰딩거 방정식을 다루는 방법

첫째, 적당한 핵간 거리를 선정하여 전자에 대한 슈뢰딩거 방정식을 품
둘째, 핵간 거리를 변화시키며 계산을 반복
셋째, 결합 길이에 따른 퍼텐셜 에너지 곡선을 그림
넷째, 퍼텐셜 에너지 곡선으로부터 평형 결합 길이(R_e)와 결합 해리 에너지(D_0)를 구함

수소 분자 이온(H_2^+): 가장 간단한 분자 계

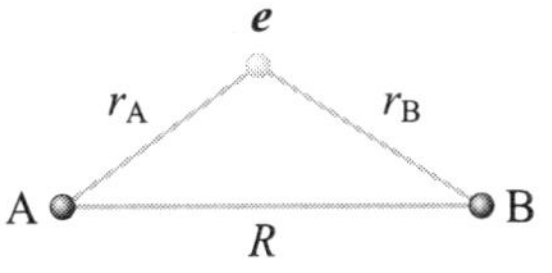

그림 수소 분자 이온 계의 좌표 도시

해밀토니안

$$\hat{H} = \hat{T}_e + \hat{V}_{NN} + \hat{V}_{N_Ae} + \hat{V}_{N_Be}$$

$$\hat{H} = \hat{H}_{el} + \hat{V}_{NN}$$
$$\hat{H}_{el} = \hat{T}_e + \hat{V}_{N_Ae} + \hat{V}_{N_Be}$$

전자에 대한 슈뢰딩거 방정식

$$\hat{H}_{el}\psi_{el} = E_{el}\psi_{el}$$

에너지

$$E_{BO} = E_{el} + E_{P,NN}$$

E_{BO}: 보른-오펜하이머 에너지

2 원자가 결합 이론과 분자 궤도함수 이론

원자가 결합 이론(valence-bond theory): 원자가 전자들이 상호작용하여 결합을 형성하는 것으로 다룸

수소 분자(H_2)

결합 파동 함수

$$\Psi_{VB} = \psi_A(1)\psi_B(2) + \psi_A(2)\psi_B(1)$$

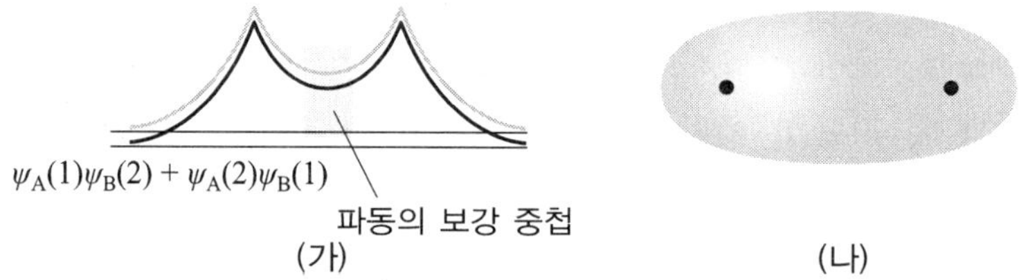

그림 두 파동 함수 $\psi_A(1)\psi_B(2)$와 $\psi_A(2)\psi_B(1)$을 '+'로 선형 결합하여 형성되는 (가) 파동 함수에 대한 개념도와 (나) σ 결합 상태

그림 결합축을 따라 접근하는 두 p 궤도함수가 겹치면서 형성되는 σ 결합

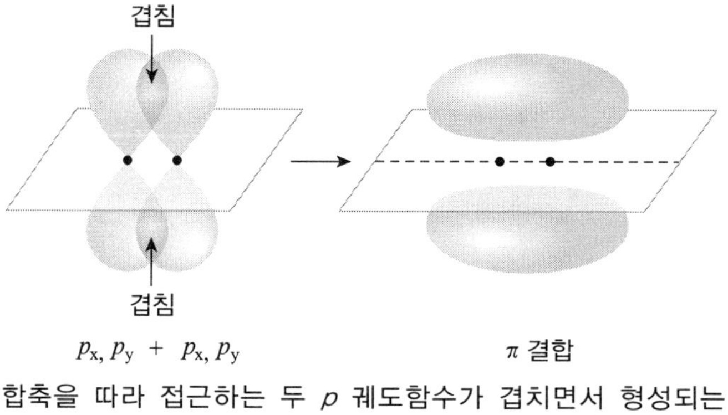

그림 결합축을 따라 접근하는 두 p 궤도함수가 겹치면서 형성되는 π 결합

분자 궤도함수 이론(molecular orbital theory): 분자 내에 있는 전자들이 특정 결합에 속해 있지 않고 분자 전체에 분포되어 있는 것으로 다룸

$$\Psi_{\text{MO},\pm} = N(\psi_A \pm \psi_B) \quad \text{(LCAO-MO)}$$

$\Psi_{\text{MO},+}$: 결합 궤도함수, $\Psi_{\text{MO},-}$: 반결합 궤도함수

LCAO-MO: 원자 궤도함수들을 선형 결합하여 만들어진 분자 궤도함수

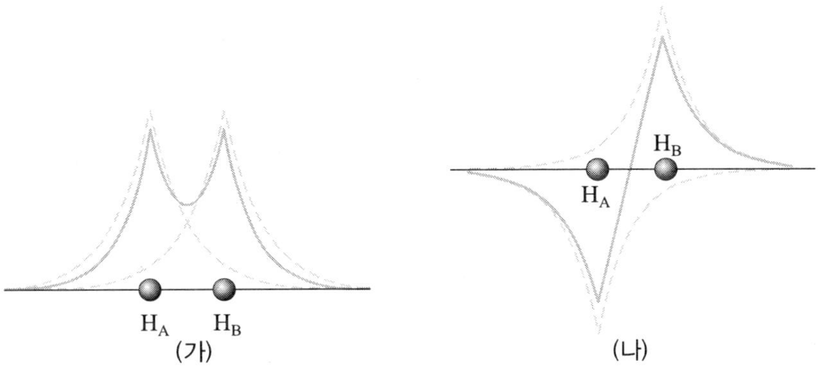

그림 원자 궤도함수(AO)의 두 선형 결합 방식과 그 결과 생성되는 분자 궤도함수(MO). (가) '+' 선형 결합, (나) '−' 선형 결합. 점선은 각 수소 원자의 1*s* 궤도함수, 실선은 선형 결합의 결과로 생성된 MO

3 동핵 2원자 분자

H_2와 He_2

그림 H_{1s} 궤도함수들이 겹쳐 만들어진 MO의 에너지 준위 개념도. (가) H_2, (나) He_2

Li_2와 Be_2

Li_2: $2\sigma_g^{\;2}$

Be_2: $2\sigma_g^{\;2}2\sigma_u^{*2}$

겹침 적분(overlap integral, S): 겹침 밀도의 값

$$S = \int \psi_A^* \psi_B \, d\tau$$

π 궤도함수

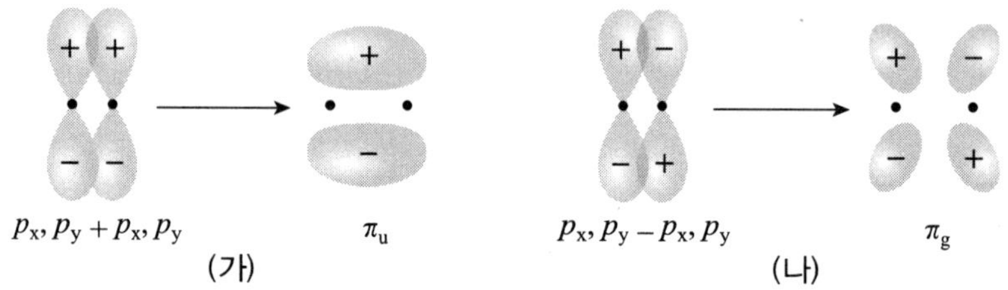

그림 p_x 또는 p_y 궤도함수와 p_x 또는 p_y 궤도함수의 선형 결합. (가) 보강 간섭에 의한 결합 MO 생성, (나) 상쇄 간섭에 의한 반결합 MO 생성

$B_2 \sim F_2$

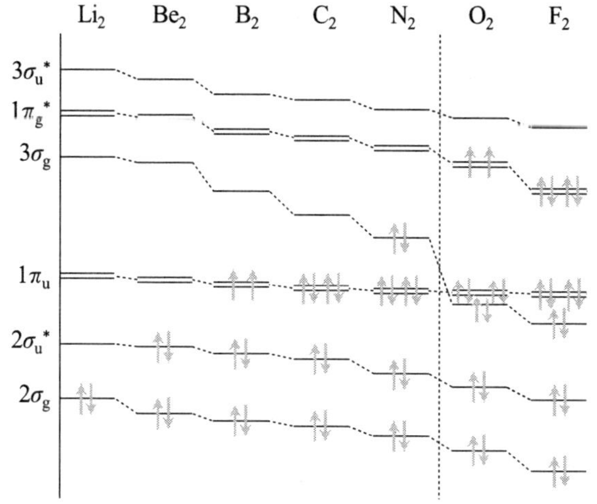

그림 2주기 동핵 2원자 분자에 대한 MO의 에너지 준위 변화와 전자 배치

4 결합 차수, 결합 에너지, 결합 길이

결합 차수(bond order, b)

$$b = \frac{1}{2}\left(N - N^*\right) \quad (\text{결합 차수의 정의})$$

N: 결합 궤도함수에 채워진 전자수

N^*: 반결합 궤도함수에 채워진 전자수

결합 해리 에너지(bond dissociation energy)와 결합 길이(bond length)

두 원자들 사이에 결합 차수가 클수록 결합 해리 에너지는 크며, 결합 길이는 짧아짐

예제

7.1 H_2^+에 대하여 $\Psi_{MO,\pm} = N(\psi_A \pm \psi_B)$ (LCAO-MO)의 $\Psi_{MO,+}$를 정규화하시오. H_2^+에 대한 $S = 0.59$이다.

풀이 LCAO-MO로 얻어지는 분자 궤도함수를 정규화하는 문제이다. LCAO-MO식의 $\Psi_{MO,+}$를 정규화 식에 넣으면 다음과 같이 된다.

$$\begin{aligned}
&\int \Psi^*_{MO,+}\Psi_{MO,+}\,d\tau \\
&= N^2\left(\int \psi_A^2 d\tau + \int \psi_B^2 d\tau + 2\int \psi_A\psi_B d\tau\right) \\
&= N^2(1 + 1 + 2S) = 1
\end{aligned}$$

H_2^+에 대한 $S = 0.59$이므로 H_2^+의 $\Psi_{MO,+}$에 대한 정규화 상수와 정규화된 궤도함수는 다음과 같다.

$$N = \frac{1}{\sqrt{2 + 2(0.59)}} = 0.56$$

$$\boldsymbol{\Psi_{MO,+} = 0.56(\psi_{1s} + \psi_{1s})}$$

답 $\Psi_{MO,+} = 0.56(\psi_{1s} + \psi_{1s})$

7.2 다음 화학종들에 바닥 상태 전자 배치를 하고 결합 차수를 구한 다음 이 화학종들에 대하여 예상되는 결합 에너지와 결합 길이의 경향성을 논하시오.

$$O_2^+ \quad O_2 \quad O_2^- \quad O_2^{2-}$$

풀이 2주기 원소의 2원자 분자 화학종에 대한 전자 배치로부터 결합 차수를 구하여 결합 에너지와 결합 길이를 예측하는 문제이다.

$$O_2^+ : 2\sigma_g^2 2\sigma_u^{*2} 3\sigma_g^2 1\pi_u^4 1\pi_g^{*1} \qquad \boldsymbol{b} = \frac{1}{2}(8-3) = \mathbf{2.5}$$

$$O_2 : 2\sigma_g^2 2\sigma_u^{*2} 3\sigma_g^2 1\pi_u^4 1\pi_g^{*2} \qquad \boldsymbol{b} = \frac{1}{2}(8-4) = \mathbf{2}$$

$$O_2^- : 2\sigma_g^2 2\sigma_u^{*2} 3\sigma_g^2 1\pi_u^4 1\pi_g^{*3} \qquad \boldsymbol{b} = \frac{1}{2}(8-5) = \mathbf{1.5}$$

$$O_2^{2-} : 2\sigma_g^2 2\sigma_u^{*2} 3\sigma_g^2 1\pi_u^4 1\pi_g^{*4} \qquad \boldsymbol{b} = \frac{1}{2}(8-6) = \mathbf{1}$$

$O_2^+ > O_2 > O_2^- > O_2^{2-}$ 순으로 결합 차수가 작아지므로 결합 에너지는 $O_2^+ > O_2 > O_2^- > O_2^{2-}$ 순으로 감소하고, 결합 길이는 $O_2^+ < O_2 < O_2^- < O_2^{2-}$ 순으로 길어진다.

답 결합 차수: $O_2^+ = 2.5, O_3 = 2, O_2^- = 1.5, O_2^{2-} = 1$,

결합 에너지: $O_2^+ > O_2 > O_2^- > O_2^{2-}$, 결합 길이: $O_2^+ < O_2 < O_2^- < O_2^{2-}$

연습 문제

7.1 보른-오펜하이머 근사의 개념을 말하고, 보른-오펜하이머 근사법으로 분자 구조를 결정하는 방법을 기술하시오.

7.2 원자가 결합론과 분자 궤도함수론은 각각 어떤 근사를 하고 있는지 말하시오.

7.3 (1) 1*s*와 1*s*가 결합할 때 겹침 적분 값이 결코 0이 될 수 없는 이유와 (2) *ns*와 np_x가 결합할 때 겹침 적분 값이 항상 0이 되는 이유를 설명하시오.

7.4 전자가 반결합 궤도함수에 들어갈 때 분자 전체 에너지는 높아지겠는가 아니면 낮아지겠는가?

7.5 분자 궤도함수론을 이용하여 다음 화학종의 바닥 상태 전자 배치와 결합 차수를 구하시오.

(1) H_2^- (2) Li_2 (3) Be_2
(4) B_2 (5) C_2 (6) N_2^+

7.6 분자 궤도함수론을 이용하여 다음 화학종에 대하여 상자성과 반자성을 판별하시오.

(1) H_2^+, H_2, H_2^- (2) C_2^+, C_2, C_2^- (3) O_2^+, O_2, O_2^-

7.7 분자 궤도함수론을 이용하여 다음을 설명하시오.

(1) N_2의 결합 해리 에너지가 N_2^-의 결합 해리 에너지보다 큰 이유
(2) O_2의 결합 해리 에너지가 O_2^+의 결합 해리 에너지보다 작은 이유

7.8 분자 궤도함수론을 이용하여 다음 화학종 군에 대하여 상대적 안정도를 비교하시오.

(1) B_2^+, B_2, B_2^- (2) N_2^+, N_2, N_2^- (3) F_2^+, F_2, F_2^-

7.9 2주기 원소들에 대한 동핵 2원자 분자의 분자 궤도함수는 n = 2의 원자 궤도함수를 선형 결합하여 만들 수 있다. 3주기 원소들에 대한 동핵 2원자 분자의 분자 궤도함수를 만들어 보시오. (3*d* 원자 궤도함수들의 선형 결합에 의해서는 σ, π, δ의 분자 궤도함수가 만들어진다.)

7.10 문제 7.9에서 얻은 분자 궤도함수를 사용하여 3주기 원소의 동핵 2원자 분자인 Na_2에서 Ar_2까지에 대한 바닥 상태 전자 배치와 결합 차수를 구하시오.

8강 이핵 2원자 분자와 다원자 분자의 구조

핵심 정리

1 이핵 2원자 분자

동핵 2원자 분자: 서로 같은 AO의 에너지 준위 간 겹침

이핵 2원자 분자: 서로 다른 AO의 에너지 준위 간 겹침

HF 분자

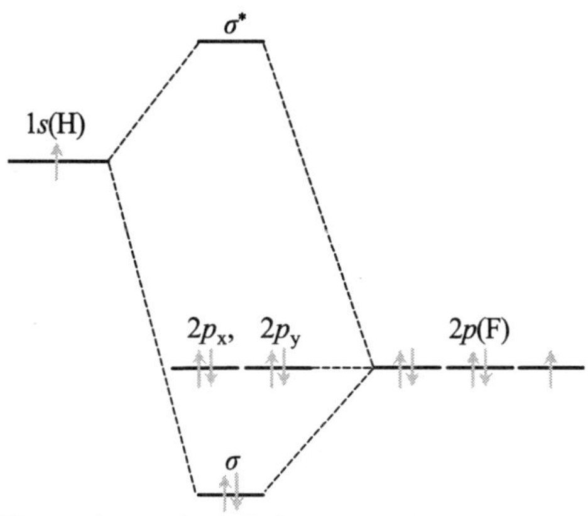

그림 HF의 MO와 에너지 준위. F의 1s와 2s는 생략

전자 배치: HF: $1s^2 2s^2 \sigma^2 2p_x^2 2p_y^2$

결합 차수: $b = \frac{1}{2}(2-0) = 1$

파동 함수: $\Psi_\sigma = 0.24\psi_H + 0.97\psi_F$

σ 궤도함수 형성에 들어간 H와 F의 AO 확률 밀도 비율

$$H: \frac{0.24^2}{0.24^2 + 0.97^2} = 0.06$$

$$F: \frac{0.97^2}{0.24^2 + 0.97^2} = 0.94$$

O와 NO 분자

전자 배치와 결합 차수

$$\text{CO: } 2\sigma_g^2 2\sigma_u^{*2} 3\sigma_g^2 1\pi_u^4 \qquad b = \frac{1}{2}(8-2) = 3$$

$$\text{NO: } 2\sigma_g^2 2\sigma_u^{*2} 3\sigma_g^2 1\pi_u^4 1\pi_g^{*1} \qquad b = \frac{1}{2}(8-3) = 2.5$$

2 영년 행렬식

영년 행렬식: 영년 방정식에 대한 계수 행렬식

2원자 분자

영년 방정식

$$c_A(\alpha_A - E) + c_B(\beta - ES) = 0$$
$$c_A(\beta - ES) + c_B(\alpha_B - E) = 0$$

영년 행렬식

$$\begin{vmatrix} \alpha_A - E & \beta - ES \\ \beta - ES & \alpha_B - E \end{vmatrix} = 0$$

에너지

$$E_+ = \frac{\alpha + \beta}{1 + S} \qquad E_- = \frac{\alpha - \beta}{1 - S} \qquad \text{(동핵 2원자 분자의 MO 에너지)}$$

분자 궤도함수

$$\Psi_{MO,+} = \frac{1}{\sqrt{2(1+S)}}(\psi_A + \psi_B)$$
$$\Psi_{MO,-} = \frac{1}{\sqrt{2(1-S)}}(\psi_A + \psi_B)$$
(동핵 2원자 분자의 MO)

3 다원자 분자

분자 궤도함수(MO)

$$\Psi_{MO} = \sum_i c_i \psi_i \qquad \text{(LCAO-MO의 일반식)}$$

영년 행렬식으로 MO와 MO의 에너지를 구하는 방법

첫째, LCAO-MO와 에너지 기댓값 식으로부터 영년 방정식을 만듦

둘째, 영년 방정식으로부터 영년 행렬식을 작성

셋째, 영년 행렬식을 풀어 에너지 E에 대한 방정식을 만듦

넷째, 방정식을 풀어 E를 구하고, 이 E를 영년 방정식에 넣어 MO의 계수를 구함

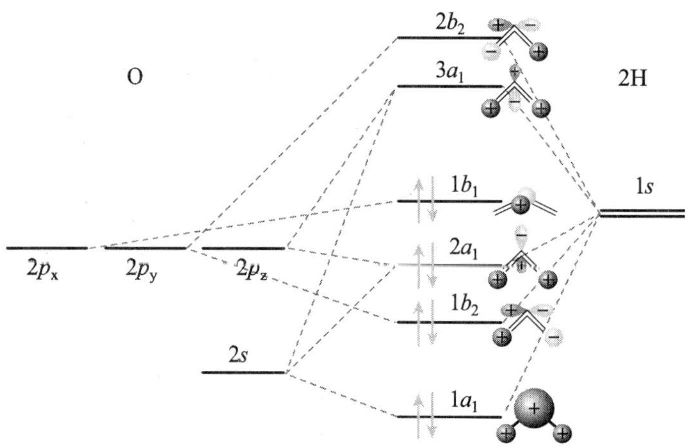

그림 H_2O의 원자가(valence shell) MO의 개략적 모양과 에너지 준위

4 휘켈 근사법

휘켈 근사법: 짝지은 이중 결합 분자 내 π 궤도함수의 에너지 준위를 구하는 근사적 계산 방법

휘켈 근사 가정

1. 인접 원자 사이의 겹침 적분은 0으로 놓음. $i \neq j$이면 $S_{ij}=0$이고, $i=j$이면 $S_{ij}=1$
2. 인접하지 않은 원자들 사이의 공명 적분은 0으로 취급
3. 인접한 원자들 사이의 공명 적분은 동일하게 취급

에텐(C_2H_4): 2개의 π 전자 계

π 궤도함수: $\Psi_\pi = c_A\psi_A + c_B\psi_B$

영년 행렬식과 에너지

$$\begin{vmatrix} \alpha - E & \beta \\ \beta & \alpha - E \end{vmatrix} = (\alpha - E)^2 - \beta^2 = 0$$

$$E_\pm = \alpha \pm \beta$$

전자 배치: $1\pi^2$

$\pi \to \pi^*$ 전이 에너지: $\Delta E = 2\beta = 150 \text{ kJ mol}^{-1} = 1.6 \text{ eV}$

영년 행렬식의 일반화

N차원 계의 영년 방정식

$$\begin{aligned} c_1(H_{11} - ES_{11}) + c_2(H_{12} - ES_{12}) + \cdots + c_N(H_{1N} - ES_{1N}) &= 0 \\ c_1(H_{21} - ES_{21}) + c_2(H_{22} - ES_{22}) + \cdots + c_N(H_{2N} - ES_{2N}) &= 0 \\ \vdots \qquad\qquad\qquad\qquad\qquad & \vdots \\ c_1(H_{N1} - ES_{N1}) + c_2(H_{N2} - ES_{N2}) + \cdots + c_N(H_{NN} - ES_{NN}) &= 0 \end{aligned}$$

$$\boldsymbol{H}\boldsymbol{c} = E\boldsymbol{S}\boldsymbol{c}$$

$N \times N$ 영년 행렬식

$$\begin{vmatrix} H_{11} - ES_{11} & H_{12} - ES_{12} & \cdots & H_{1N} - ES_{1N} \\ H_{21} - ES_{21} & H_{22} - ES_{22} & \cdots & H_{2N} - ES_{2N} \\ \vdots & & & \vdots \\ H_{N1} - ES_{N1} & H_{N2} - ES_{N2} & \cdots & H_{NN} - ES_{NN} \end{vmatrix} = 0$$

$$|\boldsymbol{H} - E\boldsymbol{S}| = 0$$

뷰타다이엔(C_4H_8): 4개의 π 전자 계

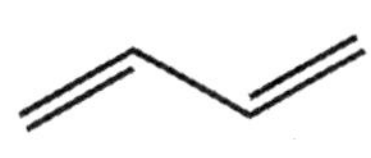

영년 행렬식

$$\begin{vmatrix} \alpha-E & \beta & 0 & 0 \\ \beta & \alpha-E & \beta & 0 \\ 0 & \beta & \alpha-E & \beta \\ 0 & 0 & \beta & \alpha-E \end{vmatrix} = \beta^4 \begin{vmatrix} x & 1 & 0 & 0 \\ 1 & x & 1 & 0 \\ 0 & 1 & x & 1 \\ 0 & 0 & 1 & x \end{vmatrix} = x^4 - 3x^2 + 1 = 0$$

$$x = \pm 1.618,\ x = \pm 0.618$$

π MO 에너지

$$E = \alpha \pm 1.618\beta,\ \alpha \pm 0.618\beta$$

전체 π 전자 결합 에너지

$$\begin{aligned} E_\pi(C_4H_8) &= 2(\alpha + 1.618\beta) + 2(\alpha + 0.618\beta) \\ &= 4\alpha + 4.472\beta \end{aligned}$$

비편재화 에너지(E_{deloc})

$$\begin{aligned} E_{deloc}(C_4H_8) &= E_\pi(C_4H_8) - 2E_\pi(C_2H_4) \\ &= 4\alpha + 4.472\beta - 2(2\alpha + 2\beta) = 0.472\beta \end{aligned}$$

벤젠(C_6H_6): 6개의 π 전자 계

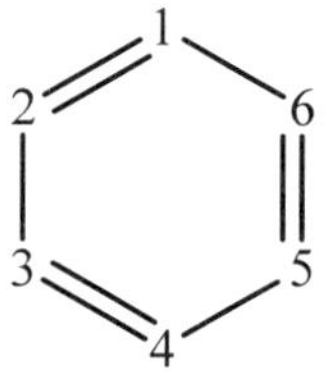

영년 행렬식

$$\begin{vmatrix} \alpha-E & \beta & 0 & 0 & 0 & \beta \\ \beta & \alpha-E & \beta & 0 & 0 & 0 \\ 0 & \beta & \alpha-E & \beta & 0 & 0 \\ 0 & 0 & \beta & \alpha-E & \beta & 0 \\ 0 & 0 & 0 & \beta & \alpha-E & \beta \\ \beta & 0 & 0 & 0 & \beta & \alpha-E \end{vmatrix} = x^6 - 6x^4 + 9x^2 - 4 = 0$$

π MO 에너지

$$E_1 = \alpha + 2\beta,\ E_2 = E_3 = \alpha + \beta,\ E_4 = E_5 = \alpha - \beta,\ E_6 = \alpha - 2\beta$$

전체 π 전자 결합 에너지

$$\begin{aligned} E_\pi(C_6H_6) &= 2(\alpha + 2\beta) + 4(\alpha + \beta) \\ &= 6\alpha + 8\beta \end{aligned}$$

비편재화 에너지

$$\begin{aligned} E_{\text{deloc}}(C_6H_6) &= E_\pi(C_6H_6) - 3E_\pi(C_2H_4) \\ &= 6\alpha + 8\beta - 3(2\alpha + 2\beta) = 2\beta \\ &= 2\left(-75\ \text{kJ mol}^{-1}\right) = -150\ \text{kJ mol}^{-1} \end{aligned}$$

예제

8.1 에텐의 정규화된 π MO를 구하시오.

풀이 영년 방정식과 영년 행렬식으로부터 정규화 계수를 구하여 정규화된 MO를 구하는 문제이다.

결합 MO:

에텐에 대한 영년 행렬식 $\begin{vmatrix} \alpha - E & \beta \\ \beta & \alpha - E \end{vmatrix} = (\alpha - E)^2 - \beta^2 = 0$ 으로부터 영년 방정식을 쓰면 다음과 같다.

$$\begin{aligned} c_A(\alpha - E) + c_A\beta = 0 \\ c_B\beta + c_B(\alpha - E) = 0 \end{aligned}$$

이 식들에 $E_+ = \alpha + \beta$ 를 대입하면 $c_A = c_B$를 얻는다. 그러므로 결합 궤도함수는 다음과 같다.

$$\Psi_+ = c_A(\psi_A + \psi_B)$$

이 궤도함수에 정규화 조건을 적용하면 다음과 같다.

$$\begin{aligned} \int \Psi_+^* \Psi_+ d\tau &= c_A^2 \left(\int \psi_A \psi_A d\tau + 2\int \psi_A \psi_B d\tau + \int \psi_B \psi_B d\tau \right) \\ &= c_A^2 (1 + 2S + 1) = 1 \end{aligned}$$

휘켈 근사에서 $S = 0$이므로 계수 c_A와 결합 궤도함수는 다음과 같이 된다.

$$c_A = \frac{1}{\sqrt{2}}$$

$$\boldsymbol{\Psi}_+ = \frac{1}{\sqrt{2}}(\psi_A + \psi_B) = \frac{1}{\sqrt{2}}(2p_{z_A} - 2p_{z_B})$$

반결합 MO:

영년 방정식에 $E_- = \alpha - \beta$를 대입하면 $c_A = -c_B$를 얻는다. 그러므로 비정규화 MO는 다음과 같다.

$$\Psi_- = c_A(\psi_A - \psi_B)$$

이 궤도함수에 정규화 조건을 적용하면 계수 c_A와 반결합 궤도함수는 다음과 같이 된다.

$$c_A = \frac{1}{\sqrt{2}}$$

$$\boldsymbol{\Psi}_- = \frac{1}{\sqrt{2}}(\psi_A - \psi_B) = \frac{1}{\sqrt{2}}(2p_{z_A} - 2p_{z_B})$$

답 $\Psi_+ = \frac{1}{\sqrt{2}}(\psi_A + \psi_B) = \frac{1}{\sqrt{2}}(2p_{z_A} - 2p_{z_B})$,

$\Psi_- = \frac{1}{\sqrt{2}}(\psi_A - \psi_B) = \frac{1}{\sqrt{2}}(2p_{z_A} - 2p_{z_B})$

8.2 사이클로뷰타다이엔의 π 궤도함수의 에너지를 휘켈 근사법으로 구하고, 사이클로뷰타다이엔의 비편재화 에너지를 구하시오.

풀이 π 결합을 지닌 분자의 π 궤도함수의 에너지와 비편재화 에너지를 구하는 문제이다.

사이클로뷰타다이엔(c-C_4H_8)은 4개의 탄소 원자의 4개의 $2p_z$ 궤도함수가 π MO를 형성하는 다음과 같은 고리 구조 분자이다.

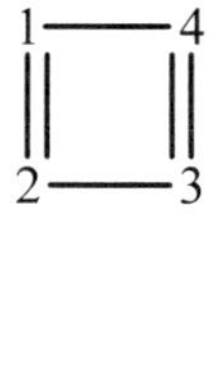

그러므로 영년 행렬식은 다음과 같이 된다.

$$\begin{vmatrix} \alpha-E & \beta & 0 & \beta \\ \beta & \alpha-E & \beta & 0 \\ 0 & \beta & \alpha-E & \beta \\ \beta & 0 & \beta & \alpha-E \end{vmatrix} = 0$$

이 식에서 β를 행렬식 밖으로 빼어내고 $x = (\alpha - E)/\beta$라고 놓으면 다음과 같은 관계를 얻는다.

$$\begin{vmatrix} x & 1 & 0 & 1 \\ 1 & x & 1 & 0 \\ 0 & 1 & x & 1 \\ 1 & 0 & 1 & x \end{vmatrix} = x^4 - 4x^2 = x^2\left(x^2 - 4\right) = 0$$

그러므로 x는 다음과 같은 값들이다.

$$x = -2,\ 0,\ 0,\ 2$$

이 값들을 다시 $x = (\alpha - E)/\beta$에 넣으면 c-C_4H_8의 4개의 π MO에 대한 에너지는 다음과 같이 구해진다.

$$E_1 = \alpha + 2\beta,\ E_2 = E_3 = \alpha,\ E_4 = \alpha - 2\beta$$

4개의 전자가 에너지가 낮은 궤도부터 채워지고, Ψ_2와 Ψ_3는 2중으로 축퇴되어 있으므로 전체 π 전자 에너지는 다음과 같다.

$$\boldsymbol{E_\pi} = 2(\alpha + 2\beta) + \alpha + \alpha = \mathbf{4\alpha + 4\beta}$$

그리고 비편재화 에너지는 다음과 같이 구해진다.

$$\begin{aligned} \boldsymbol{E_{\mathrm{deloc}}}(\boldsymbol{c}\text{-}\mathbf{C_4H_8}) &= E_\pi(c\text{-}C_4H_8) - 2E_\pi(C_2H_4) \\ &= 4\alpha + 4\beta - 2(2\alpha + 2\beta) = \mathbf{0} \end{aligned}$$

그러므로 사이클로뷰타다이엔(c-C_4H_8)의 안정도는 두 개의 분리된 에텐의 안정도와 같다.

답 $E_\pi = 4\alpha + 4\beta$, $E_{\mathrm{deloc}}(c\text{-}C_4H_8) = 0$

연습 문제

8.1 분자 궤도함수론에서 동핵 2원자 분자의 MO와 이핵 2원자 분자의 MO의 차이를 설명하시오.

8.2 본문의 '그림 HF의 MO와 에너지 준위'는 HF 분자의 MO 에너지에 대한 도식적 그림이다. ·OH 라디칼에 대한 에너지 준위는 HF 분자의 것과 어떻게 다르며, 그 이유를 설명하시오.

8.3 분자 궤도함수론에서 분자의 극성이 어떻게 설명될 수 있는지를 기술하시오.

8.4 휘켈 근사법의 기본 개념을 기술하시오.

8.5 다음 화학종의 바닥 상태 전자 배치를 하여 자기성과 결합 차수를 구하시오.

(1) CN^- (2) CS (3) ClF

8.6 다음 그림은 A_2O 분자의 결합각에 따른 MO의 변화를 나타낸다.

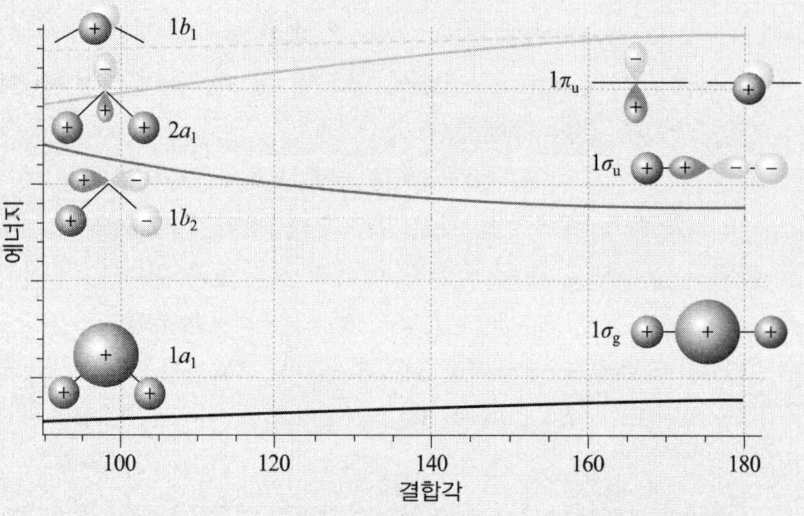

위 그림을 활용하여 다음 화학종의 평형 분자 모양을 예측하시오.

(1) H_3^+ (2) LiH_2^+ (3) LiH_2 (4) NH_2 (5) NH_2^-

8.7 다음 행렬식이 $x^4-3x^2+1=0$이 됨을 보이시오.

$$\begin{vmatrix} x & 1 & 0 & 0 \\ 1 & x & 1 & 0 \\ 0 & 1 & x & 1 \\ 0 & 0 & 1 & x \end{vmatrix} = 0$$

8.8 휘켈 근사법을 사용하여 H_3 분자가 선형 구조와 고리형 구조 중 어느 것이 더 안정한지를 결정하시오.

8.9 휘켈 근사법을 사용하여 알릴 라디칼(allyl radical, CH_2=CH−CH_2 •)의 π 전자 에너지와 비편재화를 구하시오.

8.10 휘켈 근사법을 사용하여 다음과 같은 구조를 갖는 트라이메틸렌메테인(trimethylene-methane)의 π 전자 에너지를 구하시오.

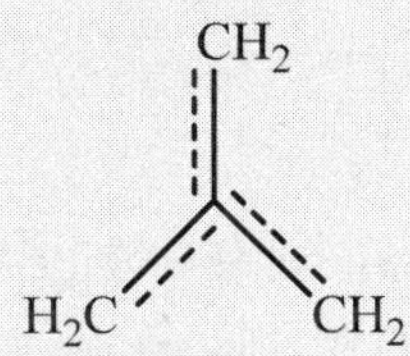

8.11 휘켈 근사법을 사용하여 다음과 같은 구조를 갖는 바이사이클로뷰타다이엔(bicycle-butadiene)의 π 전자 에너지와 비편재화 에너지를 구하시오.

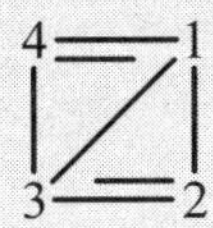

8.12 휘켈 근사법을 사용하여 얻어진 벤젠의 π 전자 에너지 준위를 사용하여 다음 화학종에 대한 전자 배치를 예측하고, π 전자 에너지를 구하시오.

(1) 벤젠 (2) 벤젠 음이온 (3) 벤젠 양이온

8.13 휘켈 근사법을 사용하여 다음 화학종에 대한 영년 행렬식을 작성하시오.

(1) 나프탈렌 (2) 페난트렌

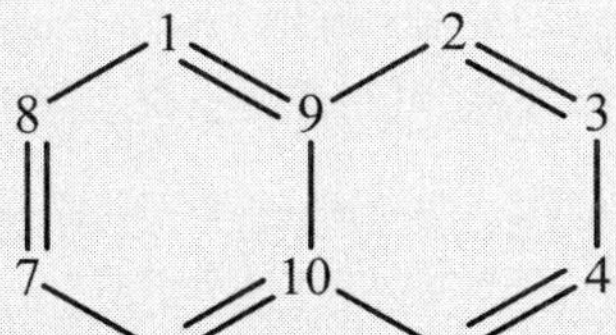

naphthalene

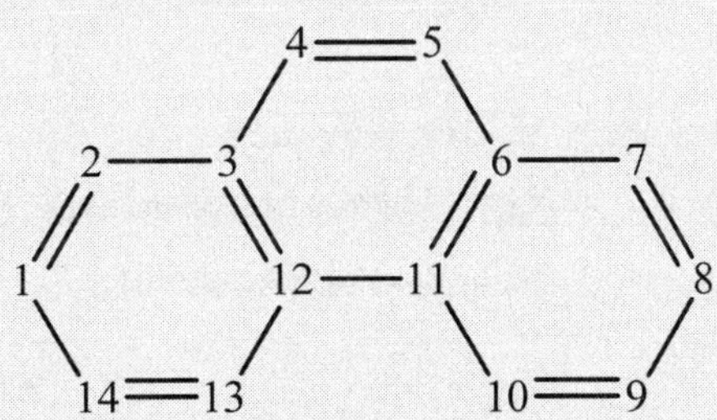

phenanthrene

9강 대칭 구조

핵심 정리

1 대칭 조작과 대칭 요소

대칭 조작(symmetry operation): 대상물에 조작을 했을 때 조작 전의 대상물의 모습과 조작 후의 대상물의 모습이 구분할 수 없도록 이동시키는 것
대칭 요소(symmetry element): 점, 선, 또는 평면 등으로 구성되는 대칭 조작을 행하는 기준

표 대칭 요소와 대칭 조작

대칭 요소	대칭 조작
동등, E	계에 아무런 변화도 주지 않음, $\hat{E}$
반전 중심, i	반전 중심에 대하여 반대 방향으로 같은 거리만큼 이동, $\hat{i}$
대칭면, σ	대칭면에 대하여 반대쪽으로의 거울상을 구함, $\hat{\sigma}$
대칭축, C_n	대칭축에 대하여 $\frac{360°}{n}$ 만큼 회전, $\hat{C}_n$
회전-반사 축, S_n	대칭축에 대하여 $\frac{360°}{n}$ 만큼 회전 후 그 축에 수직인 대칭면에 대하여 거울상을 구함(즉 $C_n+\sigma$ 조작), $\hat{S}_n$

동등 조작과 동등 요소

동등 조작(identity operation): 계에 아무런 조작도 하지 않는 것, 즉 있는 그대로 나타나게 하는 조작

$$\hat{E}(x,y,z)=(x,y,z)$$

동등 요소(identity element, E): 동등 조작에 대응하는 대칭 요소

반전 조작과 반전 중심

반전 조작(inversion operation): 대상물의 모든 지점에서 대상물의 중심을 통과해 반대 편으로 동일한 거리만큼 이동시키는 조작

$$\hat{i}(x,y,z)=(-x,-y,-z)$$

반전 중심 또는 대칭 중심(i): 반전 조작에 대응하는 대칭 요소

회전 조작과 대칭축

대칭축(symmetry axis, C_n): 어떤 선에 대하여 360°/n만큼 회전을 시켰을 때 대상물이 원래의 모습과 동일한 모습이 되는 선

회전 조작(rotation operation): 대칭축에 대하여 회전시키는 조작

$$\hat{C}_2(x,y,z)=(-x,-y,z)$$

반사 조작과 대칭면

대칭면(symmetry plane, σ): 대상물 내부의 한 평면(거울면)에 대해서 대상물을 비추었을 때 같은 모양이 되어 구분할 수 없게 되는 평면

수직 거울면(σ_v): 대칭축의 주축을 포함하는 대칭면

수평 거울면(σ_h): 대칭축과 수직인 대칭면

이면 거울면(σ_d): 주축을 포함하면서 주축에 수직인 C_2 축들 사이의 각을 2등분하는 대칭면

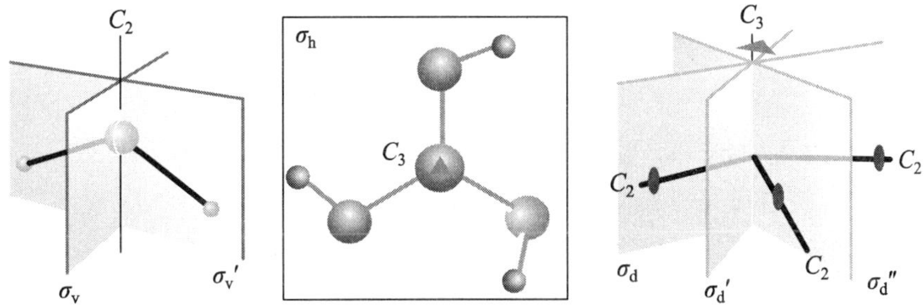

수직 거울면 수평 거울면 이면 거울면

반사 조작(reflection operation): 대칭면에 대해서 거울에 비추는 것같이 거울상으로 옮기는 조작

회전–반사 조작과 회전–반사 축

회전-반사 조작(rotation-reflection operation): 회전 조작 후 C_n 축에 수직한 면으로 σ 조작하는 것

$$\hat{S}_n = \hat{\sigma}_h \hat{C}_n$$

회전-반사 축(rotation-reflection axis, S_n): 회전-반사 조작에 대응하는 축

2 점군: 분자의 대칭 분류

군(group): 어떤 규칙에 따라서 서로 연관되는 요소들의 집합

군의 조건

C_1, C_i, C_s 군

C_1 군: 동등 요소 E 이외에 다른 요소가 없는 군

C_i 군: 동등 요소 E와 반전 중심 i만을 가지고 있는 군

C_s 군: 동등 요소 E와 대칭면 σ만을 가지고 있는 군

C_n, C_{nv}, C_{nh} 군

C_n 군: 대칭축 C_n을 가지고 있는 군

C_{nv} 군: 대칭축 C_n과 n개의 수직 거울면 σ_v를 가지고 있는 군

C_{nh} 군: 대칭축 C_n과 수평 거울면 σ_h를 가지고 있는 군

D_n, D_{nd}, D_{nh} 군

D_n 군: 주축 C_n과 C_n에 수직한 n개의 C_2 축을 가지고 있는 군

D_{nd} 군: 주축 C_n과 C_n에 수직한 n개의 C_2 축, 이면 거울면 σ_d를 가지고 있는 군

D_{nh} 군: 주축 C_n과 C_n에 수직한 n개의 C_2 축, 그리고 수평 거울면 σ_h를 가지고 있는 군

S_n 군: 위의 어느 군에도 속하지 않으면서 1개의 S_n 축를 가지고 있는 군

입방군: 사면체, 팔면체, 20면체 등 입방 구조를 갖는 구조

사면체 군: T, T_d, T_h 군이 있음. 정사면체 분자는 T_d 군

팔면체 군: O, O_h 군이 있음. 정팔면체 분자는 O_h 군

20면체 군: I, I_h 군이 있음. 정20면체 분자는 I_h 군

3 표현과 지표

표현(representation, Γ): 분자의 대칭 구조를 행렬을 사용하여 나타내는 것

지표(character, χ): 행렬 표현의 대각선 인자들의 합

대칭 조작의 행렬 표현과 지표

동등 조작

$$\Gamma(\hat{E}) = \begin{pmatrix} 1 & 0 & 0 \\ 0 & 1 & 0 \\ 0 & 0 & 1 \end{pmatrix} \qquad \chi(\hat{E}) = 3$$

반전 조작

$$\Gamma(\hat{i}) = \begin{pmatrix} -1 & 0 & 0 \\ 0 & -1 & 0 \\ 0 & 0 & -1 \end{pmatrix} \qquad \chi(\hat{i}) = -3$$

반사 조작

$$\Gamma(\hat{\sigma}_{yz}) = \begin{pmatrix} -1 & 0 & 0 \\ 0 & 1 & 0 \\ 0 & 0 & 1 \end{pmatrix} \quad \Gamma(\hat{\sigma}_{zx}) = \begin{pmatrix} 1 & 0 & 0 \\ 0 & -1 & 0 \\ 0 & 0 & 1 \end{pmatrix} \quad \Gamma(\hat{\sigma}_{xy}) = \begin{pmatrix} 1 & 0 & 0 \\ 0 & 1 & 0 \\ 0 & 0 & -1 \end{pmatrix}$$

$$\chi(\hat{\sigma}_{yz}) = 1$$

회전 조작

$$\Gamma(\hat{C}_n) = \begin{pmatrix} \cos\theta & -\sin\theta & 0 \\ \sin\theta & \cos\theta & 0 \\ 0 & 0 & 1 \end{pmatrix}$$

회전–반사 조작

$$\Gamma(\hat{S}_n) = \begin{pmatrix} \cos\theta & -\sin\theta & 0 \\ \sin\theta & \cos\theta & 0 \\ 0 & 0 & -1 \end{pmatrix}$$

지표표: 점군이 나타내는 모든 대칭성을 종합적으로 행렬 표현하여 표로 정리해 놓은 것, 기약 표현을 지표로 사용(부록 A.7에 수록)

가약 표현(reducible representation): 낮은 차수로 줄일 수 있는 표현

기약 표현(irreducible representation): 더 이상 차수를 줄일 수 없는 표현

지표표의 구성

I	II	III
IV	V	VI

구역 I: 분자 점군의 종류

구역 II: 군의 대칭 조작의 종류

구역 III: 군의 차수 등 부가 정보

구역 IV: 표현의 차수나 대칭의 종류. *A*, *B*는 표현의 차수가 1일 때, *E*는 2일 때, *T*는 3일 때 사용

구역 V: 지표

구역 VI: 군의 표현에 대한 기저(basis)

예제

9.1 다음 분자들의 점군을 결정하시오.

(1) staggered-Cl_3CCH_3 (2) staggered-H_3CCH_3

(3) $H_2C{=}CH_2$ (4) SF_6

풀이 분자식을 보고 분자의 입체 구조를 그려 주요 대칭 요소를 찾아 점군을 결정하는 문제이다.

(1) staggered-Cl_3CCH_3의 입체 구조는 다음과 같다.

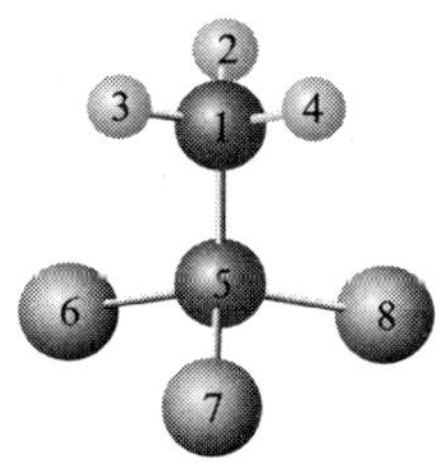

이 구조는 원자 1과 원자 5를 위에서 아래로 꿰뚫는 C_3 축과 원자 2-1-5-7을 가르는 것과 같은 3개의 대칭면 σ_v가 있다. 그러므로 점군은 $\boldsymbol{C_{3v}}$이다.

(2) staggered-H_3CCH_3의 입체 구조는 다음과 같다.

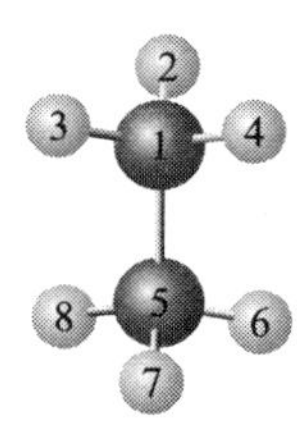

이 구조는 staggered-Cl_3CCH_3의 C_3 축과 대칭면 σ_v 외에 원자 1과 3을 연결하는 결합을 중심점을 관통하는 C_2 축이 있다. 이 C_2 축은 주축인 C_3 축에 수직한다. 그러므로 *D* 군에 속한다. 그리고 σ_v는 C_2 축들을 사이를 2등분하므로 σ_d이고, 점군은 $\boldsymbol{D_{3d}}$이다.

(3) $H_2C{=}CH_2$의 입체 구조는 다음과 같다.

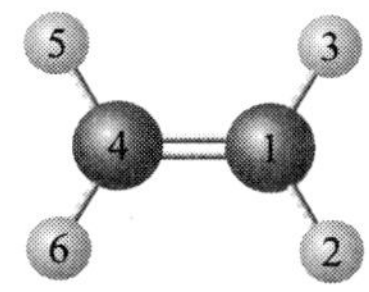

이 구조는 1과 4 원자를 관통하는 C_2 축이 있고 이 축에 대하여 수직인 1과 원자 사이의 이중 결합의 중간을 지나는 C_2 축이 있다. 그러므로 D 군에 속한다. 아울러 주축에 수직하는 σ_h가 있다. 따라서 점군은 $\boldsymbol{D_{2h}}$이다.

(4) SF_6의 입체 구조는 다음과 같다.

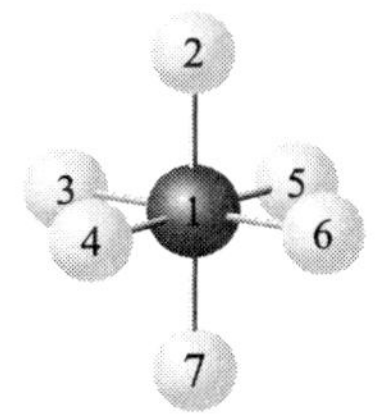

이 구조는 정팔면체이다. 점군은 $\boldsymbol{O_h}$이다.

답 (1) C_{3v} (2) D_{3d} (3) D_{2h} (4) O_h

9.2 행렬 표현으로 계산을 하여 $\hat{\sigma}_v \cdot \hat{C}_2$ 조작의 결과가 $\hat{\sigma}_v{}'$이 됨을 보이시오.

풀이 대칭 조작에 대한 행렬 표현 계산을 하는 문제이다.

$\hat{\sigma}_v$, $\hat{C}_2$, $\hat{\sigma}_v{}'$에 대한 행렬 표현은 다음과 같다.

$$\Gamma\left(\hat{\sigma}_v\right)=\begin{pmatrix}1&0&0\\0&-1&0\\0&0&1\end{pmatrix}\ \Gamma\left(\hat{C}_2\right)=\begin{pmatrix}-1&0&0\\0&-1&0\\0&0&1\end{pmatrix}\ \Gamma\left(\hat{\sigma}_v{}'\right)=\begin{pmatrix}-1&0&0\\0&1&0\\0&0&1\end{pmatrix}$$

그러므로 $\hat{\sigma}_v$, $\hat{C}_2$는 다음과 같이 계산된다.

$$\Gamma\left(\hat{\sigma}_v\right)\cdot\Gamma\left(\hat{C}_2\right)=\begin{pmatrix}1&0&0\\0&-1&0\\0&0&1\end{pmatrix}\begin{pmatrix}-1&0&0\\0&-1&0\\0&0&1\end{pmatrix}$$

$$= \begin{pmatrix} -1 & 0 & 0 \\ 0 & 1 & 0 \\ 0 & 0 & 1 \end{pmatrix}$$

따라서 $\hat{\sigma}_{\mathrm{v}} \cdot \hat{C}_2 = \hat{\sigma}_{\mathrm{v}}'$ 이다.

답 풀이 참조

연습 문제

9.1 대칭 조작과 대칭 요소에 대한 다음 표를 완성하시오.

대칭 조작	대칭 요소

9.2 분자의 점군을 결정하는 방법을 기술하시오.

9.3 지표표의 구성을 설명하시오.

9.4 다음 분자의 대칭 요소들을 나열하고, 점군을 결정하시오.

(1) CH_2F_2 (2) CH_3F (3) BF_3

(4) trans-HClC=CHCl (5) SF_6 (6) staggered-CH_3CH_3

9.5 분자가 영구 쌍극자 모멘트를 가지면 분자는 극성을 띠게 된다. 분자가 쌍극자 모멘트를 가지려면 분자의 한쪽 끝을 다른 쪽 끝으로 이동시키는 조작에 의하여 대칭이 되지 않아야 한다. 따라서 C_s, C_n, C_{nv} 군에 속하는 분자만이 영구 쌍극자 모멘트를 가질 수 있다. 다음 분자에 대하여 점군을 결정하여 극성이 될 수 있는 분자와 비극성이 되는 분자로 구분하시오.

(1) 이산화 탄소 (2) CH_2ClF (3) CH_3CCl_3

(4) C_2H_6 (5) 벤젠 (6) 피리딘

9.6 분자가 S_n 대칭 요소를 갖지 않으면 카이랄성(chirality)을 가질 수 있다. 다음 분자가 카이랄성인지 비카이랄성인지를 판단하시오.

(1) 평면-$B(OH)_3$ (2) *L*-알라닌 (3) 글리신

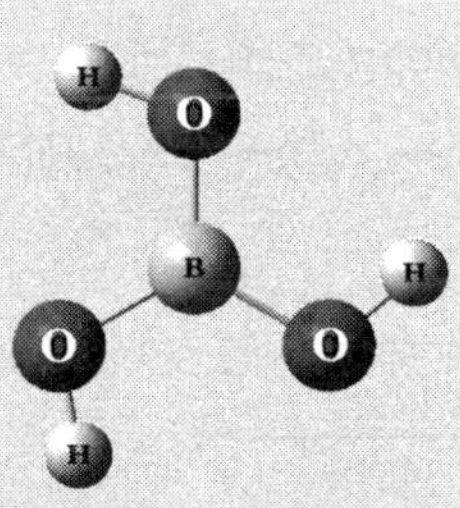

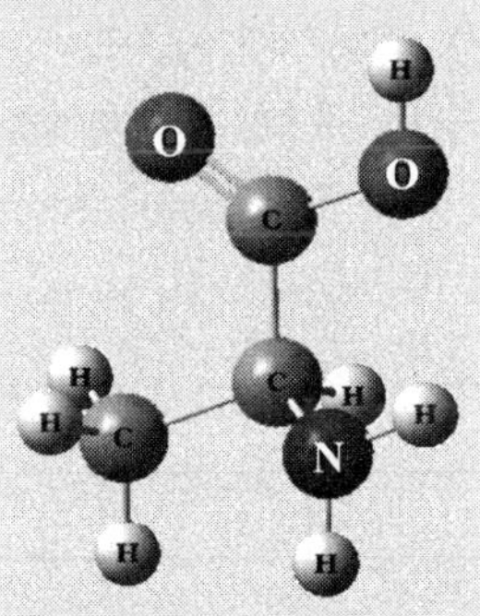

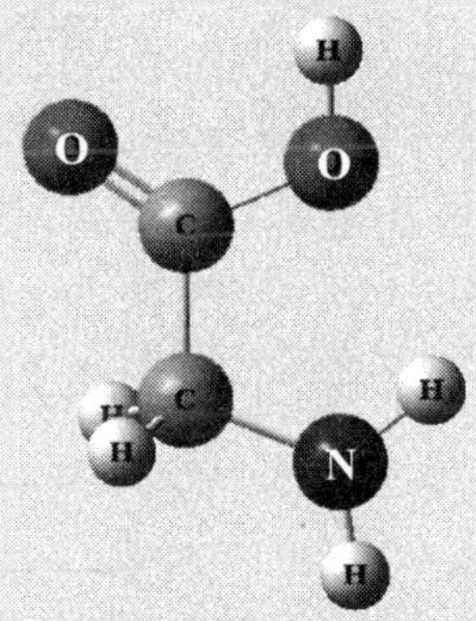

9.7 C_{2v} 군의 대칭 조작들에 대한 곱셈을 표로 나타내면 다음과 같이 된다.

C_{2v}	$\hat{E}$	$\hat{C}_2$	$\hat{\sigma}_v$	$\hat{\sigma}_v'$
$\hat{E}$	$\hat{E}$	$\hat{C}_2$	$\hat{\sigma}_v$	$\hat{\sigma}_v'$
$\hat{C}_2$	$\hat{C}_2$	$\hat{E}$	$\hat{\sigma}_v'$	$\hat{\sigma}_v$
$\hat{\sigma}_v$	$\hat{\sigma}_v$	$\hat{\sigma}_v'$	$\hat{E}$	$\hat{C}_2$
$\hat{\sigma}_v'$	$\hat{\sigma}_v'$	$\hat{\sigma}_v$	$\hat{C}_2$	$\hat{E}$

C_{2v} 군에 대하여 (3×3) 행렬을 사용하여 다음의 연속 대칭 조작의 결과를 표에서 확인하시오.

(1) $\hat{C}_2\hat{C}_2$ (2) $\hat{C}_2\hat{\sigma}_v$ (3) $\hat{\sigma}_v\hat{\sigma}_v'$

9.8 다음 점군에 대하여 대칭 조작 곱셈표를 만드시오.

(1) C_{2h} (2) C_{3v} (3) D_2

9.9 다음 조작에 대한 행렬 표현을 구하시오.

(1) $\hat{C}_3$ (2) $\hat{S}_3$

9.10 C_{4v} 군에서 함수 xy는 B_2 대칭종에 속한다. 대칭 조작 곱셈표를 만들어 함수 xy는 B_2 대칭종에 속함을 보이시오.

9.11 행렬의 분할법을 사용하여 다음 두 행렬의 곱을 구하시오.

(1)
$$A=\begin{pmatrix}1&2&3&0&0\\4&5&6&0&0\\7&8&9&0&0\\0&0&0&4&2\\0&0&0&7&8\end{pmatrix}\quad B=\begin{pmatrix}2&4&6&1&3\\8&0&2&5&7\\4&6&8&9&1\\0&2&4&0&0\\6&8&0&0&0\end{pmatrix}$$

(2)
$$A=\begin{pmatrix}1&0&0&1\\0&1&0&2\\0&0&1&3\end{pmatrix}\quad B=\begin{pmatrix}1&0&0\\0&1&0\\0&0&1\\3&1&2\end{pmatrix}$$

9.12 C_{2v} 군의 분자인 H_2O 분자의 좌표를 $H_1(x_1, y_1, z_1)$, $H_2(x_2, y_2, z_2)$, $O_3(x_3, y_3, z_3)$라고 할 때, 각 대칭 조작에 따른 행렬 표현은 (9×9) 행렬로 다음과 같이 된다.

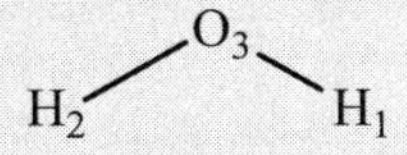

$$\Gamma(\hat{E}) = \begin{pmatrix} 1 & 0 & 0 & 0 & 0 & 0 & 0 & 0 & 0 \\ 0 & 1 & 0 & 0 & 0 & 0 & 0 & 0 & 0 \\ 0 & 0 & 1 & 0 & 0 & 0 & 0 & 0 & 0 \\ 0 & 0 & 0 & 1 & 0 & 0 & 0 & 0 & 0 \\ 0 & 0 & 0 & 0 & 1 & 0 & 0 & 0 & 0 \\ 0 & 0 & 0 & 0 & 0 & 1 & 0 & 0 & 0 \\ 0 & 0 & 0 & 0 & 0 & 0 & 1 & 0 & 0 \\ 0 & 0 & 0 & 0 & 0 & 0 & 0 & 1 & 0 \\ 0 & 0 & 0 & 0 & 0 & 0 & 0 & 0 & 1 \end{pmatrix}$$

$$\Gamma(\hat{C}_2) = \begin{pmatrix} 0 & 0 & 0 & -1 & 0 & 0 & 0 & 0 & 0 \\ 0 & 0 & 0 & 0 & -1 & 0 & 0 & 0 & 0 \\ 0 & 0 & 0 & 0 & 0 & 1 & 0 & 0 & 0 \\ -1 & 0 & 0 & 0 & 0 & 0 & 0 & 0 & 0 \\ 0 & -1 & 0 & 0 & 0 & 0 & 0 & 0 & 0 \\ 0 & 0 & 1 & 0 & 0 & 0 & 0 & 0 & 0 \\ 0 & 0 & 0 & 0 & 0 & 0 & -1 & 0 & 0 \\ 0 & 0 & 0 & 0 & 0 & 0 & 0 & -1 & 0 \\ 0 & 0 & 0 & 0 & 0 & 0 & 0 & 0 & 1 \end{pmatrix}$$

$$\Gamma(\hat{\sigma}_{v,xz}) = \begin{pmatrix} 0 & 0 & 0 & 1 & 0 & 0 & 0 & 0 & 0 \\ 0 & 0 & 0 & 0 & -1 & 0 & 0 & 0 & 0 \\ 0 & 0 & 0 & 0 & 0 & 1 & 0 & 0 & 0 \\ 1 & 0 & 0 & 0 & 0 & 0 & 0 & 0 & 0 \\ 0 & -1 & 0 & 0 & 0 & 0 & 0 & 0 & 0 \\ 0 & 0 & 1 & 0 & 0 & 0 & 0 & 0 & 0 \\ 0 & 0 & 0 & 0 & 0 & 0 & 1 & 0 & 0 \\ 0 & 0 & 0 & 0 & 0 & 0 & 0 & -1 & 0 \\ 0 & 0 & 0 & 0 & 0 & 0 & 0 & 0 & 1 \end{pmatrix}$$

$$\Gamma\left(\hat{\sigma}_{y,yz}'\right)=\begin{pmatrix} -1 & 0 & 0 & 0 & 0 & 0 & 0 & 0 & 0 \\ 0 & 1 & 0 & 0 & 0 & 0 & 0 & 0 & 0 \\ 0 & 0 & 1 & 0 & 0 & 0 & 0 & 0 & 0 \\ 0 & 0 & 0 & -1 & 0 & 0 & 0 & 0 & 0 \\ 0 & 0 & 0 & 0 & 1 & 0 & 0 & 0 & 0 \\ 0 & 0 & 0 & 0 & 0 & 1 & 0 & 0 & 0 \\ 0 & 0 & 0 & 0 & 0 & 0 & -1 & 0 & 0 \\ 0 & 0 & 0 & 0 & 0 & 0 & 0 & 1 & 0 \\ 0 & 0 & 0 & 0 & 0 & 0 & 0 & 0 & 1 \end{pmatrix}$$

이들 표현에 대한 지표는 다음과 같다.

$$\chi\left(\hat{E}\right)=9 \quad \chi\left(\hat{C}_2\right)=-1 \quad \chi\left(\hat{\sigma}_v\right)=1 \quad \chi\left(\hat{\sigma}_v'\right)=3$$

따라서 지표 값을 결정하는 것은 대칭 조작을 했을 때 위치가 변하지 않는 원자에 의하여 결정됨을 알 수 있고, H_2O 분자에서 각 대칭 조작에 의하여 위치가 변하지 않는 원자수(number of unshifted atom, n_{us})는 다음과 같다.

C_{2v}	$\hat{E}$	$\hat{C}_2$	$\hat{\sigma}_v$	$\hat{\sigma}_v'$
n_{us}	3	1	1	3

위의 행렬 표현들을 (3 × 3) 행렬로 분할하여 대각선 행렬들의 지표(즉 지표 기여도, $\chi_c(R)$)를 구하여 가약 표현 $\chi(R)$이 다음과 같이 위치 불변 원자수와 지표 기여도의 곱이 됨을 보이시오.

$$\chi(R)=n_{us}\cdot\chi_c(R)$$

9.13 가약 표현을 기약 표현으로 분해했을 때 가약 표현에 대한 각 기약 표현의 기여 개수 $n_{기약}$은 다음과 같이 구한다.

$$n_{기약}=\frac{1}{h}\sum_{j=1}^{h}\chi_{기약}\left(\hat{R}_j\right)\cdot\chi_{가약}\left(\hat{R}_j\right)$$

다음의 가약 표현을 각 대칭종에 대한 기약 표현으로 분해하시오.

(1)

C_{2v}	E	C_2	σ_v	σ_v'
가약	4	0	0	0

(2)

C_{3v}	E	$2C_3$	$3\sigma_v$
가약	5	2	−1

10강 회전 및 진동 분광학

핵심 정리

1 분광학의 기본 원리

분자 에너지 전이의 종류

표 전자기파의 스펙트럼 영역과 에너지 전이 종류

스펙트럼 영역	λ/m	ν/Hz	$\tilde{\nu}/\mathrm{cm}^{-1}$	에너지 전이
라디오파	$3000 \sim 0.1$	$3\times10^{6} \sim 3\times10^{10}$	$10^{-3} \sim 10^{-1}$	NMR, EPR
마이크로파	$10^{-1} \sim 10^{-4}$	$3\times10^{10} \sim 3\times10^{12}$	$10^{-1} \sim 10^{2}$	회전
적외선	$10^{-4} \sim 10^{-6}$	$3\times10^{12} \sim 3\times10^{14}$	$10^{2} \sim 10^{4}$	진동
가시광선과 자외선	$10^{-6} \sim 10^{-8}$	$3\times10^{14} \sim 3\times10^{16}$	$10^{4} \sim 10^{6}$	외각 전자 전이
X-선	$10^{-8} \sim 10^{-10}$	$3\times10^{16} \sim 3\times10^{18}$	$10^{6} \sim 10^{8}$	내각 전자 전이

전이 모멘트와 선택 규칙

전이 쌍극자 모멘트(transition dipole moment, μ_{fi})

$$\mu_{\mathrm{fi}} = \int \psi_{\mathrm{f}}^{*} \hat{\mu} \psi_{\mathrm{i}}$$

스펙트럼이 나타날지의 여부에 대한 조건

$$\mu_{\mathrm{fi}} \neq 0 \quad \text{(스펙트럼이 찍힘)}$$

$$\mu_{\mathrm{fi}} = 0 \quad \text{(스펙트럼이 찍히지 않음)}$$

선택 규칙: $\mu_{\mathrm{fi}} \neq 0$

2 회전 분광학

회전 분광학(rotational spectroscopy): 분자의 회전 운동 에너지 준위 사이의 전이에 따른 에너지 변화를 측정

관성 모멘트

$$I = \sum_i m_i x_i^2$$

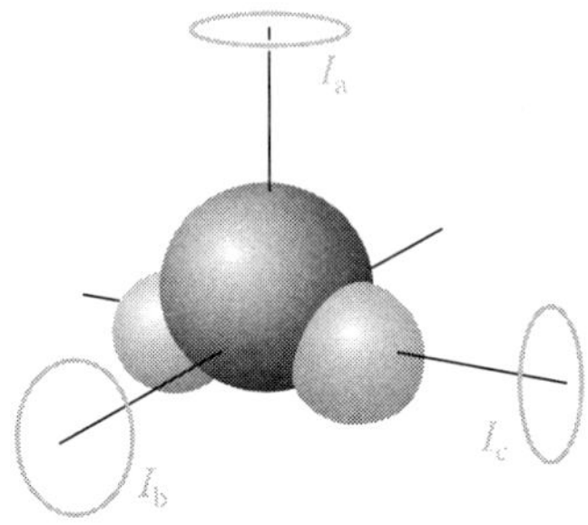

그림 직교 회전축과 관성 모멘트. $I_c \geq I_b \geq I_a$

고전역학적 회전 운동 에너지

$$E = \frac{J_a^2}{2I_a} + \frac{J_b^2}{2I_b} + \frac{J_c^2}{2I_c}$$

회전자 분류

선형 회전자: $I_a = 0, I_b = I_c = I$, (예) HCl, CO_2

구형 회전자: $I_a = I_b = I_c = I$, (예) 정사면체, 정팔면체

대칭 회전자: $I_a \neq I_b = I_c$ 또는 $I_a = I_b \neq I_c$, (예) 정사면체, 정팔면체 구조에서 하나가 변형된 분자

비대칭 회전자: $I_a \neq I_b \neq I_c$, 정사면체 구조에서 두 개가 변형된 분자

선형 회전자(linear rotor)와 구형 회전자(sphrecal rotor)

항값

$$F_J = BJ(J+1)$$

$$B = \frac{h}{8\pi^2 cI} \quad \text{(회전 상수)}$$

선택 규칙: $\Delta J = \pm 1$

스펙트럼 파수: $\tilde{\nu} = \Delta F_J = F_J - F_{J-1} = 2BJ$

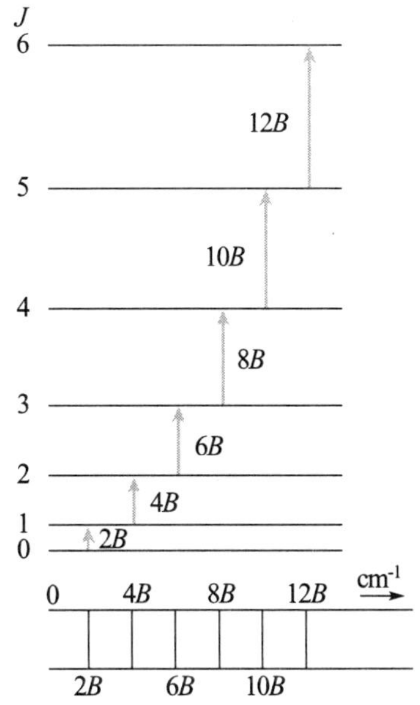

그림 강체 선형 및 구형 회전자의 에너지 준위와 스펙트럼

대칭 회전자(symmetric rotor)

납작 팽이(oblate): $I_{\parallel} > I_{\perp}$, 벤젠 등

뾰족 팽이(prolate): $I_{\parallel} < I_{\perp}$, CH_3F 등

항값

$$F_{J,K} = BJ(J+1) + (A-B)K^2$$

$$J = 0,\ 1, 2,\ \cdots$$

$$K = 0,\ \pm 1,\ \pm 2,\ \cdots,\ \pm J$$

회전 상수

$$A = \frac{h}{8\pi^2 cI_{\parallel}} \qquad B = \frac{h}{8\pi^2 cI_{\perp}}$$

선택 규칙: $\Delta J = \pm 1 \quad \Delta K = 0$

스펙트럼 파수: $\Delta F = 2BJ$

원심 일그러짐과 비강체 회전자의 스펙트럼

항값

$$F_J = BJ(J+1) - D_J J^2 (J+1)^2$$

$$D_J = \frac{4B^3}{\tilde{\nu}^2} \qquad \text{(원심 일그러짐 상수)}$$

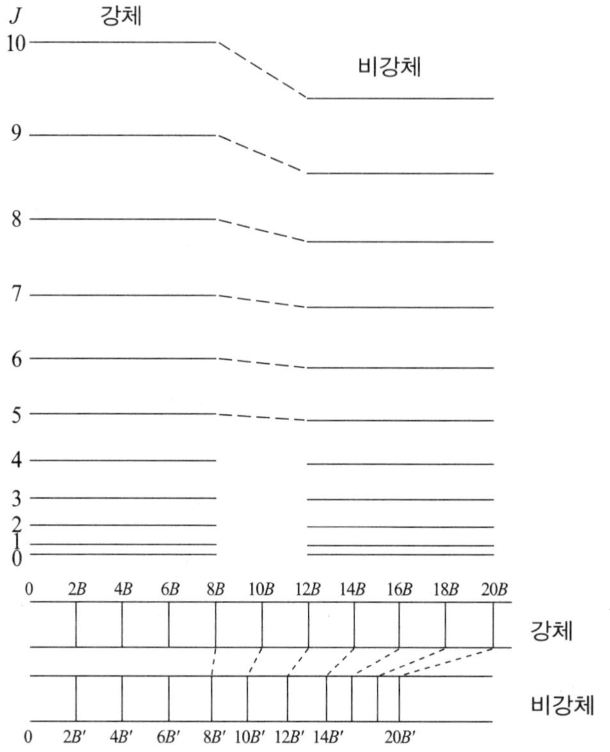

그림 강체 회전자와 비강체 회전자의 에너지 준위와 스펙트럼 비교

3 진동 분광학

진동 분광학(vibrational spectroscopy): 분자 내 원자들 사이의 진동 운동 에너지 준위 사이의 전이에 따른 에너지 변화를 측정

2원자 분자: 조화 진동자 모형에 가장 근사한 분자 계

에너지와 항값

$$E_v = \left(v + \frac{1}{2}\right)h\nu \quad v = 0, 1, 2, \cdots \quad (\text{에너지})$$

$$G_v = \frac{E_v}{hc} = \left(v + \frac{1}{2}\right)\tilde{\nu} \quad \tilde{\nu} = \frac{1}{2\pi c}\sqrt{\frac{k}{\mu}} \quad (\text{항값})$$

선택 규칙: $\Delta v = \pm 1$

스펙트럼 파수: $\Delta G_v = G_v - G_{v-1} = \tilde{\nu}$

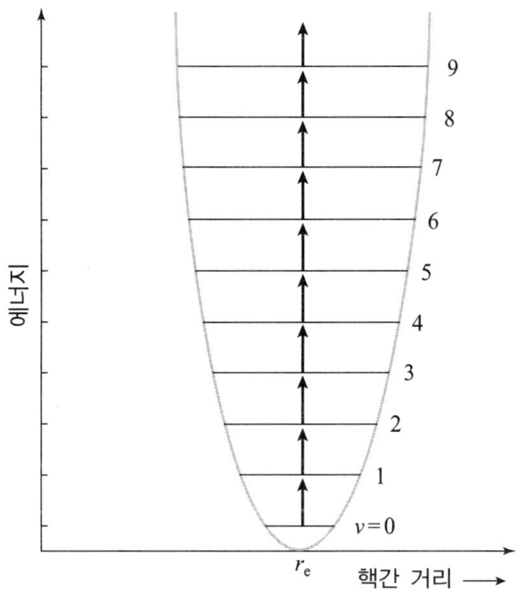

그림 2분자 조화 진동자의 퍼텐셜 에너지 곡선과 에너지 준위 및 허용 전이

비조화성(anharmonicity): 실제 분자의 진동 운동에서 수축할 때의 변위와 이완할 때의 변위가 서로 다른 성질

비조화 진동자

항값

$$G_v = \left(v + \frac{1}{2}\right)\tilde{\nu} - \left(v + \frac{1}{2}\right)^2 x_e\tilde{\nu} + \cdots$$

x_e: 비조화성 상수

선택 규칙: $\Delta v = \pm 1, \ \pm 2, \ \pm 3, \cdots$

스펙트럼 파수

1. $v = 0 \rightarrow v = 1$, $\Delta v = 1$ (기준 진동): $\Delta G_{0\rightarrow 1} = (1 - 2x_e)\tilde{\nu}$
2. $v = 0 \rightarrow v = 2$, $\Delta v = 2$ (제1 배진동): $\Delta G_{0\rightarrow 2} = 2(1 - 3x_e)\tilde{\nu}$
3. $v = 0 \rightarrow v = 3$, $\Delta v = 3$ (제2 배진동): $\Delta G_{0\rightarrow 3} = 3(1 - 4x_e)\tilde{\nu}$

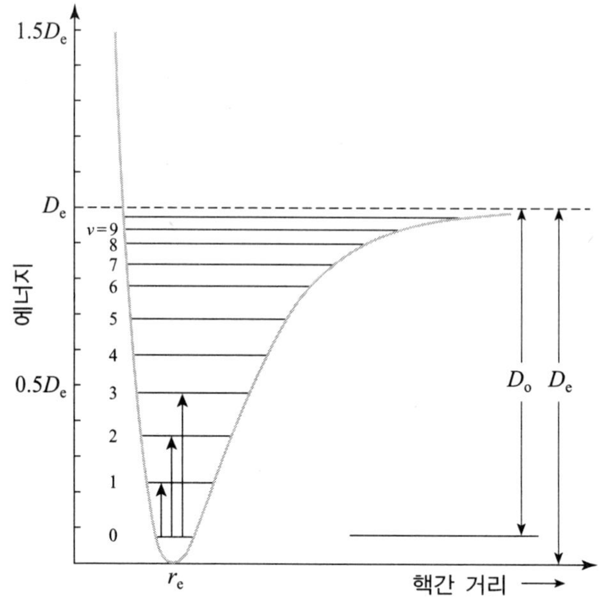

그림 2분자 조화 진동자의 퍼텐셜 에너지 곡선과 에너지 준위 및 허용 전이

다원자 분자

진동 자유도: 분자가 가지는 기준 신동의 수

선형 분자 = $3N-5$

비선형 분자 = $3N-6$

기준 방식

신축(stretching): 결합 길이가 변하는 진동 운동

신축 진동의 수 = 결합의 수

굽힘(bending): 결합각이 변하는 진동 운동

굽힘 진동의 수 = 진동 자유도 − 신축 진동의 수

4 진동–회전 스펙트럼

띠 스펙트럼(band spectrum)): 진동 스펙트럼은 여러 개의 미세한 선스펙트럼들이 밀집된 성분으로 구성, 진동 전이에 수반되어 회전 전이가 동시에 일어남

에너지: $E_{v,J} = G_v + F_J = \left(v+\frac{1}{2}\right)\tilde{\nu} - \left(v+\frac{1}{2}\right)^2 x_e\tilde{\nu} + BJ(J+1) + \cdots$

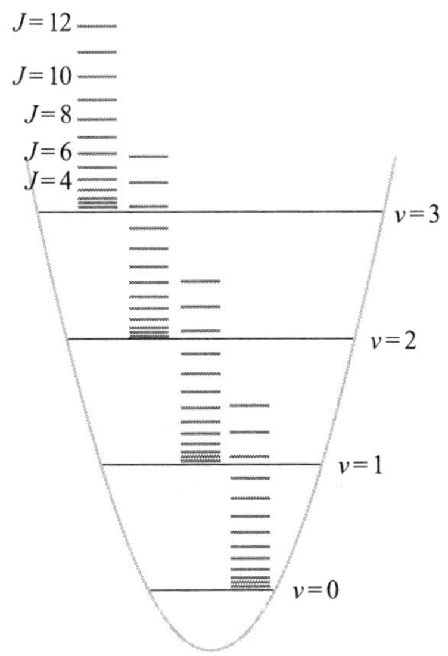

그림 진동-회전 에너지 준위

선택 규칙: $\Delta v = \pm 1,\ \pm 2,\ \pm 3,\ \cdots,\ \Delta J = \pm 1$

스펙트럼 파수

$$\Delta E_{v,J} = E_{v=1,J'} - E_{v=0,J''} \approx \tilde{\nu} + B(J' - J'')(J' + J'' + 1)$$

$$\Delta J = -1:\ \ \Delta E_{v,J} = \tilde{\nu} + 2B(J+1) \quad (P\text{-가지})$$

$$\Delta J = 0:\ \ \Delta E_{v,J} = \tilde{\nu} \quad (Q\text{-가지})$$

$$\Delta J = +1:\ \ \Delta E_{v,J} = \tilde{\nu} - 2B(J+1) \quad (R\text{-가지})$$

예제

10.1 마이크로파 스펙트럼에서 $H^{35}Cl$은 평균적으로 626 GHz의 간격으로 스펙트럼 선들이 나타나고 있다. $H^{35}Cl$의 결합 길이를 구하시오.

풀이 회전 스펙트럼 자료로부터 분자의 결합 길이를 구하는 문제이다. 회전 스펙트럼에서 선들 사이의 간격은 $2B$이다. 그러므로 $2B$를 Hz 단위를 사용하여 나타내면 다음과 같다.

$$2B = 6.26 \times 10^{11}\ \text{s}^{-1} = \frac{h}{4\pi^2 I}$$

그러므로 관성 모멘트 I는 다음과 같이 된다.

$$I = \frac{6.626\times10^{-34}\ \text{J s}}{4\pi^2\left(6.26\times10^{11}\ \text{s}^{-1}\right)} = 2.68\times10^{-47}\ \text{kg m}^2$$

여기에서 $I=\mu r^2$이므로 $H^{35}Cl$의 환산 질량을 구하면 다음과 같다.

$$\begin{aligned}\mu &= \frac{m_1 m_2}{m_1 + m_2}\\ &= \frac{(1.00\ \text{amu})(35.0\ \text{amu})}{(1.00+35.0)\text{amu}}\times\left(1.661\times10^{-27}\ \text{kg amu}^{-1}\right)\\ &= 1.615\times10^{-27}\ \text{kg}\end{aligned}$$

그러므로 결합 길이 r은 다음과 같이 구해진다.

$$\begin{aligned}\boldsymbol{r} = \left(\frac{I}{\mu}\right)^{1/2} &= \left(\frac{2.68\times10^{-47}\ \text{kg m}^2}{1.615\times10^{-27}\ \text{kg}}\right)^{1/2}\\ &= 1.29\times10^{-10}\ \text{m} = \mathbf{129\ pm}\end{aligned}$$

답 $r = 129$ pm

10.2 $^{75}Br^{19}F$에 대하여 적외선 스펙트럼을 측정하면 380 cm^{-1}에서 강한 흡수띠가 나타난다. 이 분자의 결합에 대한 힘상수를 구하시오.

풀이 진동 스펙트럼에서 얻은 정보로부터 힘상수를 구하는 문제이다. 진동 스펙트럼의 파수와 힘상수의 관계는 다음과 같다.

$$\tilde{\nu} = \frac{1}{2\pi c}\sqrt{\frac{k}{\mu}}$$

이 식을 힘상수 k에 대하여 정리하면 다음과 같이 된다.

$$k = \left(2\pi c\tilde{\nu}\right)^2 \mu$$

이 진동자에 대한 환산 질량은 다음과 같다.

$$\begin{aligned}\mu &= \frac{(75.0\ \text{amu})(19.0\ \text{amu})}{(75.0+19.0)\text{amu}}\times\left(1.661\times10^{-27}\ \text{kg amu}^{-1}\right)\\ &= 2.518\times10^{-26}\ \text{kg}\end{aligned}$$

그러므로 힘상수 k는 다음과 같이 구해진다.

$$k = \left\{2\pi\left(2.9979\times10^{10}\ \text{cm s}^{-1}\right)\left(380\ \text{cm}^{-1}\right)\right\}^2\left(2.518\times10^{-26}\ \text{kg}\right)$$

$$= 129\ \text{kg s}^{-1} = \mathbf{129\ N\ m^{-1}}$$

답 $k = 129\,\text{N m}^{-1}$

10.3 CO_2 분자에 대하여 다음에 답하시오.

(1) 기준 진동 운동의 수는 몇 개인가?

(2) 기준 진동 방식을 그리시오.

풀이 진동 스펙트럼을 해석하는 데 필요한 기준 진동의 수, 기준 진동 방식, 진동 운동의 대칭 유형을 파악하는 문제이다.

(1) CO_2는 선형 분자이므로 진동 자유도는 다음과 같다.

$$\text{진동 자유도} = 3N - 5 = (3\times3) - 5 = \mathbf{4}$$

(2) CO_2 분자의 진동 자유도 4에 대한 기준 진동 방식은 2개의 신축 진동과 2개의 굽힘 진동 방식이 있고, 이것을 그림으로 나타내면 다음과 같다.

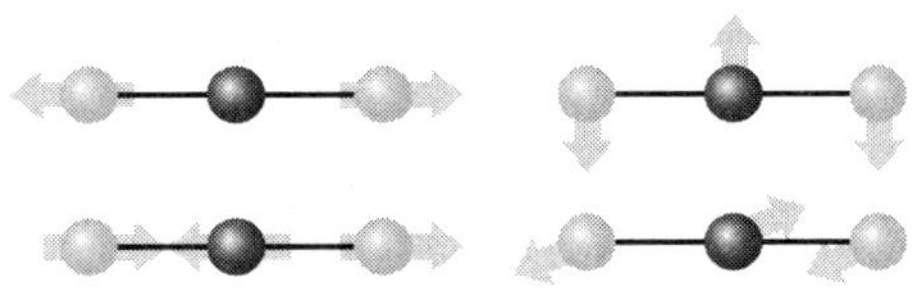

답 (1) 진동 자유도 = 4 (2) 풀이 참조

연습 문제

10.1 전자기파의 스펙트럼 영역과 에너지 전이의 종류에 대하여 다음의 표를 완성하시오.

스펙트럼 영역	$\tilde{\nu}$ / cm^{-1}	에너지 전이
라디오파		
마이크로파		
적외선		
가시광선과 자외선		
X-선		

10.2 다음의 분광법에 대한 선택 규칙의 물리적 원인을 설명하시오.

(1) 회전 분광법 (2) 적외선 분광법

10.3 회전자의 종류를 분류하고 그 분류의 기준을 말하시오.

10.4 대기의 대부분을 구성하고 있는 질소와 산소 기체는 온실 효과를 일으키지 않는다. 그 이유를 설명하시오.

10.5 CO의 진동–회전 스펙트럼에서 Q–가지의 피크가 나타나지 않는 이유를 설명하시오.

10.6 다음 분자의 회전 전이에 대하여 파수를 구하시오.

(1) $D^{35}Cl$, $J = 0 \rightarrow 1$ ($r_e = 127.5$ pm)

(2) $^{12}C^{16}O$, $J = 2 \rightarrow 3$ ($r_e = 112.8$ pm)

(3) $^{14}N^{16}O$, $J = 3 \rightarrow 4$ ($r_e = 115$ pm)

10.7 다음 분자들을 강체 회전자로 가정했을 때 결합 길이를 구하시오.

(1) $H^{35}Cl$ $\tilde{\nu}_{J=2\rightarrow3} = 63.56$ cm^{-1}

(2) $H^{81}Br$ $\tilde{\nu}_{J=0\rightarrow1} = 16.93$ cm^{-1}

10.8 $^{12}C^{17}O$, $^{13}C^{16}O$, $^{13}C^{17}O$의 평형 결합 길이가 $^{12}C^{16}O$와 같다고 가정하여 이 네 분자의 회전 상수를 구하시오. $^{12}C^{16}O$의 평형 결합 길이 $r_e = 112.8$ pm이다.

10.9 회전 스펙트럼 선의 세기가 최대인 J 값은 다음과 같이 주어진다.

$$J_{\max} = \left(\frac{kT}{2hcB}\right)^{1/2} - \frac{1}{2}$$

실온에서 $H^{35}Cl$과 $^{12}C^{16}O$의 선의 세기가 최대인 J 값을 구하시오.

$B(H^{35}Cl) = 10.59$ cm^{-1}, $B(^{12}C^{16}O) = 1.931$ cm^{-1}이다.

10.10 $H^{127}I$와 $D^{127}I$에 대하여 회전 스펙트럼이 다음과 같이 측정되었다.

	화학종	$\tilde{\nu}$ / cm^{-1}		
(1)	$H^{127}I$	64.275	77.130	89.985
(2)	$D^{127}I$	65.070	71.577	78.094

강체 회전자로 가정하여 회귀분석법을 사용하여 각 화학종의 회전 상수를 구하시오.

10.11 대칭 회전자인 NH_3에 대해 다음을 구하시오.

$I_{\parallel} = 4.41 \times 10^{-47}$ kg m^2, $I_{\perp} = 2.81 \times 10^{-47}$ kg m^{2}이다.

(1) 회전 상수 A와 B (2) $J = 0 \rightarrow 2$ 전이 (3) $J = 1 \rightarrow 2$ 전이

10.12 $^{12}C^{16}O$의 순수한 회전 스펙트럼은 다음과 같다.

전이	$0 \rightarrow 1$	$1 \rightarrow 2$	$2 \rightarrow 3$	$3 \rightarrow 4$	$4 \rightarrow 5$
ν/cm^{-1}	3.8454	7.6906	11.5355	15.3799	19.2238

$\tilde{\nu} / (J+1)$ 을 $(J+1)$에 대하여 도시하여 회전 상수 B와 원심 일그러짐 상수 D_J를 구하시오.

10.13 $H^{35}Cl$의 기준 진동수 $\nu = 8.967 \times 10^{13}$ s^{-1}이다. 다음 화학종의 기준 진동수를 구하시오.

(1) $H^{37}Cl$ (2) $D^{35}Cl$

10.14 $^{16}O_2$와 $^{14}N_2$에 대한 진동 스펙트럼을 측정하여 다음과 같은 결과를 얻었다.

	화학종	$\Delta G_{0\rightarrow1}$/cm^{-1}	$\Delta G_{0\rightarrow2}$/cm^{-1}
(1)	$^{16}O_2$	1556.2	3088.3
(2)	$^{14}N_2$	2345.2	4661.4

각 화학종에 대하여 $\tilde{\nu}$ 와 비조화 상수 x_e를 회귀분석법을 사용하여 구하시오.

10.15 HCl의 진동 스펙트럼을 측정한 결과 $0 \rightarrow 1$, $1 \rightarrow 2$, ⋯에 대하여 각각 2979.6, 2787.5, 2677.4, 2573.3 cm^{-1}를 얻었다. 외삽법을 사용하여 이 분자의 결합 해리 에너지를 전자 볼트 단위(eV)로 구하시오.

10.16 다음 분자들에 대하여 진동 자유도, 신축 진동수, 굽힘 진동수를 구하시오.

(1) H_2O_2 (2) NH_3 (3) C_2H_4 (4) 벤젠

10.17 CH_4는 T_d 군에 속한다. 지표표로부터 기준 진동의 대칭종을 결정하시오.

11강 전자 전이 분광학

핵심 정리

1 2원자 분자의 전자 전이

전자 전이 분광학(electronic transition spectroscopy): 분자의 전자 준위들 사이의 전이, 가시광선이나 자외선 영역의 전자기 복사선을 흡수하거나 방출

분자 항 기호와 선택 규칙

항 기호

$$|\Lambda| = 0 \quad 1 \quad 2 \quad \cdots$$
$$\Sigma \quad \Pi \quad \Delta \quad \cdots$$
$$\Lambda = \lambda_1 + \lambda_2 + \cdots$$

표 2주기 원소까지의 동핵 2원자 분자의 비닥 상대 항 기호

분자	전자 배치	항 기호
H_2^+	$1\sigma_g^1$	$^2\Sigma_g^+$
H_2	$1\sigma_g^2$	$^1\Sigma_g^+$
He_2^+	$1\sigma_g^2 1\sigma_u^{*1}$	$^2\Sigma_u^+$
Li_2	$1\sigma_g^2 1\sigma_u^{*2} 2\sigma_g^2$	$^1\Sigma_g^+$
B_2	$1\sigma_g^2 1\sigma_u^{*2} 2\sigma_g^2 2\sigma_u^{*2} 1\pi_u^1 1\pi_u^1$	$^3\Sigma_g^-$
C_2	$1\sigma_g^2 1\sigma_u^{*2} 2\sigma_g^2 2\sigma_u^{*2} 1\pi_u^2 1\pi_u^2$	$^1\Sigma_g^+$
N_2^+	$1\sigma_g^2 1\sigma_u^{*2} 2\sigma_g^2 2\sigma_u^{*2} 1\pi_u^2 1\pi_u^2 3\sigma_g^1$	$^2\Sigma_g^+$
N_2	$1\sigma_g^2 1\sigma_u^{*2} 2\sigma_g^2 2\sigma_u^{*2} 1\pi_u^2 1\pi_u^2 3\sigma_g^2$	$^1\Sigma_g^+$
O_2^+	$1\sigma_g^2 1\sigma_u^{*2} 2\sigma_g^2 2\sigma_u^{*2} 3\sigma_g^2 1\pi_u^2 1\pi_u^2 1\pi_g^{*1}$	$^2\Pi_g^+$
O_2	$1\sigma_g^2 1\sigma_u^{*2} 2\sigma_g^2 2\sigma_u^{*2} 3\sigma_g^2 1\pi_u^2 1\pi_u^2 1\pi_g^{*1} 1\pi_g^{*1}$	$^3\Sigma_g^-$
F_2	$1\sigma_g^2 1\sigma_u^{*2} 2\sigma_g^2 2\sigma_u^{*2} 3\sigma_g^2 1\pi_u^2 1\pi_u^2 1\pi_g^{*2} 1\pi_g^{*2}$	$^1\Sigma_g^+$

반전성 연산 규칙: g × g = g　u × u = g　g × u = u

대칭면 대칭성: σ_v 면에 대하여 대칭이면 '+', 반대칭이면 '–'

선택 규칙

$$\Delta\Lambda = 0,\ \pm 1 \quad \Delta S = 0 \quad + \leftrightarrow +, - \leftrightarrow - \quad g \leftrightarrow u$$

2 진동 미세 구조

프랭크-콘돈 원리: 핵의 질량은 전자의 질량에 비하여 매우 커서 전자 전이가 일어날 때 핵이 미쳐 들뜬 상태의 평형 거리로 이동하기 전에 전자 전이가 완료

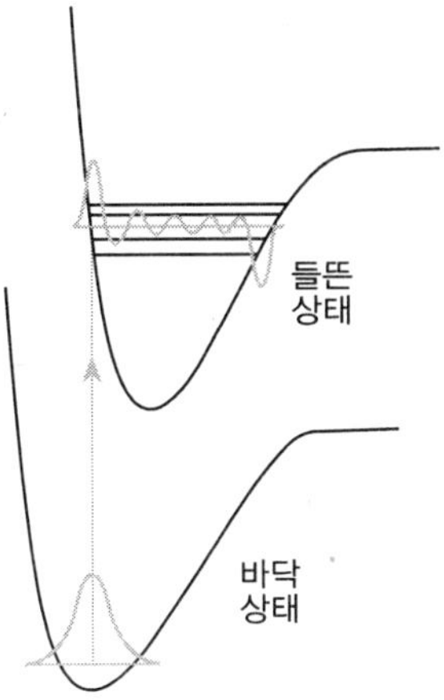

그림 프랭크–콘돈 원리. 바닥 상태에서 들뜬 상태로의 진동–전자 전이

프랭크-콘돈 인자: 겹침 적분의 제곱

$$S^2 = \left| \int \psi_{v',f}\, \hat{\mu} \psi_{v,i}\, d\tau \right|^2$$

3 다원자 분자

발색단(chromophore): 가시광선 영역에서 빛을 흡수 또는 방출하는 원자단

표 일반적인 발색단의 전이 형태와 최대 흡광 파장

발색단	전이 형태	λ_{max}/nm	발색단	전이 형태	λ_{max}/nm
C−H	$\sigma \rightarrow \sigma^*$	<170	NO_2	$n \rightarrow \pi^*$	270
C−C	$\sigma \rightarrow \sigma^*$	<170	S=O	$n \rightarrow \pi^*$	210
C=C	$\pi \rightarrow \pi^*$	180	C=C−C=C	$\pi \rightarrow \pi^*$	220
C=O	$n \rightarrow \pi^*$	280	C=C−C=O	$\pi \rightarrow \pi^*$	220
C=N	$n \rightarrow \pi^*$	240	C_6H_6(벤젠)	$\pi \rightarrow \pi^*$	260
N=N	$n \rightarrow \pi^*$	350	H_2O	$n \rightarrow \pi^*$	167
N=O	$n \rightarrow \pi^*$	660			

전이 형태

$n \rightarrow \pi^*$ 전이: 전자가 이 비결합성 궤도로부터 비어 있는 π^* 궤도로 들뜨는 전이

$\pi \rightarrow \pi^*$ 전이: π 궤도의 전자가 π^* 궤도로 들뜨는 전이, C=C 결합이 짝지은 이중 결합의 일부이면 긴 파장 쪽으로 이동

$\sigma \rightarrow \sigma^*$ 전이: 포화 탄화수소인 알케인과 같이 다른 전이가 불가능한 경우에 나타남

$d \rightarrow d$ 전이: 한 상태의 d 궤도에서 다른 상태의 d 궤도로 전자가 들뜨는 전이, 금속 착물에서 일어남

전하-이전 전이: 금속 착물에서 리간드와 전이 금속 간에 일어나는 전자 전이

4 이완 과정과 해리 과정

이완 과정(relaxation process): 들뜬 분자에서 분자 자체는 손상을 입지 않으면서 전자 운동으로부터 에너지가 재분포

형광(fluorescence): 들뜬 분자가 매우 빠른 시간(종종 수 나노 초) 내에 자발적으로 복사선을 방출하는 과정, 같은 다중도를 가진 전자 상태 사이의 전이에서 방출되는 복사선

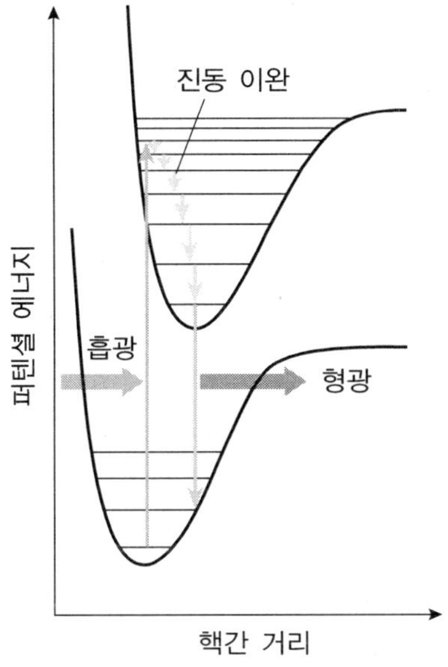

그림 형광이 일어나는 순차적 단계 과정

인광(phosphorescence): 다른 다중도를 갖는 전자 상태 사이의 전이에서 나오는 복사선, 느린 속도로 서서히 진행

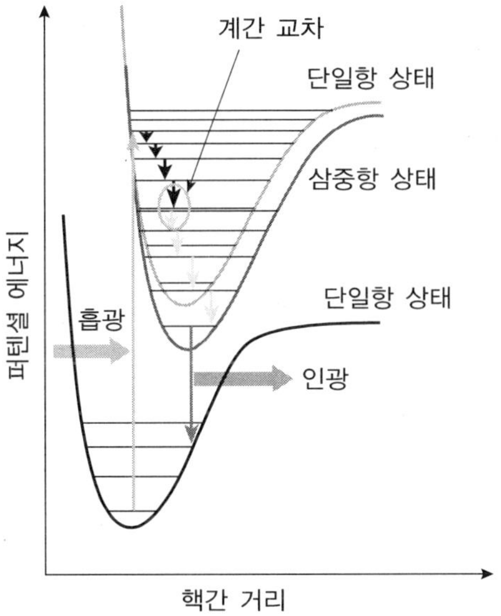

그림 인광이 일어나는 순차적 단계 과정

계간 교차(intersystem crossing): 들뜬 분자가 형광으로 복사선을 방출하기 전에 다른 분자와의 충돌로 인하여 스핀이 다른 들뜬 상태로 전이하는 것

해리 과정(dissociation process): 분자 내 화학 결합이 끊어져 분자의 화학적 성질이 변하는 과정

광분해(photodissociation): 분자가 에너지를 받아 들뜰 때 더 이상 퍼텐셜 에너지 장벽이 없는 불구속 상태(즉 $v = \infty$)로 도달하면 결합이 끊어져 분자가 해리됨

선분해(predissociation): 계간 교차되어 들어간 상태가 해리성일 때, 이러한 과정을 통해서 일어나는 해리

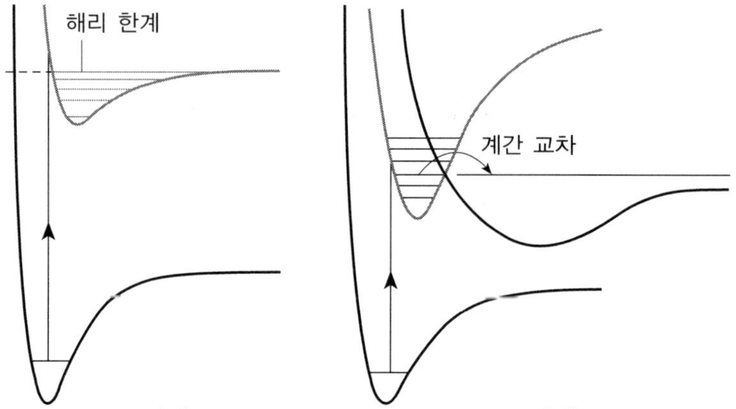

그림 들뜬 분자의 해리 과정. (가) 광분해 과정, (나) 선분해 과정

예제

11.1 H_2 분자에 대하여 다음 상태에 대한 분자 항 기호를 구하시오.

(1) 바닥 상태 (2) 처음 두 들뜬 상태

풀이 H_2 분자의 바닥 상태와 들뜬 상태에 대한 분자 항 기호를 쓰는 문제이다.

(1) H_2의 바닥 상태 전자 배치는 다음과 같다.

$$H_2 : 1\sigma_g{}^2$$

이 배치에서 두 전자는 모두 $\lambda = 0$이다. 그러므로 Λ와 항 기호는 다음과 같이 된다.

$$\Lambda = \lambda_1 + \lambda_2 = 0 + 0 = 0 \quad \therefore 기호 = \Sigma$$

파울리의 원리에 의하여 $S = 1/2$과 $-1/2$이다. 스핀 다중도는 다음과 같이 된다.

$$S = \frac{1}{2} - \frac{1}{2} = 0 \quad 2S + 1 = 2(0) + 1 = 1 \quad \therefore \text{항 기호} = {}^1\Sigma$$

반전 대칭성은 $g \times g = g$, $u \times u = g$, $g \times u = u$ 의 원칙을 적용하여 구한다. $1\sigma_g{}^2 = 1\sigma_g{}^1 1\sigma_g{}^1$이므로 반전 대칭성은 다음과 같이 된다.

$$g \times g = g \quad \therefore \text{항 기호} = {}^1\Sigma_g$$

끝으로 대칭면 대칭성은 σ_g 궤도는 σ_v 면에 대하여 대칭이므로 '+'이다. 따라서 최종 항 기호는 $\mathbf{{}^1\Sigma_g^+}$ 이다.

(2) H_2의 첫 번째 들뜬 상태의 전자 배치는 다음과 같다.

$$H_2 : 1\sigma_g{}^1 1\sigma_u^{*1}$$

두 전자는 모두 $\lambda = 0$이다. 그러므로 Λ와 항 기호는 다음과 같이 된다.

$$\Lambda = \lambda_1 + \lambda_2 = 0 + 0 = 0 \quad \therefore \text{기호} = \Sigma$$

전자가 들뜬 상태로 서로 다른 궤도에 있으므로 단일항 상태(↑↓)와 삼중항 상태(↑↑)의 두 스핀 상태가 존재한다. 그러므로 다중도와 항 기호는 각각 다음과 같이 된다.

$$\uparrow\downarrow \text{ 상태: } S = \frac{1}{2} - \frac{1}{2} = 0 \quad 2S + 1 = 1 \quad \therefore \text{항 기호} = {}^1\Sigma$$

$$\uparrow\uparrow \text{ 상태: } S = \frac{1}{2} + \frac{1}{2} = 1 \quad 2S + 1 = 3 \quad \therefore \text{항 기호} = {}^3\Sigma$$

반전 대칭성은 $g \times u = u$ 가 되고, σ_v 면에 대하여 대칭이므로 '+'이다. 따라서 최종 항 기호는 $\mathbf{{}^1\Sigma_u^+}$ 와 $\mathbf{{}^3\Sigma_u^+}$ 이다. 여기에서 훈트 규칙에 따라 삼중항 상태인 ${}^3\Sigma_u^+$ 가 단일항 상태인 ${}^1\Sigma_u^+$ 보다 에너지가 낮다.

답 (1) ${}^1\Sigma_g^+$ (2) ${}^1\Sigma_u^+$, ${}^3\Sigma_u^+$

연습 문제

11.1 프랭크-콘돈 원리의 개념을 설명하시오.

11.2 물질이 색을 띠는 원리를 설명하시오.

11.3 어떤 폴리엔 분자가 청색을 나타낸다. 이 분자를 길이를 변화시켜 녹색을 띠게 하려면 이 폴리엔 사슬의 길이를 어떻게 조정하여야 할까?

11.4 (1) 형광과 (2) 인광의 메커니즘을 기술하시오.

11.5 분자에서 채워진 궤도들은 분자 항 기호를 결정하는 데 무시될 수 있음을 보이시오.

11.6 다음 분자에 대하여 바닥 상태 전자 배치를 하고 홀전자 수를 구하여 항 기호를 결정하시오.

(1) LiO (2) BO (3) NO

11.7 I_2 분자가 다음과 같은 전자 배치를 가질 때에 대한 항 기호를 구하시오.

(1) $(\sigma_g 5s)^2(\sigma_u^* 5s)^2(\sigma_g 5p)^2(\pi_u 5p)^4(\pi_g^* 5p)^4$

(2) $(\sigma_g 5s)^2(\sigma_u^* 5s)^2(\sigma_g 5p)^2(\pi_u 5p)^3(\pi_g^* 5p)^3(\sigma_u^* 5p)^2$

11.8 N_2^+의 바닥 상태는 $^2\Sigma_g^+$이다. 이 N_2^+의 바닥 상태에 대한 전체 스핀 각운동량 양자수와 전체 궤도함수 각운동량 양자수를 구하시오.

11.9 다음 항에 대하여 구분되는 상태 수를 구하시오.

(1) $^1\Sigma$ (2) $^3\Sigma$ (3) $^2\Pi$ (4) $^2\Delta$

11.10 O_2^+의 바닥 상태는 $^2\Pi_g^+$ 이고, 들뜬 상태는 에너지가 증가하는 순서로 $^4\Pi_u$, $^2\Pi_u$, $^4\Sigma_g^-$, $^2\Delta_g$, $^2\Sigma_g^-$, $^4\Sigma_u^-$ 이다. 선택 규칙을 적용하여 자외선에 의하여 바닥 상태로부터 전이될 수 있는 들뜬 상태를 찾으시오.

11.11 전자 전이 스펙트럼의 미세 구조에서 진동 피크의 세기는 프랭크-콘돈 인자에 의하여 결정된다. 어떤 분자의 전자 전이가 다음 그림과 같이 일어날 때 스펙트럼 미세 구조의 개략적인 모양을 그리시오.

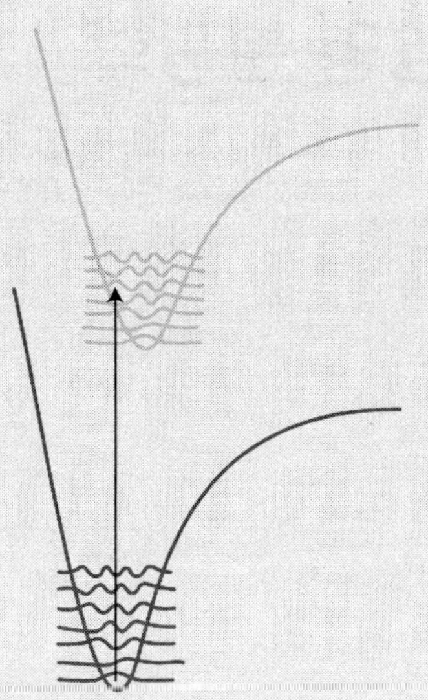

11.12 NO 분자가 들뜬 후 형광을 방출하며 바닥 상태로 되돌아올 수 있는 선택 규칙을 만족시키는 전이는 다음과 같다.

$$NO(^2\Pi) \rightarrow NO(^2\Sigma) \quad \Delta E = 6.0 \text{ eV}$$

이 전이를 일으키는 빛의 파장을 구하시오.

11.13 프랭크의 가설에 의하면 I_2 분자는 바닥 상태 원자와 들뜬 상태 원자로 해리된다. 아이오딘 분자 스펙트럼에서 해리 극한 파장은 499.5 nm이다. 다음을 kJ mol^{-1} 단위로 구하시오.

(1) 아이오딘 분자가 바닥 상태 원자 I와 들뜬 상태 원자 I^*로 해리되는 에너지

(2) 들뜬 상태 I^*의 에너지 {열역학적 자료에 의하면 $\Delta_f H°(I_2, g)$ = 62.44 kJ mol^{-1}, $\Delta_f H°$ (I, g) = 106.84 kJ mol^{-1}이다.}

12강 자기 공명 분광학

핵심 정리

1 자기장 효과

자기장이 전자와 핵에 미치는 효과

고전적 자기 모멘트 에너지

$$E = -\boldsymbol{\mu} \cdot \boldsymbol{B}$$

$\boldsymbol{\mu}$: 자기 모멘트, $\boldsymbol{B}$: 자기 선속 밀도(단위: T(테슬라, tesla))

$$1\ \mathrm{T} = 1\ \mathrm{N\ A^{-1}\ m^{-1}} = 1\ \mathrm{kg\ s^{-1}\ A^{-1}}$$

해밀토니안: $\hat{H} = -\hat{\mu}\boldsymbol{B}$

전자의 궤도 각운동량에 대한 자기 모멘트

$$\hat{\mu}_{\mathrm{e}} = \gamma_{\mathrm{e}}\hat{l}$$

$\hat{l}$: 전자의 각운동량 연산자, γ_{e}: 자기회전 비율

$$\gamma_{\mathrm{e}} = -\frac{e}{2m_{\mathrm{e}}}$$

전자의 궤도 각운동량에 대한 자기 모멘트 에너지의 z축 성분

$$E_{m_l} = -\gamma_{\mathrm{e}} m_l \hbar B_0 = \mu_{\mathrm{B}} m_l B_0$$

μ_{B}: 보어 마그네톤

$$\mu_{\mathrm{B}} = -\gamma_{\mathrm{e}}\hbar = \frac{e}{2m_{\mathrm{e}}}\hbar = 9.274\times10^{-24}\ \mathrm{J\ T^{-1}}$$

전자의 스핀 자기 모멘트

$$\hat{\mu}_{\mathrm{s}} = g_{\mathrm{e}}\gamma_{\mathrm{e}}\hat{\boldsymbol{s}}$$

$g_{\mathrm{e}} = 2.00232$ (전자의 g 인자)

자기장 내에서 전자의 스핀 에너지

$$E_{m_{\mathrm{s}}} = -g_{\mathrm{e}}\gamma_{\mathrm{e}} m_s \hbar B_0 = g_{\mathrm{e}}\mu_{\mathrm{B}} m_{\mathrm{s}} B_0$$

라머 진동수(Larmor frequency)

전자 스핀 라머 진동수: $\nu_L = \frac{\Delta E}{h} = \frac{g_e \mu_B B_0}{h}$

핵 스핀 라머 진동수: $\nu_L = \frac{\gamma B_0}{2\pi}$

핵의 스핀

핵의 스핀 양자수(I): 정수 또는 반정수

핵의 성질

스핀 각운동량의 크기 = $\sqrt{I(I+1)}\hbar$ 이다.

스핀 각운동량의 z축 성분 값 = $m_I\hbar$, $m_I = I,\ I-1,\ \ldots,\ -I$이다

배향 수 = $(2I+1)$개

자기 모멘트 에너지

$$E_{m_I} = -\gamma\hbar m_I B_0 = g_I \mu_N m_I B_0$$

g_I: 핵의 g 인자, μ_N: 핵 마그네톤

$$\mu_N = \frac{e}{2m_p}\hbar = 5.051\times10^{-27}\ \mathrm{J\,T^{-1}}$$

표 스핀-활성 핵에 핵 스핀 관련 매개변수 값

핵자	존재비/%	스핀	g_I	$\gamma/10^7\ \mathrm{T^{-1}\,s^{-1}}$
^{1}n		1/2	−3.826	−18.32
^{1}H	99.98	1/2	5.585	26.75
^{2}H	0.02	1	0.857	4.11
^{13}C	1.11	1/2	1.404	6.73
^{14}N	99.63	1	0.404	1.93
^{17}O	0.04	5/2	−0.757	−3.62
^{31}P	100	1/2	2.263	10.84
^{33}S	0.74	3/2	0.429	2.05

공명 조건: 전자기 복사선의 진동수 ν가 라머 진동수 ν_L과 일치할 때 공명이 일어남

전자의 공명 조건: $g_e \mu_B B_0 = h\nu$

$I = 1/2$인 핵의 공명 조건: $\gamma\hbar B_0 = h\nu$

2 핵 자기 공명

화학적 이동(chemical shift, δ): 핵 자기 모멘트가 국부 자기장과의 상호작용에 의하여 공명 진동수가 감소하는 현상

$$\delta = \frac{\nu - \nu_0}{\nu_0} \times 10^6 = (\sigma_0 - \sigma) \times 10^6$$

σ: 가림 상수, σ_0: 기준 물질의 가림 상수

기준 물질: 테트라메틸실레인(TMS), $Si(CH_3)_4$

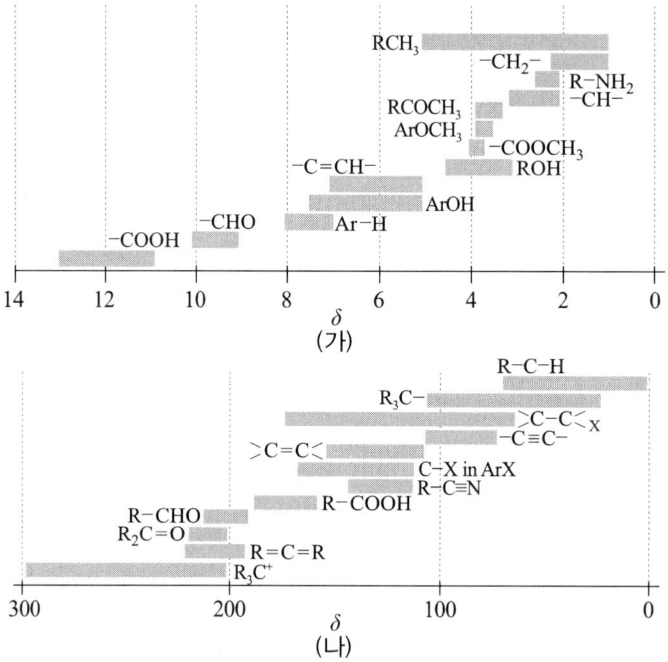

그림 전형적인 원자단의 δ 값 범위. (가) ^{1}H 공명, (나) ^{13}C 공명

이웃 원자단의 전기 음성도 효과: 분자 내에서 수소 원자에 이웃한 원자단이 수소보다 전기 음성도가 크면 전자 밀도를 끌어당겨 수소 핵의 가림 상수가 작아져 δ 값이 커짐

스핀-스핀 갈라짐: 어떤 한 위치에 있는 ^{1}H가 이웃한 핵의 국부적 자기장에 영향을 받아 공명 진동수에 변화가 생겨 나타나는 현상

스핀-스핀 짝지음(spin-spin coupling)

짝지음 에너지

$$E_{m_1 m_2} = m_1 m_2 hJ$$

J: 짝지음 상수

스핀이 $\alpha = 1/2$과 $\beta = -1/2$인 AX계

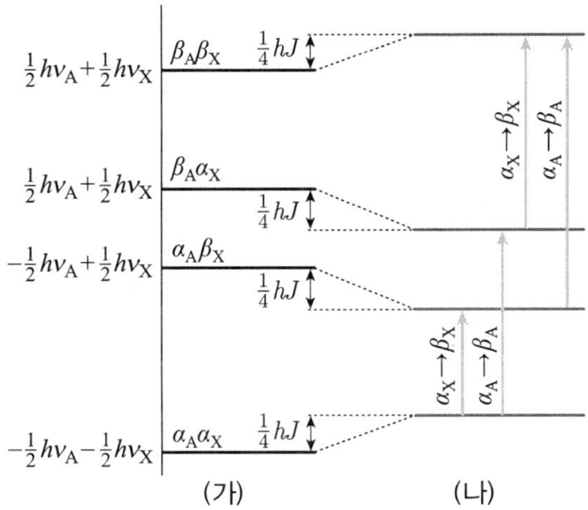

그림 AX계의 스핀 에너지 준위. (가) 스핀-스핀 짝지음이 없을 때, (나) 스핀-스핀 짝지음이 있을 때

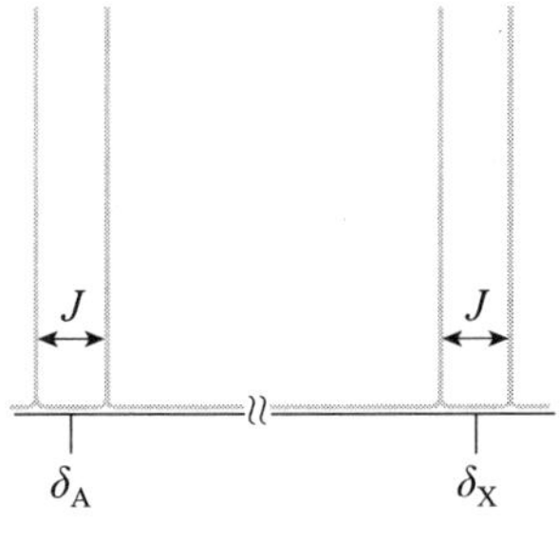

그림 AX계 화학종의 스핀-스핀 짝지음 효과에 의한 2중선 갈라짐

다중선 갈라짐 양식

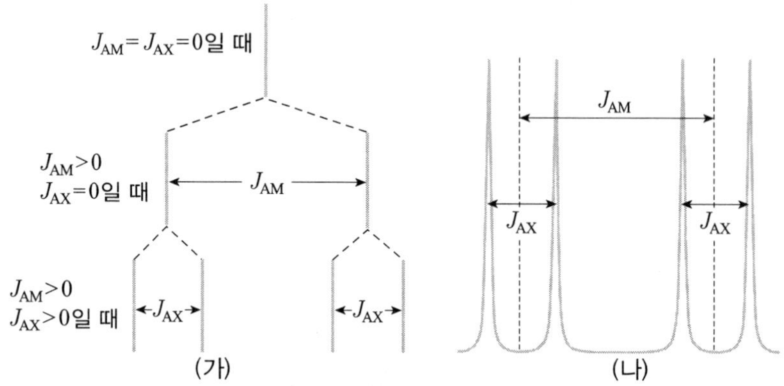

그림 AMX계 스핀-스핀 짝지음에 의한 (가) 갈라짐 양식과 (나) NMR 스펙트럼 모양. $J_{AM} > J_{AX}$

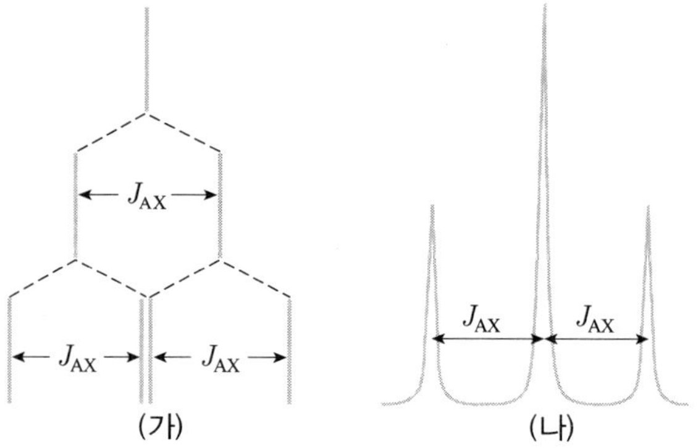

그림 AX_2계 스핀-스핀 짝지음에 의한 (가) 갈라짐 양식과 (나) NMR 스펙트럼 모양

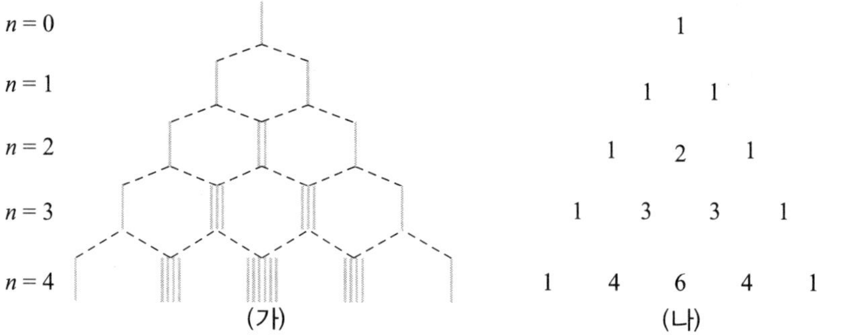

그림 AX_n계 스핀-스핀 짝지음에 의한 (가) 갈라짐 양식과 (나) 파스칼 삼각형

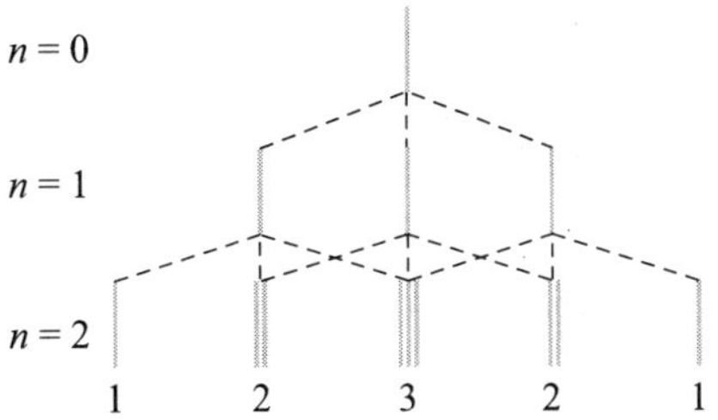

그림 I = 1인 AX_n계 스핀-스핀 짝지음 양식

3 전자 상자기 공명

전자 상자기성 공명(electron paramagnetic resonance, EPR): 하나 또는 그 이상의 쌍을 이루지 않은 전자를 가진 원자나 분자의 상자기성에 의한 공명

EPR 흡수 위치와 g 값

공명 조건

$$h\nu = g\mu_B B_0$$

자유 전자: $g_e \approx 2.0023$

유기 라디칼: $g \approx 2.0027$

무기 라디칼: $g = 1.9 \sim 2.1$

d-금속 착물: $g = 0 \sim 6$

전자-핵 짝지음

초미세 구조(hyperfine structure): 홀전자와 스핀이 0이 아닌 핵과의 전자-핵 짝지음에 의하여 발생

전체 국부 자기장

$$\boldsymbol{B}_{loc} = \boldsymbol{B} + am_I \quad m_I = \pm\frac{1}{2}$$

a: 초미세 짝지음 상수

초미세 짝지음 상수의 크기: $a = Q\rho$

예제

12.1 ^{1}H 시료를 5.50 T의 자기장 안으로 넣었다. 다음을 구하시오.

(1) 두 가능한 핵 스핀 에너지

(2) 스핀이 α에서 β로 전이될 때 흡수되는 진동수

풀이 특정 자기장에서 $I=\frac{1}{2}$인 핵의 스핀 에너지와 전이 공명 진동수를 구하는 문제이다.

(1) ^{1}H의 $m_I=\pm\frac{1}{2}$이므로 두 가능한 핵 스핀 에너지는 다음과 같다.

$$\begin{aligned}\boldsymbol{E_{1/2}} &=\frac{1}{2}g_I\mu_N B_0\\ &=\frac{1}{2}(5.585)\left(5.051\times10^{-27}\ \mathrm{J\,T^{-1}}\right)(5.50\ \mathrm{T})\\ &=\mathbf{7.76\times10^{-26}\ J}\end{aligned}$$

$$\begin{aligned}\boldsymbol{E_{-1/2}} &=-\frac{1}{2}g_I\mu_N B_0\\ &=-\frac{1}{2}(5.585)\left(5.051\times10^{-27}\ \mathrm{J\,T^{-1}}\right)(5.50\ \mathrm{T})\\ &=\mathbf{-7.76\times10^{-26}\ J}\end{aligned}$$

(2) $\Delta E=h\nu$로부터 진동수 ν를 구하면 다음과 같이 된다.

$$\Delta E=\{7.76-(-7.76)\}\times10^{-26}\ \mathrm{J}=1.552\times10^{-25}\ \mathrm{J}$$

$$\nu=\frac{\Delta E}{h}=\frac{1.552\times10^{-25}\ \mathrm{J}}{6.626\times10^{-34}\ \mathrm{J\,s}}=\mathbf{2.34\times10^{8}\ s^{-1}}$$

답 (1) $E_{1/2}=7.76\times10^{-26}\ \mathrm{J}$, $E_{-1/2}=-7.76\times10^{-26}\ \mathrm{J}$ (2) $\nu=2.34\times10^{8}\ \mathrm{s^{-1}}$

12.2 다음 분자에 대하여 화학적으로 이동한 ^{1}H의 NMR 피크의 수와 다중선 분리 양식을 예측하시오.

(1) 1,1,1,2-테트라클로로에테인

(2) 1,1,2,2-테트라클로로에테인

풀이 분자의 구조식으로부터 동등 양성자를 구별하여 NMR 피크의 수와 다중선 분리 양식을 예측하는 문제이다.

(1) 1,1,1,2-테트라클로로에테인의 구조식은 다음과 같다.

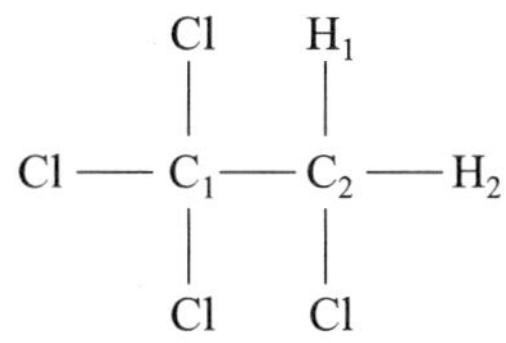

이 구조에서 두 양성자 H_1과 H_2는 동등 양성자이고, 이 양성자들의 이웃에 $I \neq 0$인 핵이 없다. 그러므로 하나의 피크에 다중선 분리가 없다.

(2) 1,1,2,2-테트라클로로에테인의 구조식은 다음과 같다.

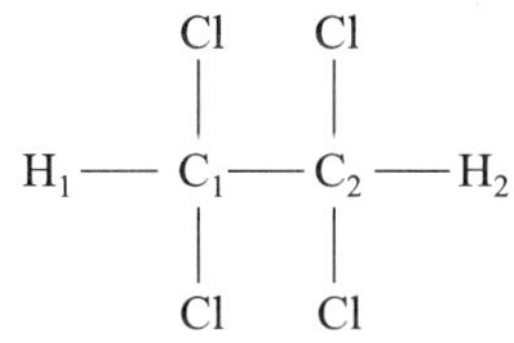

이 구조에서 두 양성자 H_1과 H_2는 동등 양성자이다. 각 양성자는 하나의 이웃한 양성자를 가지고 있으므로 하나의 피크가 2중선으로 분리된다.

답 (1) 하나의 피크에 다중선 분리가 없음
(2) 하나의 피크가 2중선으로 분리

12.3 3개의 동등한 ^{14}N 핵이 들어 있는 라디칼의 EPR 스펙트럼 양식은 어떤 모양이 되는지 예측하시오.

풀이 동등한 여러 개의 자기성 핵에 의한 EPR의 초미세 구조를 예측하는 문제이다.

^{14}N은 원자 번호 = 7, 질량수 = 14이므로 양성자수 = 7, 중성자수 = 7이다. 그러므로 양성자의 스핀이 1/2, 중성자의 스핀이 1/2이다. 따라서 핵 전체 스핀 I와 스핀 양자수 m_I는 다음과 같다.

$$I = \frac{1}{2} + \frac{1}{2} = 1 \quad m_I = 1,\ 0,\ -1$$

따라서 ^{14}N 하나당 3개의 선으로 갈라져 다음과 같은 갈라짐 양식에 의하여 1 : 3 : 6 : 7 : 6 : 3 : 1 비율의 세기를 가지는 7중선이 나타난다.

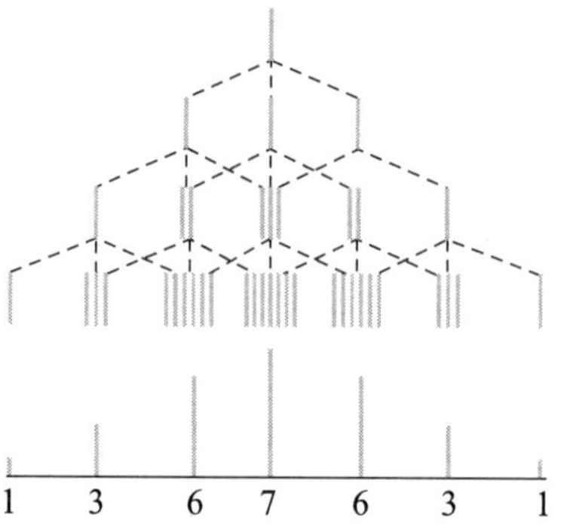

답 1 : 3 : 6 : 7 : 6 : 3 : 1 비율의 세기를 가지는 7중선

연습 문제

12.1 자기장이 전자와 핵에 미치는 효과를 논하시오.

12.2 NMR 스펙트럼에서 미세 구조와 EPR 스펙트럼에서 초미세 구조가 나타나게 되는 이유를 설명하시오.

12.3 자기장의 세기가 3.0 T일 때 ^{33}S의 핵에 대하여 다음을 구하시오. ('표 스핀-활성 핵에 대한 핵 스핀 관련 매개변수 값'의 자료를 사용하시오.)

(1) 핵 스핀 에너지 준위 (2) 흡수 진동수

12.4 다음 화학종의 공명 진동수를 구하시오. ('표 스핀-활성 핵에 대한 핵 스핀 관련 매개변수 값'의 자료를 사용하시오.)

(1) 15.1 T 자기장 속의 ^{1}H (2) 14.4 T 자기장 속의 ^{13}C

12.5 다음 화학종이 500 MHz에서 공명을 일으킬 수 있는 자기장의 세기를 구하시오.

(1) ^{1}H (2) ^{2}H (3) ^{13}C (4) ^{14}N

12.6 다음 분자들을 화학적 이동이 큰 것에서 작은 것 순으로 나열하고, 그 이유를 말하시오.

CH_3F CH_3Cl CH_3Br CH_3I

12.7 $A_2M_3X_4$ 계의 NMR 스펙트럼의 모양을 예측하시오. 스핀-스핀 짝지음 상수는 $J_{AM} > J_{AX} > J_{MX}$이다.

12.8 다음 분자들 중에서 자기적으로 동등한 핵을 가진 것을 고르시오.

(1) CH_3CH_3 (2) $CH \equiv CH$
(3) $CH_2{=}CHF$ (4) 벤젠

12.9 다음 그림은 에탄올의 ^{1}H-NMR 스펙트럼이다.

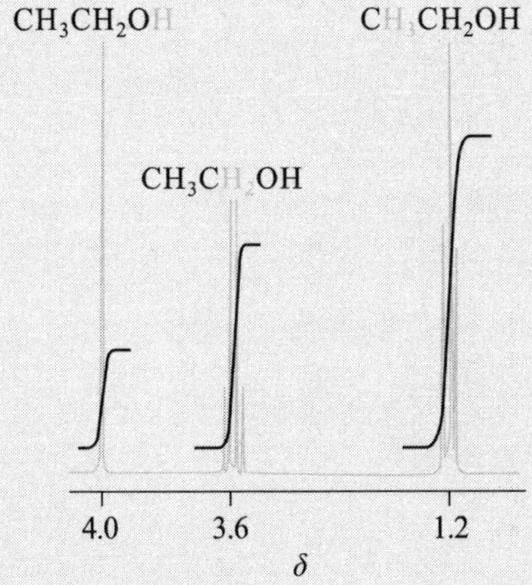

이 그림에서 $-OH$기의 H가 인접한 CH_2의 H에 의하여 스핀 갈라짐이 일어나지 않은 이유를 말하시오.

12.10 다음 분자의 NMR 스펙트럼을 예측하시오.

(1) 다이에틸 에터 (2) 클로로에테인

(3) 1,1,2-트라이클로로에테인 (4) 1,1,1-트라이클로로프로페인

12.11 두 개의 동등한 양성자를 갖는 라디칼에 대하여 EPR 스펙트럼을 측정하였더니 330.2 mT, 332.7 mT, 334.8 mT의 선이 나타났고, 각 선의 세기는 1:2:1의 분포를 보였다. 다음을 구하시오.

(1) 각 양성자에 대한 초미세 짝지음 상수

(2) 이 스펙트럼이 9.320 GHz에서 측정되었을 때 이 라디칼의 g 값

12.12 다음 화학종들의 EPR 스펙트럼의 초미세 선들의 세기 분포를 예측하시오.

(1) $\cdot CH_3$ (2) $\cdot CD_2CD_3$ (3) $\cdot C^{35}Cl_3$

12.13 EPR 스펙트럼이 다음과 같이 나타나는 화학종의 핵 스핀 I 값을 구하시오.

(1) 세기가 같은 4개의 선으로 갈라진 스펙트럼을 나타내는 단일 자기성 핵의 라디칼

(2) 세기기 같은 7개의 선으로 갈라진 스펙트럼을 나타내는 단일 자기성 핵의 라디칼

(3) 세기가 1:2:3:2:1인 5개의 선으로 갈라진 스펙트럼을 나타내는 두 개의 동등한 자기성 핵을 가진 라디칼

12.14 벤젠 라디칼 $\cdot C_6H_6$의 EPR 스펙트럼은 7중선이고 초미세 짝지음 상수 $a = 0.38$ mT로 측정되었다. 다음을 구하시오.

(1) 홀전자가 H에 존재할 %

(2) 홀전자가 각 C에 존재할 %

부록

부록 물리학과 수학 기초 지식

A.1 고전 역학

힘과 에너지

- 속도: $\mathbf{v} = \frac{\mathrm{d}\mathbf{r}}{\mathrm{d}t}$
- 선운동량: $\mathbf{p} = m\mathbf{v}$
- 병진 운동 에너지: $E_\mathrm{k} = \frac{1}{2}mv^2 = \frac{p^2}{2m}$
- 전체 에너지: $E_\mathrm{tot} = \frac{p^2}{2m} + V(r)$
- 퍼텐셜 에너지: $V(r) = -\int F\mathrm{d}r$
- 쿨롱 퍼텐셜: $V_\mathrm{Coulomb} = \frac{q_1 q_2}{4\pi\varepsilon_0 r_{12}}$
- 힘: $F = -\frac{\mathrm{d}V}{\mathrm{d}x}$ (1차원) $F = -\nabla V$ $\nabla = \mathbf{i}\frac{\partial}{\partial x} + \mathbf{j}\frac{\partial}{\partial y} + \mathbf{k}\frac{\partial}{\partial z}$ (3차원)
- 쿨롱 힘: $F_\mathrm{Coulomb} = -\frac{\mathrm{d}}{\mathrm{d}x}\left(\frac{q_1 q_2}{4\pi\varepsilon_0 r_{12}}\right) = \frac{q_1 q_2}{4\pi\varepsilon_0 r_{12}^2}$
- 뉴턴의 운동 제2법칙: $F = \frac{\mathrm{d}p}{\mathrm{d}t} = m\frac{\mathrm{d}^2 x}{\mathrm{d}t^2} = ma$ (a: 가속도)

회전 운동

- 각운동량: $J = I\omega$ (I: 관성 모멘트, ω: 각속도)
- 관성 모멘트: $I = mr^2$
- 토크: $T = \frac{\mathrm{d}J}{\mathrm{d}t}$
- 회전 운동 에너지: $E_\mathrm{k} = \frac{T^2 \Delta t^2}{2I}$

진동 운동(조화 진동자)

- 힘: $F = m\frac{d^2x}{dt^2} = -kx$ k: 힘상수
- 위치: $x(t) = A\sin(\omega t + \phi)$ $\omega = \left(\frac{k}{m}\right)^{1/2}$, A: 진폭
- 운동량: $p(t) = m\omega A\cos(\omega t + \phi)$
- 운동 에너지: $E_k = \frac{p^2}{2m} = \frac{1}{2}kA^2\cos^2\omega t$
- 퍼텐셜 에너지: $V = \frac{1}{2}kx^2 = \frac{1}{2}kA^2\sin^2\omega t$
- 전체 에너지: $E_{tot} = E_k + V = \frac{1}{2}kA^2\left(\cos^2\omega t + \sin^2\omega t\right) = \frac{1}{2}kA^2$

A.2 미분과 적분

미분

1. $\frac{d}{dx}\left(ax^n\right) = anx^{n-1}$ a: 상수, $n > 0$
2. $\frac{d}{dx}\left(ae^{bx}\right) = abe^{bx}$ a, b: 상수
3. $\frac{d}{dx}(a\sin x) = a\cos x$ a: 상수
4. $\frac{d}{dx}(a\cos x) = -a\sin x$ a: 상수

미분 규칙

1. $\frac{d\{f(x)+g(x)\}}{dx} = \frac{df(x)}{dx} + \frac{dg(x)}{dx}$
2. $\frac{d\{f(x)g(x)\}}{dx} = f(x)\frac{dg(x)}{dx} + g(x)\frac{df(x)}{dx}$

3. $\dfrac{\mathrm{d}\{1/f(x)\}}{\mathrm{d}x}=-\dfrac{1}{\{f(x)\}^2}\dfrac{\mathrm{d}f(x)}{\mathrm{d}x}$

4. $\dfrac{\mathrm{d}\{f(x)/g(x)\}}{\mathrm{d}x}=\left\{g(x)\dfrac{\mathrm{d}f(x)}{\mathrm{d}x}-f(x)\dfrac{\mathrm{d}g(x)}{\mathrm{d}x}\right\}/\{g(x)\}^2$

5. $\dfrac{\mathrm{d}f(u)}{\mathrm{d}x}=\dfrac{\mathrm{d}f(u)}{\mathrm{d}u}\dfrac{\mathrm{d}u}{\mathrm{d}x}$

6. $\dfrac{\mathrm{d}^2f(x)}{\mathrm{d}x^2}=\dfrac{\mathrm{d}}{\mathrm{d}x}\left\{\dfrac{\mathrm{d}f(x)}{\mathrm{d}x}\right\}$

7. $\mathrm{d}z(x,y)=\left(\dfrac{\partial z}{\partial x}\right)_{\mathrm{y}}\mathrm{d}x+\left(\dfrac{\partial z}{\partial y}\right)_{\mathrm{x}}\mathrm{d}y$

8. $\left(\dfrac{\partial x}{\partial y}\right)_{\mathrm{z}}\left(\dfrac{\partial y}{\partial x}\right)_{\mathrm{z}}=-1$

9. $\left(\dfrac{\partial x}{\partial y}\right)_{\mathrm{z}}=-\left(\dfrac{\partial x}{\partial z}\right)_{\mathrm{y}}\left(\dfrac{\partial z}{\partial y}\right)_{\mathrm{x}}$

10. $\left(\dfrac{\partial x}{\partial y}\right)_{\mathrm{z}}=\left(\dfrac{\partial x}{\partial y}\right)_{\mathrm{w}}+\left(\dfrac{\partial x}{\partial w}\right)_{\mathrm{y}}\left(\dfrac{\partial w}{\partial y}\right)_{\mathrm{z}}$

부정적분

1. $\int a\mathrm{d}x=ax+C$ $\quad$ a: 상수, C: 적분 상수

2. $\int x^n\mathrm{d}x=\dfrac{1}{n+1}x^{n+1}+C$ $\quad$ C: 적분 상수

3. $\int\dfrac{1}{x}\mathrm{d}x=\ln x+C$ $\quad$ C: 적분 상수

4. $\int\dfrac{1}{x(a+bx)}\mathrm{d}x=-\dfrac{1}{a}\ln\left(\dfrac{a+bx}{x}\right)+C$ $\quad$ a: 상수, C: 적분 상수

5. $\int\dfrac{1}{(a-x)(b-x)}\mathrm{d}x=\dfrac{1}{b-a}\left(\ln\dfrac{1}{a-x}-\ln\dfrac{1}{b-x}\right)+C$ $\quad$ a, b: 상수, C: 적분 상수

6. $\int\ln x\mathrm{d}x=x\ln x-x+C$ $\quad$ C: 적분 상수

7. $\int e^{ax}\mathrm{d}x = \dfrac{e^{ax}}{a}+C$　　C: 적분 상수

8. $\int \sin x\mathrm{d}x = -\cos x + C$　　C: 적분 상수

9. $\int \cos x\mathrm{d}x = \sin x + C$　　C: 적분 상수

10. $\int(\sin ax)\mathrm{d}x = -\dfrac{1}{a}\cos ax + C$　　a: 상수, C: 적분 상수

11. $\int(\cos ax)\mathrm{d}x = \dfrac{1}{a}\sin ax + C$　　a: 상수, C: 적분 상수

12. $\int(\sin^2 ax)\mathrm{d}x = \dfrac{x}{2}-\dfrac{\sin 2ax}{4a}+C$　　a: 상수, C: 적분 상수

13. $\int(\cos^2 ax)\mathrm{d}x = \dfrac{x}{2}+\dfrac{\sin 2ax}{4a}+C$　　a: 상수, C: 적분 상수

14. $\int(x\sin^2 ax)\mathrm{d}x = \dfrac{x^2}{4}-\dfrac{1}{8a^2}\cos 2ax-\dfrac{x\sin 2ax}{4a}+C$　　a: 상수, C: 적분 상수

15. $\int(x\cos^2 ax)\mathrm{d}x = \dfrac{x^2}{4}+\dfrac{1}{8a^2}\cos 2ax+\dfrac{x\sin 2ax}{4a}+C$　　a: 상수, C: 적분 상수

16. $\int(x^2\sin^2 ax)\mathrm{d}x = \dfrac{x^3}{6}-\left(\dfrac{x^2}{4a}-\dfrac{1}{8a^3}\right)\sin 2ax-\dfrac{x\cos 2ax}{4a^2}+C$　　a: 상수, C: 적분 상수

17. $\int(x^2\cos^2 ax)\mathrm{d}x = \dfrac{x^3}{6}+\left(\dfrac{x^2}{4a}-\dfrac{1}{8a^3}\right)\sin 2ax+\dfrac{x\cos 2ax}{4a^2}+C$　　a: 상수, C: 적분 상수

18. $\int x^n e^{ax}\mathrm{d}x = \dfrac{x^n e^x}{a}-\dfrac{n}{a}\int x^{n-1}e^{ax}\mathrm{d}x+C$　　a: 상수, C: 적분 상수

19. $\int \dfrac{e^{ax}}{x^n}\mathrm{d}x = -\dfrac{e^x}{(n-1)x^{n-1}}-\dfrac{a}{n-1}\int\dfrac{e^{ax}}{x^{n-1}}\mathrm{d}x+C$　　a: 상수, C: 적분 상수

정적분

1. $\int_a^b c\mathrm{d}x = c(b-a)$　　c: 상수

2. $\int_0^\infty x^n e^{-ax} \mathrm{d}x = \frac{n!}{a^{n+1}}$ $\quad a > 0,\ n$: 양의 정수

3. $\int_0^\infty e^{-ax^2} \mathrm{d}x = \frac{1}{2}\left(\frac{\pi}{a}\right)^{1/2}$ $\quad a > 0$

4. $\int_0^\infty x e^{-ax^2} \mathrm{d}x = \frac{1}{2a}$ $\quad a > 0$

5. $\int_0^\infty x^2 e^{-ax^2} \mathrm{d}x = \frac{1}{4}\left(\frac{\pi}{a^3}\right)^{1/2}$ $\quad a > 0$

6. $\int_0^\infty x^{2n} e^{-ax^2} \mathrm{d}x = \frac{1\cdot 3\cdot 5\cdots(2n-1)}{2^{n+1}a^n}\left(\frac{\pi}{a}\right)^{1/2}$ $\quad a > 0,\ n$: 양의 정수

7. $\int_0^\infty x^{2n+1} e^{-ax^2} \mathrm{d}x = \frac{n!}{2a^{n+1}}$ $\quad a > 0,\ n$: 양의 정수

8. $\int_0^s x^n e^{-ax} \mathrm{d}x = \frac{n!}{a^{n+1}} - e^{-as}\sum_{i=0}^{n} \frac{n!s^{n-i}}{a^{i+1}(n-i)!}$ $\quad a > 0,\ n$: 양의 정수

9. $\int_0^a \sin\left(\frac{n\pi}{a}x\right)\sin\left(\frac{m\pi}{a}x\right)\mathrm{d}x = \int_0^a \cos\left(\frac{n\pi}{a}x\right)\cos\left(\frac{m\pi}{a}x\right)\mathrm{d}x = \frac{a}{2}\delta_{mn}$

$m = n;\ \delta_{mn} = 1, \quad m \neq n;\ \delta_{mn} = 1$

10. $\int_0^a \sin\left(\frac{n\pi}{a}x\right)\cos\left(\frac{m\pi}{a}x\right)\mathrm{d}x = 0$

11. $\int_0^\pi \sin^2(nx)\mathrm{d}x = \int_0^\pi \cos^2(nx)\mathrm{d}x = \frac{\pi}{2}$

12. $\int_0^\infty \frac{\sin x}{\sqrt{x}}\mathrm{d}x = \int_0^\infty \frac{\cos x}{\sqrt{x}}\mathrm{d}x = \left(\frac{\pi}{2}\right)^{1/2}$

부분 적분

$\int u\mathrm{d}v = uv - \int v\mathrm{d}u \qquad u = f(x),\ v = g(x),\ \mathrm{d}u = f'(x)\mathrm{d}x,\ \mathrm{d}v = g'(x)\mathrm{d}x$

미분 방정식

1. $\frac{\mathrm{d}y}{\mathrm{d}x} = \frac{f(x)}{g(y)}$ $\qquad$ (해) $\int g(y)\mathrm{d}y = \int f(x)\mathrm{d}x + C$

2. $\dfrac{dy}{dx} = h(w),\ \ w = \dfrac{y}{x}$ (해) $\ln x = \int \dfrac{1}{h(w) - w} dw + C,\quad h(w) \neq w$

$$\ln y = \ln x + C,\quad h(w) = w$$

3. $\dfrac{dy}{dx} + yf(x) = g(x)$ (해) $ye^{\int f(x)dx} = \int e^{\int f(x)dx} g(x)dx + C$

4. $\dfrac{d^2 y}{dx^2} = a^2 y$ (해) $y = c_1 e^{m_1 x} + c_2 e^{m_2 x}$ m_1, m_2 : 2차 방정식의 근

A.3 복소수

정의

- 일반적인 꼴

$$z = x + iy \qquad \left(i = \sqrt{-1}\right)$$

x = Re(z): 복소수 z의 실수부, y = Im(z): 복소수 z의 허수부

- 공액 복소수

$$z^* = x - iy$$

- 절댓값 제곱과 절댓값

절댓값 제곱: $|z|^2 = \left|z^* z\right|^2 = (x + iy)(x - iy) = x^2 + y^2 \qquad \left(i^2 = -1\right)$

절댓값: $|z| = \left(z^* z\right)^{1/2} = \left(x^2 + y^2\right)^{1/2}$

- 복소수의 역수

$$z^{-1} = \frac{z^*}{|z|^2}$$

• 극좌표 꼴

$$z = r(\cos\theta + i\sin\theta)$$

$$r = \left(x^2 + y^2\right)^{1/2} = |z|$$

$$x = r\cos\theta, y = r\sin\theta$$

$$\theta = \cos^{-1}\frac{x}{r} = \sin^{-1}\frac{y}{r} = \tan^{-1}\frac{y}{x}$$

오일러 관계

• 오일러 관계식

$$e^{\pm i\theta} = \cos\theta \pm i\sin\theta$$

• 오일러 관계식의 결과

$$\cos\theta = \frac{1}{2}\left(e^{i\theta} + e^{-i\theta}\right)$$

$$\sin\theta = -\frac{1}{2}i\left(e^{i\theta} - e^{-i\theta}\right)$$

$$z^* = re^{-i\theta}$$

$$zz^* = \left(re^{i\theta}\right)\left(re^{-i\theta}\right) = r^2$$

연산

• 덧셈: $z_1 + z_2 = \left(x_1 + x_2\right) + i\left(y_1 + y_2\right)$

• 뺄셈: $z_1 - z_2 = \left(x_1 - x_2\right) + i\left(y_1 - y_2\right)$

• 곱셈: $z_1 z_2 = \left(x_1 + iy_1\right)\left(x_2 + iy_2\right) = \left(x_1 x_2 - y_1 y_2\right) + i\left(x_1 y_2 + y_1 x_2\right) = r_1 r_2 e^{i\left(\theta_1 + \theta_2\right)}$

• 나눗셈: $\frac{z_1}{z_2} = z_1 z_2^{-1} = \frac{z_1 z_2^*}{|z_2|^*}$

- n 제곱: $z^n = \left(re^{i\theta}\right)^n = r^n e^{in\theta}$

- n 제곱근: $z^{1/n} = \left(re^{i\theta}\right)^{1/n} = r^{1/n} e^{i\theta/n}$

A.4 벡터

정의

- 벡터: 크기와 방향을 가지고 있는 양

$$\boldsymbol{v} = v_\mathrm{x}\boldsymbol{i} + v_\mathrm{y}\boldsymbol{j} + v_\mathrm{z}\boldsymbol{k}$$

$\boldsymbol{i}, \boldsymbol{j}, \boldsymbol{k}$: 크기가 1이고 각각 x, y, z축 정방향으로 향하는 단위 벡터

- 벡터의 크기: $v = |\boldsymbol{v}| = \left(v_\mathrm{x}^2 + v_\mathrm{y}^2 + v_\mathrm{z}^2\right)^{1/2}$

연산

- 두 벡터 $\boldsymbol{u} = u_\mathrm{x}\boldsymbol{i} + u_\mathrm{y}\boldsymbol{j} + u_\mathrm{z}\boldsymbol{k}$ 와 $\boldsymbol{v} = v_\mathrm{x}\boldsymbol{i} + v_\mathrm{y}\boldsymbol{j} + v_\mathrm{z}\boldsymbol{k}$ 에 대하여

- 덧셈과 뺄셈: $\boldsymbol{u} \pm \boldsymbol{v} = (u_\mathrm{x} \pm v_\mathrm{x})\boldsymbol{i} + \left(u_\mathrm{y} \pm v_\mathrm{y}\right)\boldsymbol{j} + (u_\mathrm{z} \pm v_\mathrm{z})\boldsymbol{k}$

- 스칼라곱: $\boldsymbol{u} \cdot \boldsymbol{v} = uv\cos\boldsymbol{\theta}$ $\quad$ $\boldsymbol{\theta}$: $\boldsymbol{u}$와 $\boldsymbol{v}$ 사이의 각

- 벡터곱: $\boldsymbol{u} \times \boldsymbol{v} = uv\sin\theta$

$$= \begin{vmatrix} \boldsymbol{i} & \boldsymbol{j} & \boldsymbol{k} \\ u_\mathrm{x} & u_\mathrm{y} & u_\mathrm{z} \\ v_\mathrm{x} & v_\mathrm{y} & z_\mathrm{z} \end{vmatrix}$$

• 미분

벡터 $\boldsymbol{v}$의 성분 v_x, v_y, v_z가 시간 t의 함수일 때

$$\frac{d\boldsymbol{v}}{dt} = \frac{dv_x}{dt}\boldsymbol{i} + \frac{dv_y}{dt}\boldsymbol{j} + \frac{dv_z}{dt}\boldsymbol{k}$$

$$\frac{d\boldsymbol{v}}{dt} = \frac{dv_x}{dt}\boldsymbol{i} + \frac{dv_y}{dt}\boldsymbol{j} + \frac{dv_z}{dt}\boldsymbol{k}$$

A.5 급수

• 멱급수(power series)

• 일반식: $\sum_{n=0}^{\infty} c_n (x-a)^n = c_0 + c_1 (x-a) + c_2 (x-a)^2 + \cdots c_n (x-a)^n + \cdots$

$$\frac{1}{1-x} = 1 + x + x^2 + x^3 + \cdots \qquad -1 < x < 1$$

$$(1-x)^n = 1 + nx + \frac{n(n-1)}{2!}x^2 + \frac{n(n-1)(n-2)}{3!}x^3 + \cdots$$

$$e^x = 1 + x + \frac{x^2}{2!} + \frac{x^3}{3!} + \cdots$$

$$\ln x = (x-1) - \frac{1}{2}(x-1)^2 + \frac{1}{3}(x-1)^3 - \frac{1}{4}(x-1)^4 + \cdots$$

$$\ln(1+x) = x - \frac{x^2}{2!} + \frac{x^3}{3!} - \frac{x^4}{4!} + \cdots \qquad -1 < x \le 1$$

A.6 행렬과 행렬식

행렬

- 정의: 수의 배열
- m행과 n열로 이루어진 행렬

$$\boldsymbol{A} = \begin{bmatrix} a_{11} & a_{12} & \cdots & a_{1n} \\ a_{21} & a_{22} & \cdots & a_{2n} \\ \vdots & & & \vdots \\ a_{m1} & a_{m2} & \cdots & a_{mn} \end{bmatrix}$$

- 단위 행렬

$$\boldsymbol{E} = \begin{bmatrix} 1 & 0 & \cdots & 0 \\ 0 & 1 & \cdots & 0 \\ \vdots & & & \vdots \\ 0 & 0 & \cdots & 1 \end{bmatrix}$$

- 행렬의 합

$$\boldsymbol{A} + \boldsymbol{B} = \begin{bmatrix} a_{11} & a_{12} & \cdots & a_{1n} \\ a_{21} & a_{22} & \cdots & a_{2n} \\ \vdots & & & \vdots \\ a_{m1} & a_{m2} & \cdots & a_{mn} \end{bmatrix} + \begin{bmatrix} b_{11} & b_{12} & \cdots & b_{1n} \\ b_{21} & b_{22} & \cdots & b_{2n} \\ \vdots & & & \vdots \\ b_{m1} & b_{m2} & \cdots & b_{mn} \end{bmatrix}$$
$$= \begin{bmatrix} a_{11}+b_{11} & a_{12}+b_{12} & \cdots & a_{1n}+b_{1n} \\ a_{21}+b_{21} & a_{22}+b_{22} & \cdots & a_{2n}+b_{2n} \\ \vdots & & & \vdots \\ a_{m1}+b_{m1} & a_{m2}+b_{m2} & \cdots & a_{mn}+b_{mn} \end{bmatrix}$$

- 행렬의 곱

$$\boldsymbol{AB} = \begin{bmatrix} a_{11} & a_{12} \\ a_{21} & a_{22} \\ a_{31} & a_{32} \end{bmatrix} \begin{bmatrix} b_{11} & b_{12} \\ b_{21} & b_{22} \end{bmatrix} = \begin{bmatrix} a_{11}b_{11}+a_{12}b_{21} & a_{11}b_{12}+a_{12}b_{22} \\ a_{21}b_{11}+a_{22}b_{21} & a_{21}b_{12}+a_{22}b_{22} \\ a_{31}b_{11}+a_{32}b_{21} & a_{31}b_{12}+a_{32}b_{22} \end{bmatrix}$$

행렬의 곱은 교환 불가능: AB $\neq$ BA

• 연립 방정식의 행렬 표현

$$\begin{aligned} a_{11}x_1 + a_{12}x_2 + \cdots + a_{1n}x_n &= c_1 \\ a_{21}x_1 + a_{22}x_2 + \cdots + a_{2n}x_n &= c_2 \\ \vdots \qquad\qquad\qquad & \quad \vdots \\ a_{n1}x_1 + a_{n2}x_2 + \cdots + a_{nn}x_n &= c_n \end{aligned}$$

$$\begin{bmatrix} a_{11} & a_{12} & \cdots & a_{1n} \\ a_{21} & a_{22} & \cdots & a_{2n} \\ \vdots & & & \vdots \\ a_{n1} & a_{n2} & \cdots & a_{nn} \end{bmatrix} \begin{bmatrix} x_1 \\ x_2 \\ \vdots \\ x_n \end{bmatrix} = \begin{bmatrix} c_1 \\ c_2 \\ \vdots \\ c_n \end{bmatrix}$$

• 역행렬 A^{-1}: 다음의 관계를 만족시키는 행렬

$$\boldsymbol{A}^{-1}\boldsymbol{A} = \boldsymbol{A}\boldsymbol{A}^{-1} = \boldsymbol{E}$$

행렬식

• 정의: 숫자의 곱의 배열

$$D = \begin{vmatrix} a_{11} & a_{12} & \cdots & a_{1n} \\ a_{21} & a_{22} & \cdots & a_{2n} \\ \vdots & & & \vdots \\ a_{n1} & a_{n2} & \cdots & a_{nn} \end{vmatrix}$$

• 행렬식의 값

$$D = \begin{vmatrix} a_{11} & a_{12} \\ a_{21} & a_{22} \end{vmatrix} = a_{11}a_{22} - a_{12}a_{21}$$

$$\begin{aligned} D &= \begin{vmatrix} a_{11} & a_{12} & a_{13} \\ a_{21} & a_{22} & a_{23} \\ a_{31} & a_{32} & a_{33} \end{vmatrix} \\ &= a_{11}a_{22}a_{33} + a_{23}a_{12}a_{31} + a_{13}a_{21}a_{32} - a_{13}a_{22}a_{31} - a_{32}a_{23}a_{11} - a_{33}a_{12}a_{21} \end{aligned}$$

• 공통 인자법

$$
\begin{aligned}
D &= \begin{vmatrix} a_{11} & a_{12} & a_{13} \\ a_{21} & a_{22} & a_{23} \\ a_{31} & a_{32} & a_{33} \end{vmatrix} \\
&= (-1)^{1+1} a_{11} \begin{vmatrix} a_{22} & a_{23} \\ a_{32} & a_{33} \end{vmatrix} + (-1)^{1+2} a_{12} \begin{vmatrix} a_{21} & a_{23} \\ a_{31} & a_{33} \end{vmatrix} + (-1)^{1+3} a_{13} \begin{vmatrix} a_{21} & a_{22} \\ a_{31} & a_{32} \end{vmatrix} \\
&= a_{11} \begin{vmatrix} a_{22} & a_{23} \\ a_{32} & a_{33} \end{vmatrix} - a_{12} \begin{vmatrix} a_{21} & a_{23} \\ a_{31} & a_{33} \end{vmatrix} + a_{13} \begin{vmatrix} a_{21} & a_{22} \\ a_{31} & a_{32} \end{vmatrix} \\
&= a_{11}(a_{22}a_{33} - a_{23}a_{32}) - a_{12}(a_{21}a_{33} - a_{23}a_{31}) + a_{13}(a_{21}a_{32} - a_{22}a_{31}) \\
&= a_{11}a_{22}a_{33} + a_{23}a_{12}a_{31} + a_{13}a_{21}a_{32} - a_{13}a_{22}a_{31} - a_{32}a_{23}a_{11} - a_{33}a_{12}a_{21}
\end{aligned}
$$

A.7 지표표

C_1, C_s, C_i 군

C_1	E
A	1

C_s	E	σ_h		
A'	1	1	x, y, R_z	x^2, y^2, z^2, xy
A''	1	−1	z, R_x, R_y	yz, xz

C_i	E	i		
A_g	1	1	R_x, R_y, R_z	$x^2, y^2, z^2, xy, xz, yz$
A_u	1	−1	x, y, z	

C_n 군

C_2	E	C_2		
A	1	1	z, R_z	x^2, y^2, z^2, xy
B	1	−1	x, y, R_x, R_y	yz, xz

C_3	E	C_3	C_3^2		$\varepsilon = \exp(2\pi i/3)$
A	1	1	1	z, R_z	x^2+y^2, z^2
E	1	ε	ε^*	$(x,y),(R_x,R_y)$	$(x^2-y^2, xy),(yz, xz)$
	1	ε^*	ε		

C_4	E	C_4	C_2	C_4^3		
A	1	1	1	1	z, R_z	x^2+y^2, z^2
B	1	-1	1	-1		x^2-y^2, xy
E	1	i	-1	$-i$	$(x,y),(R_x,R_y)$	(yz, xz)
	1	$-i$	-1	i		

C_5	E	C_5	C_5^2	C_5^3	C_5^4		$\varepsilon = \exp(2\pi i/5)$
A	1	1	1	1	1	z, R_z	x^2+y^2, z^2
E_1	1	ε	ε^2	ε^{2*}	ε^*	$(x,y),(R_x,R_y)$	(yz, xz)
	1	ε^*	ε^{2*}	ε^2	ε		
E_2	1	ε^2	ε^*	ε	ε^{2*}		(x^2-y^2, xy)
	1	ε^{2*}	ε	ε^*	ε^2		

C_6	E	C_6	C_3	C_2	C_3^2	C_6^5		$\varepsilon = \exp(2\pi i/6)$
A	1	1	1	1	1	1	z, R_z	x^2+y^2, z^2
B	1	-1	1	-1	1	-1		
E_1	1	ε	$-\varepsilon^*$	-1	$-\varepsilon$	ε^*	(x,y),	(xz, yz)
	1	ε^*	$-\varepsilon$	-1	$-\varepsilon^*$	ε	(R_x,R_y)	
E_2	1	$-\varepsilon^*$	$-\varepsilon$	1	$-\varepsilon^*$	$-\varepsilon$		(x^2-y^2, xy)
	1	$-\varepsilon$	$-\varepsilon^*$	1	$-\varepsilon$	$-\varepsilon^*$		

C_7	E	C_7	C_7^2	C_7^3	C_7^4	C_7^5	C_7^6		$\varepsilon = \exp(2\pi i/7)$
A	1	1	1	1	1	1	1	z, R_z	x^2+y^2, z^2
E_1	1	ε	ε^2	ε^3	ε^{3*}	ε^{2*}	ε^*	(x,y),	(xz, yz)
	1	ε^*	ε^{2*}	ε^{3*}	ε^3	ε^2	ε	(R_x,R_y)	
E_2	1	ε^2	ε^{3*}	ε^*	ε	ε^3	ε^{2*}		(x^2-y^2, xy)
	1	ε^{2*}	ε^3	ε	ε^*	ε^{3*}	ε^2		
E_3	1	ε^3	ε^*	ε^2	ε^{2*}	ε	ε^{3*}		
	1	ε^{3*}	ε	ε^{2*}	ε^2	ε^*	ε^3		

C_8	E	C_8	C_4	C_8^3	C_2	C_8^5	C_4^3	C_8^7		$\varepsilon = \exp(2\pi i/8)$
A	1	1	1	1	1	1	1	1	z, R_z	x^2+y^2, z^2
B	1	−1	1	−1	1	−1	1	−1		
E_1	1	ε	i	$-\varepsilon^*$	−1	$-\varepsilon$	$-i$	ε^*	(x, y),	(xz, yz)
	1	ε^*	$-i$	$-\varepsilon$	−1	$-\varepsilon^*$	i	ε	(R_x, R_y)	
E_2	1	i	−1	$-i$	1	i	−1	$-i$		(x^2-y^2, xy)
	1	$-i$	−1	i	1	$-i$	−1	i		
E_3	1	$-\varepsilon$	i	ε^*	−1	ε	$-i$	$-\varepsilon^*$		
	1	$-\varepsilon^*$	$-i$	ε	−1	ε^*	i	$-\varepsilon$		

C_{nv} 군

C_{2v}	E	C_2	$\sigma_v(xz)$	$\sigma_v'(yz)$		
A_1	1	1	1	1	z	x^2, y^2, z^2
A_2	1	1	−1	−1	R_z	xy
B_1	1	−1	1	−1	x, R_y	xz
B_2	1	−1	−1	1	y, R_x	yz

C_{3v}	E	$2C_3$	$3\sigma_v$		
A_1	1	1	1	z	x^2+y^2, z^2
A_2	1	1	−1	R_z	
E	2	−1	0	$(x, y), (R_x, R_y)$	$(x^2-y^2, xy), (xz, yz)$

C_{4v}	E	$2C_4$	C_2	$2\sigma_v$	$2\sigma_d$		
A_1	1	1	1	1	1	z	x^2+y^2, z^2
A_2	1	1	1	−1	−1	R_z	
B_1	1	−1	1	1	−1		x^2-y^2
B_2	1	−1	1	−1	1		xy
E	2	0	−2	0	0	$(x, y), (R_x, R_y)$	(xz, yz)

C_{5v}	E	$2C_5$	$2C_5^2$	$5\sigma_v$		
A_1	1	1	1	1	z	x^2+y^2, z^2
A_2	1	1	1	−1	R_z	
E_1	2	$2\cos 72°$	$2\cos 144°$	0	$(x, y),\ (R_x, R_y)$	(xz, yz)
E_2	2	$2\cos 144°$	$2\cos 72°$	0		(x^2-y^2, xy)

C_{6v}	E	$2C_6$	$2C_3$	C_2	$3\sigma_v$	$3\sigma_d$		
A_1	1	1	1	1	1	1	z	x^2+y^2, z^2
A_2	1	1	1	1	−1	−1	R_z	
B_1	1	−1	1	−1	1	−1		
B_2	1	−1	1	−1	−1	1		
E_1	2	1	−1	−2	0	0		(xz, yz)
E_2	2	−1	−1	2	0	0	$(x, y),\ (R_x, R_y)$	(x^2-y^2, xy)

$C_{\infty v}$	E	$2C_\infty^\Phi$	…	$\infty\sigma_v$		
$A_1 \equiv \Sigma^+$	1	1	…	1	z	x^2+y^2, z^2
$A_1 \equiv \Sigma^-$	1	1	…	−1	R_z	
$E_1 \equiv \Pi$	2	$2\cos\Phi$	…	0	$(x, y),\ (R_x, R_y)$	(xz, yz)
$E_2 \equiv \Delta$	2	$2\cos 2\Phi$	…	0		(x^2-y^2, xy)
$E_3 \equiv \Phi$	2	$2\cos 3\Phi$	…	0		
…	…	…	…	…		

C_{nh}군

C_{2h}	E	C_2	i	σ_h		
A_g	1	1	1	1	R_z	x^2, y^2, z^2, xy
B_g	1	−1	1	−1	R_x, R_y	xz, yz
A_u	1	1	−1	−1	z	
B_u	1	−1	−1	1	x, y	

C_{3h}	E	C_3	C_3^2	σ_h	S_3	S_3^5		$\varepsilon = \exp(2\pi i/3)$
A'	1	1	1	1	1	1	R_z	x^2+y^2, z^2
E'	$\begin{Bmatrix} 1 \\ 1 \end{Bmatrix}$	ε ε^*	ε^* ε	1 1	ε ε^*	ε^* ε	(x, y)	(x^2-y^2, xy)
A''	1	1	1	−1	−1	−1	z	
E''	$\begin{Bmatrix} 1 \\ 1 \end{Bmatrix}$	ε ε^*	ε^* ε	−1 −1	$-\varepsilon$ $-\varepsilon^*$	$-\varepsilon^*$ $-\varepsilon$	(R_x, R_y)	(xz, yz)

C_{4h}	E	C_4	C_2	C_4^3	i	S_4^3	σ_h	S_4		
A_g	1	1	1	1	1	1	1	1	R_z	x^2+y^2, z^2
B_g	1	−1	1	−1	1	−1	1	−1		x^2-y^2, xy
E_g	$\begin{Bmatrix} 1 \\ 1 \end{Bmatrix}$	i $-i$	−1 −1	$-i$ i	1 1	i $-i$	−1 −1	$-i$ i	(R_x, R_y)	(xz, yz)
A_u	1	1	1	1	−1	−1	−1	−1	z	
B_u	1	−1	1	−1	−1	1	−1	1		
E_u	$\begin{Bmatrix} 1 \\ 1 \end{Bmatrix}$	i $-i$	−1 −1	$-i$ i	−1 −1	$-i$ i	1 1	i $-i$	(x, y)	

C_{5h}	E	C_5	C_5^2	C_5^3	C_5^4	σ_h	S_5	S_5^7	S_5^3	S_5^9		$\varepsilon = \exp(2\pi i/5)$
A'	1	1	1	1	1	1	1	1	1	1	R_z	x^2+y^2, z^2
E_1'	$\begin{Bmatrix} 1 \\ 1 \end{Bmatrix}$	ε ε^*	ε^2 ε^{2*}	ε^{2*} ε^2	ε^* ε	1 1	ε ε^*	ε^2 ε^{2*}	ε^{2*} ε^2	ε^* ε	(x, y)	
E_2'	$\begin{Bmatrix} 1 \\ 1 \end{Bmatrix}$	ε^2 ε^{2*}	ε^* ε	ε ε^*	ε^{2*} ε^2	1 1	ε^2 ε^{2*}	ε^* ε	ε ε^*	ε^{2*} ε^2		(x^2-y^2, xy)
A''	1	1	1	1	1	−1	−1	−1	−1	−1	z	
E_1''	$\begin{Bmatrix} 1 \\ 1 \end{Bmatrix}$	ε ε^*	ε^2 ε^{2*}	ε^{2*} ε^2	ε^* ε	−1 −1	$-\varepsilon$ $-\varepsilon^*$	$-\varepsilon^2$ $-\varepsilon^{2*}$	$-\varepsilon^{2*}$ $-\varepsilon^2$	$-\varepsilon^*$ $-\varepsilon$	(R_x, R_y)	(xz, yz)
E_2''	$\begin{Bmatrix} 1 \\ 1 \end{Bmatrix}$	ε^2 ε^{2*}	ε^* ε	ε ε^*	ε^{2*} ε^2	−1 −1	$-\varepsilon^2$ $-\varepsilon^{2*}$	$-\varepsilon^*$ $-\varepsilon$	$-\varepsilon$ $-\varepsilon^*$	$-\varepsilon^{2*}$ $-\varepsilon^2$		

C_{6h}	E	C_6	C_3	C_2	C_3^2	C_6^5	i	S_3^5	S_6^5	σ_h	S_6	S_3		$\varepsilon = \exp(2\pi i / 6)$
A_g	1	1	1	1	1	1	1	1	1	1	1	1	R_z	x^2+y^2, z^2
B_g	1	−1	1	−1	1	−1	1	−1	1	−1	1	−1		
E_{1g}	1	ε	$-\varepsilon^*$	−1	$-\varepsilon$	ε^*	1	ε	$-\varepsilon^*$	−1	$-\varepsilon$	ε^*	(R_x, R_y)	(xz, yz)
	1	ε^*	$-\varepsilon$	−1	$-\varepsilon^*$	ε	1	ε^*	$-\varepsilon$	−1	$-\varepsilon^*$	ε		
E_{2g}	1	$-\varepsilon^*$	$-\varepsilon$	1	$-\varepsilon^*$	$-\varepsilon$	1	$-\varepsilon^*$	$-\varepsilon$	1	$-\varepsilon^*$	$-\varepsilon$		(x^2-y^2, xy)
	1	$-\varepsilon$	$-\varepsilon^*$	1	$-\varepsilon$	$-\varepsilon^*$	1	$-\varepsilon$	$-\varepsilon^*$	1	$-\varepsilon$	$-\varepsilon^*$		
A_u	1	1	1	1	1	1	−1	−1	−1	−1	−1	−1	z	
B_u	1	−1	1	−1	1	−1	−1	1	−1	1	−1	1		
E_{1u}	1	ε	$-\varepsilon^*$	−1	$-\varepsilon$	ε^*	−1	$-\varepsilon$	ε^*	1	ε	$-\varepsilon^*$	(x, y)	
	1	ε^*	$-\varepsilon$	−1	$-\varepsilon^*$	ε	−1	$-\varepsilon^*$	ε	1	ε^*	$-\varepsilon$		
E_{2u}	1	$-\varepsilon^*$	$-\varepsilon$	1	$-\varepsilon^*$	$-\varepsilon$	−1	ε^*	ε	−1	ε^*	ε		
	1	$-\varepsilon$	$-\varepsilon^*$	1	$-\varepsilon$	$-\varepsilon^*$	−1	ε	ε^*	−1	ε	ε^*		

D_n 군

D_2	E	$C_2(z)$	$C_2(y)$	$C_2(x)$		
A	1	1	1	1		x^2, y^2, z^2
B_1	1	1	−1	−1	z, R_z	xy
B_2	1	−1	1	−1	y, R_y	xz
B_3	1	−1	−1	1	x, R_x	yz

D_3	E	$2C_3$	$3C_2$		
A_1	1	1	1		x^2+y^2, z^2
A_2	1	1	−1	z, R_z	
E	2	−1	0	$(x, y), (R_x, R_y)$	$(x^2-y^2, xy), (xz, yz)$

D_4	E	$2C_4$	$C_2(=C_4^2)$	$2C_2'$	$2C_2''$		
A_1	1	1	1	1	1		x^2+y^2, z^2
A_2	1	1	1	−1	−1	z, R_z	
B_1	1	−1	1	1	−1		x^2-y^2
B_2	1	−1	1	−1	1		xy
E	2	0	−2	0	0	$(x, y), (R_x, R_y)$	(xz, yz)

D_5	E	$2C_5$	$2C_5^2$	$5C_2$		
A_1	1	1	1	1		x^2+y^2, z^2
A_2	1	1	1	–1	z, R_z	
E_1	2	$2\cos 72°$	$2\cos 144°$	0	$(x, y), (R_x, R_y)$	(xz, yz)
E_2	2	$2\cos 144°$	$2\cos 72°$	0		(x^2-y^2, xy)

D_6	E	$2C_6$	$2C_3$	C_2	$3C_2'$	$3C_2''$		
A_1	1	1	1	1	1	1		x^2+y^2, z^2
A_2	1	1	1	1	–1	–1	z, R_z	
B_1	1	–1	1	–1	1	–1		
B_2	1	–1	1	–1	–1	1		
E_1	2	1	–1	–2	0	0	$(x, y), (R_x, R_y)$	(xz, yz)
E_2	2	–1	–1	2	0	0		(x^2-y^2, xy)

D_{nh} 군

D_{2h}	E	$C_2(z)$	$C_2(y)$	$C_2(x)$	i	$\sigma(xy)$	$\sigma(xz)$	$\sigma(yz)$		
A_g	1	1	1	1	1	1	1	1		x^2, y^2, z^2
B_{1g}	1	1	–1	–1	1	1	–1	–1	R_z	xy
B_{2g}	1	–1	1	–1	1	–1	1	–1	R_y	xz
B_{3g}	1	–1	–1	1	1	–1	–1	1	R_x	yz
A_u	1	1	1	1	–1	–1	–1	–1		
B_{1u}	1	1	–1	–1	–1	–1	1	1	z	
B_{2u}	1	–1	1	–1	–1	1	–1	1	y	
B_{3u}	1	–1	–1	1	–1	1	1	–1	x	

D_{3h}	E	$2C_3$	$3C_2$	σ_h	$2S_3$	$3\sigma_v$		
A_1'	1	1	1	1	1	1		x^2+y^2, z^2
A_2'	1	1	–1	1	1	–1	R_z	
E'	2	–1	0	2	–1	0	(x, y)	(x^2-y^2, xy)
A_1''	1	1	1	–1	–1	–1		
A_2''	1	1	–1	–1	–1	1	z	
E''	2	–1	0	–2	1	0	(R_x, R_y)	(xz, yz)

D_{4h}	E	$2C_4$	C_2	$2C_2'$	$2C_2''$	i	$2S_4$	σ_h	$2\sigma_v$	$2\sigma_d$		
A_{1g}	1	1	1	1	1	1	1	1	1	1		x^2+y^2, z^2
A_{2g}	1	1	1	–1	–1	1	1	1	–1	–1	R_z	
B_{1g}	1	–1	1	1	–1	1	–1	1	1	–1		x^2-y^2
B_{2g}	1	–1	1	–1	1	1	–1	1	–1	1		xy
E_g	2	0	–2	0	0	2	0	–2	0	0	(R_x, R_y)	(xz, yz)
A_{1u}	1	1	1	1	1	–1	–1	–1	–1	–1		
A_{2u}	1	1	1	–1	–1	–1	–1	–1	1	1	z	
B_{1u}	1	–1	1	1	–1	–1	1	–1	–1	1		
B_{2u}	1	–1	1	–1	1	–1	1	–1	1	–1		
E_u	2	0	–2	0	0	–2	0	2	0	0	(x, y)	

D_{5h}	E	$2C_5$	$2C_5^2$	$5C_2$	σ_h	$2S_5$	$2S_5^3$	$5\sigma_v$		
A_1'	1	1	1	1	1	1	1	1		x^2+y^2, z^2
A_2'	1	1	1	–1	1	1	1	–1	R_z	
E_1'	2	$2\cos 72°$	$2\cos 144°$	0	2	$2\cos 72°$	$2\cos 144°$	0	(x, y)	
E_2'	2	$2\cos 144°$	$2\cos 72°$	0	2	$2\cos 144°$	$2\cos 72°$	0		(x^2-y^2, xy)
A_1''	1	1	1	1	–1	–1	–1	–1		
A_2''	1	1	1	–1	–1	–1	–1	1	z	
E_1''	2	$2\cos 72°$	$2\cos 144°$	0	–2	$-2\cos 72°$	$-2\cos 144°$	0	(R_x, R_y)	(xz, yz)
E_2''	2	$2\cos 144°$	$2\cos 72°$	0	–2	$-2\cos 144°$	$-2\cos 72°$	0		

D_{6h}	E	$2C_6$	$2C_3$	C_2	$3C_2'$	$3C_2''$	i	$2S_3$	$2S_6$	σ_h	$3\sigma_d$	$3\sigma_v$		
A_{1g}	1	1	1	1	1	1	1	1	1	1	1	1		x^2+y^2, z^2
A_{2g}	1	1	1	1	–1	–1	1	1	1	1	–1	–1	R_z	
B_{1g}	1	–1	1	–1	1	–1	1	–1	1	–1	1	–1		
B_{2g}	1	–1	1	–1	–1	1	1	–1	1	–1	–1	1		
E_{1g}	2	1	–1	–2	0	0	2	1	–1	–2	0	0	(R_x, R_y)	(xz, yz)
E_{2g}	2	–1	–1	2	0	0	2	–1	–1	2	0	0		(x^2-y^2, xy)
A_{1u}	1	1	1	1	1	1	–1	–1	–1	–1	–1	–1		
A_{2u}	1	1	1	1	–1	–1	–1	–1	–1	–1	1	1	z	
B_{1u}	1	–1	1	–1	1	–1	–1	1	–1	1	–1	1		
B_{2u}	1	–1	1	–1	–1	1	–1	1	–1	1	1	–1		
E_{1u}	2	1	–1	–2	0	0	–2	–1	1	2	0	0	(x, y)	
E_{2u}	2	–1	–1	2	0	0	–2	1	1	–2	0	0		

D_{8h}	E	$2C_8$	$2C_8^3$	$2C_4$	C_2	$4C_2'$	$4C_2''$	i	$2S_8$	$2S_8^3$	$2S_4$	σ_h	$4\sigma_d$	$4\sigma_v$		
A_{1g}	1	1	1	1	1	1	1	1	1	1	1	1	1	1		x^2+y^2, z^2
A_{2g}	1	1	1	1	1	–1	–1	1	1	1	1	1	–1	–1	R_z	
B_{1g}	1	–1	–1	1	1	1	–1	1	–1	–1	1	1	1	–1		
B_{2g}	1	–1	–1	1	1	–1	1	1	–1	–1	1	1	–1	1		
E_{1g}	2	$\sqrt{2}$	$-\sqrt{2}$	0	–2	0	0	2	$\sqrt{2}$	$-\sqrt{2}$	0	–2	0	0	(R_x, R_y)	(xz, yz)
E_{2g}	2	0	0	–2	2	0	0	2	0	0	–2	2	0	0		(x^2-y^2, xy)
E_{3g}	2	$-\sqrt{2}$	$\sqrt{2}$	0	–2	0	0	2	$-\sqrt{2}$	$\sqrt{2}$	0	–2	0	0		
A_{1u}	1	1	1	1	1	1	1	–1	–1	–1	–1	–1	–1	–1		
A_{2u}	1	1	1	1	1	–1	–1	–1	–1	–1	–1	–1	1	1	z	
B_{1u}	1	–1	–1	1	1	1	–1	–1	1	1	–1	–1	–1	1		
B_{2u}	1	–1	–1	1	1	–1	1	–1	1	1	–1	–1	1	–1		
E_{1u}	2	$\sqrt{2}$	$-\sqrt{2}$	0	–2	0	0	–2	$-\sqrt{2}$	$\sqrt{2}$	0	2	0	0	(x, y)	
E_{2u}	2	0	0	–2	2	0	0	–2	0	0	2	–2	0	0		
E_{3u}	2	$-\sqrt{2}$	$\sqrt{2}$	0	–2	0	0	–2	$\sqrt{2}$	$-\sqrt{2}$	0	2	0	0		

$D_{\infty h}$	E	$2C_\infty^\Phi$	$\cdots$	$\infty\sigma_v$	i	$2S_\infty^\Phi$	$\cdots$	∞C_2		
Σ_g^+	1	1	$\cdots$	1	1	1	$\cdots$	1		x^2+y^2, z^2
Σ_g^-	1	1	$\cdots$	–1	1	1	$\cdots$	–1	R_z	
Π_g	2	$2\cos\Phi$	$\cdots$	0	2	$-2\cos\Phi$	$\cdots$	0	(R_x, R_y)	(xz, yz)
Δ_g	2	$2\cos 2\Phi$	$\cdots$	0	2	$2\cos 2\Phi$	$\cdots$	0		(x^2-y^2, xy)
$\cdots$	$\cdots$	$\cdots$	$\cdots$	$\cdots$	$\cdots$	$\cdots$	$\cdots$	$\cdots$		
Σ_u^+	1	1	$\cdots$	1	–1	–1	$\cdots$	–1	z	
Σ_u^-	1	1	$\cdots$	–1	–1	–1	$\cdots$	1	(x, y)	
Π_u	2	$2\cos\Phi$	$\cdots$	0	–2	$2\cos\Phi$	$\cdots$	0		
Δ_u	2	$2\cos 2\Phi$	$\cdots$	0	–2	$-2\cos 2\Phi$	$\cdots$	0		
$\cdots$	$\cdots$	$\cdots$	$\cdots$	$\cdots$	$\cdots$	$\cdots$	$\cdots$	$\cdots$		

D_{nd} 군

D_{2d}	E	$2S_4$	C_2	$2C_2'$	$2\sigma_d$		
A_1	1	1	1	1	1		x^2+y^2, z^2
A_2	1	1	1	–1	–1	R_z	
B_1	1	–1	1	1	–1		x^2-y^2
B_2	1	–1	1	–1	1	z	xy
E	2	0	–2	0	0	$(x, y), (R_x, R_y)$	(xz, yz)

D_{3d}	E	$2C_3$	$3C_2$	i	$2S_6$	$3\sigma_d$		
A_{1g}	1	1	1	1	1	1		x^2+y^2, z^2
A_{2g}	1	1	–1	1	1	–1	R_z	
E_g	2	–1	0	2	–1	0	(R_x, R_y)	$(x^2-y^2, xy), (xz, yz)$
A_{1u}	1	1	1	–1	–1	–1		
A_{2u}	1	1	–1	–1	–1	1	z	
E_u	2	–1	0	–2	1	0	(x, y)	

D_{4d}	E	$2S_8$	$2C_4$	$2S_8^3$	C_2	$4C_2'$	$4\sigma_d$		
A_1	1	1	1	1	1	1	1		x^2+y^2, z^2
A_2	1	1	1	1	1	–1	–1	R_z	
B_1	1	–1	1	–1	1	1	–1		
B_2	1	–1	1	–1	1	–1	1	z	
E_1	2	$\sqrt{2}$	0	$-\sqrt{2}$	–2	0	0	(x, y)	
E_2	2	0	–2	0	2	0	0		(x^2-y^2, xy)
E_3	2	$-\sqrt{2}$	0	$\sqrt{2}$	–2	0	0	(R_x, R_y)	(xz, yz)

D_{5d}	E	$2C_5$	$2C_5^2$	$5C_2$	i	$2S_{10}^3$	$2S_{10}$	$5\sigma_d$		
A_{1g}	1	1	1	1	1	1	1	1		x^2+y^2, z^2
A_{2g}	1	1	1	–1	1	1	1	1	R_z	
E_{1g}	2	$2\cos 72°$	$2\cos 144°$	0	2	$2\cos 72°$	$2\cos 144°$	0	(R_x, R_y)	(xz, yz)
E_{2g}	2	$2\cos 144°$	$2\cos 72°$	0	2	$2\cos 144°$	$2\cos 72°$	0		(x^2-y^2, xy)
A_{1u}	1	1	1	1	–1	–1	–1	–1		
A_{2u}	1	1	1	–1	–1	–1	–1	1	z	
E_{1u}	2	$2\cos 72°$	$2\cos 144°$	0	–2	$-2\cos 72°$	$-2\cos 144°$	0	(x, y)	
E_{2u}	2	$2\cos 144°$	$2\cos 72°$	0	–2	$-2\cos 144°$	$-2\cos 72°$	0		

D_{6d}	E	$2S_{12}$	$2C_6$	$2S_4$	$2C_3$	$2S_{12}^5$	C_2	$6C_2'$	$6\sigma_d$		
A_1	1	1	1	1	1	1	1	1	1		x^2+y^2, z^2
A_2	1	1	1	1	1	1	1	−1	−1	R_z	
B_1	1	−1	1	−1	1	−1	1	1	−1		
B_2	1	−1	1	−1	1	−1	1	−1	1	z	
E_1	2	$\sqrt{3}$	1	0	−1	$-\sqrt{3}$	−2	0	0	(x, y)	
E_2	2	1	−1	−2	−1	1	2	0	0		(x^2-y^2, xy)
E_3	2	0	−2	0	2	0	−2	0	0		
E_4	2	−1	−1	2	−1	−1	2	0	0		
E_5	2	$-\sqrt{3}$	1	0	−1	$\sqrt{3}$	−2	0	0	(R_x, R_y)	(xz, yz)

S_n 군

S_4	E	S_4	C_2	S_4^3		
A	1	1	1	1	R_z	x^2+y^2, z^2
B	1	−1	1	−1	z	x^2-y^2, xy
E	1	i	−1	$-i$	$(x, y), (R_x, R_y)$	(xz, yz)
	1	$-i$	−1	i		

S_6	E	C_3	C_3^2	i	S_6^5	S_6		$\varepsilon = \exp(2\pi i/3)$
A_g	1	1	1	1	1	1	R_z	x^2+y^2, z^2
E_g	1	ε	ε^*	1	ε	ε^*	(R_x, R_y)	$(x^2-y^2, xy), (xz, yz)$
	1	ε^*	ε	1	ε^*	ε		
A_u	1	1	1	−1	−1	−1	z	
E_u	1	ε	ε^*	−1	$-\varepsilon$	$-\varepsilon^*$	(x, y)	
	1	ε^*	ε	−1	$-\varepsilon^*$	$-\varepsilon$		

S_8	E	S_8	C_4	S_8^3	C_2	S_8^5	C_4^3	S_8^7		$\varepsilon = \exp(2\pi i/8)$
A	1	1	1	1	1	1	1	1	R_z	x^2+y^2, z^2
B	1	−1	1	−1	1	−1	1	−1	z	
E_1	1	ε	i	$-\varepsilon^*$	−1	$-\varepsilon$	$-i$	ε^*	(x, y),	
	1	ε^*	$-i$	$-\varepsilon$	−1	$-\varepsilon^*$	i	ε	(R_x, R_y)	
E_2	1	i	−1	$-i$	1	i	−1	$-i$		(x^2-y^2, xy)
	1	$-i$	−1	i	1	$-i$	−1	i		
E_3	1	$-\varepsilon^*$	$-i$	ε	−1	ε^*	i	$-\varepsilon$		(xz, yz)
	1	$-\varepsilon$	i	ε^*	−1	ε	$-i$	$-\varepsilon^*$		

입방 군(고차 대칭 군)

T	E	$4C_3$	$4C_3^2$	$3C_2$		$\varepsilon=\exp(2\pi i/3)$
A	1	1	1	1		$x^2+y^2+z^2$
E	1	ε	ε^*	1		$(2z^2-x^2-y^2, x^2-y^2)$
	1	ε^*	ε	1		
T	3	0	0	–1	$(R_x, R_y, R_z), (x, y, z)$	(xy, xz, yz)

T_h	E	$4C_3$	$4C_3^2$	$3C_2$	i	$4S_6$	$4S_6^5$	$3\sigma_h$		$\varepsilon=\exp(2\pi i/3)$
A_g	1	1	1	1	1	1	1	1		$x^2+y^2+z^2$
E_g	1	ε	ε^*	1	1	ε	ε^*	1		$(2z^2-x^2-y^2, x^2-y^2)$
	1	ε^*	ε	1	1	ε^*	ε	1		
T_g	3	0	0	–1	1	0	0	–1	(R_x, R_y, R_z)	(xz, yz, xy)
A_u	1	1	1	1	–1	–1	–1	–1		
E_u	1	ε	ε^*	1	–1	$-\varepsilon$	$-\varepsilon^*$	–1		
	1	ε^*	ε	1	–1	$-\varepsilon^*$	$-\varepsilon$	–1		
T_u	3	0	0	–1	–1	0	0	1	(x, y, z)	

T_d	E	$8C_3$	$3C_2$	$6S_4$	$6\sigma_d$		
A_1	1	1	1	1	1		$x^2+y^2+z^2$
A_2	1	1	1	–1	–1		
E	2	–1	2	0	0		$(2z^2-x^2-y^2, x^2-y^2)$
T_1	3	0	–1	1	–1	(R_x, R_y, R_z)	
T_2	3	0	–1	–1	1	(x, y, z)	(xy, xz, yz)

O	E	$8C_3$	$3C_2(=C_4^2)$	$6C_4$	$6C_2$		
A_1	1	1	1	1	1		$x^2+y^2+z^2$
A_2	1	1	1	–1	–1		
E	2	–1	2	0	0		$(2z^2-x^2-y^2, x^2-y^2)$
T_1	3	0	–1	1	–1	$(R_x, R_y, R_z), (x, y, z)$	
T_2	3	0	–1	–1	1		(xy, xz, yz)

O_h	E	$8C_3$	$6C_2$	$6C_4$	$3C_2(=C_4^2)$	i	$6S_4$	$8S_6$	$3\sigma_h$	$6\sigma_d$		
A_{1g}	1	1	1	1	1	1	1	1	1	1		$x^2+y^2+z^2$
A_{2g}	1	1	−1	−1	1	1	−1	1	1	−1		
E_g	2	−1	0	0	2	2	0	−1	2	0		$(2z^2-x^2-y^2, x^2-y^2)$
T_{1g}	3	0	−1	1	−1	3	1	0	−1	−1	(R_x, R_y, R_z)	
T_{2g}	3	0	1	−1	−1	3	−1	0	−1	1		(xz, yz, xy)
A_{1u}	1	1	1	1	1	−1	−1	−1	−1	−1		
A_{2u}	1	1	−1	−1	1	−1	1	−1	−1	1		
E_u	2	−1	0	0	2	−2	0	1	−2	0		
T_{1u}	3	0	−1	1	−1	−3	−1	0	1	1	(x, y, z)	
T_{2u}	3	0	1	−1	−1	−3	1	0	1	−1		

I	E	$12C_5$	$12C_5^2$	$20C_3$	$15C_2$		$\eta^{\pm}=\frac{1}{2}(1\pm 5^{1/2})$
A	1	1	1	1	1		$x^2+y^2+z^2$
T_1	3	η^+	η^-	0	−1	(x, y, z), (R_x, R_y, R_z)	
T_2	3	η^-	η^+	0	−1		
G	4	−1	−1	1	0		
H	5	0	0	−1	1		$(2z^2-x^2-y^2, x^2-y^2, xy, yz, zx)$

I_h	E	$12C_5$	$12C_5^2$	$20C_3$	$15C_2$	i	$12S_{10}$	$12C_{10}^3$	$20S_6$	15σ		$\eta^{\pm}=\frac{1}{2}(1\pm 5^{1/2})$
A_g	1	1	1	1	1	1	1	1	1	1		$x^2+y^2+z^2$
T_{1g}	3	η^+	η^-	0	−1	3	η^-	η^+	0	−1	(R_x, R_y, R_z)	
T_{2g}	3	η^-	η^+	0	−1	3	η^+	η^-	0	−1		
G_g	4	−1	−1	1	0	4	−1	−1	1	0		
H_g	5	0	0	−1	1	5	0	0	−1	1		$(2z^2-x^2-y^2$, x^2-y^2, $xy, yz, zx)$
A_u	1	1	1	1	1	−1	−1	−1	−1	−1		
T_{1u}	3	η^+	η^-	0	−1	−3	$-\eta^-$	$-\eta^+$	0	1	(x, y, z)	
T_{2u}	3	η^-	η^+	0	−1	−3	$-\eta^+$	$-\eta^-$	0	1		
G_u	4	−1	−1	1	0	−4	1	1	−1	0		
H_u	5	0	0	−1	1	−5	0	0	1	−1		

연습 문제 풀이

1강 양자론의 탄생

1.1 20세기 초에 양자 개념이 도입되는 계기가 된 현상을 묻는 문제이다.

19세기 말에서 20세기 초에 기존의 물리학 이론으로 설명되지 않는 흑체 복사선의 분포, 광전 효과, 수소 원자의 선스펙트럼 등과 같은 많은 현상들이 실험적으로 관찰되었다. 이러한 현상들을 설명하고자 하는 과학자들의 노력의 결과 양자론이 태동하게 되었다.

답 풀이 참조

1.2 플랑크가 흑체 복사선을 해석하는 과정에서 양자 개념을 도입하게 된 이유를 묻는 문제이다.

플랑크는 흑체 복사선에 대하여 진동수 전체 영역에 걸쳐 완벽하게 잘 맞는 다음과 같은 플랑크 분포식을 구하였다.

$$\rho(\nu,T)=\frac{8\pi\nu^2}{c^3}\frac{k\beta\nu}{e^{\beta\nu/T}-1}$$

플랑크는 이 식의 성질을 해석해 본 결과 전자기파 진동자의 에너지 E는 0, $h\nu$, $2h\nu$, $3h\nu$, ⋯ 등의 불연속적인 값만을 갖는다는 것을 발견하였고, 이를 토대로 전자기파의 에너지는 양자화되어 있다고 주장하였다.

답 풀이 참조

1.3 플랑크의 복사선 식을 프랑크 상수를 사용하여 진동수와 파장으로 표현된 식으로 나타내는 문제이다.

(1) $\rho(\nu,T)=\frac{8\pi\nu^2}{c^3}\frac{k\beta\nu}{e^{\beta\nu/T}-1}$ 에 $h=k\beta$를 대입하면 다음과 같이 된다.

$$\begin{aligned}\rho(\nu,T)&=\frac{8\pi\nu^2}{c^3}\frac{k\beta\nu}{e^{\beta\nu/T}-1}=\frac{8\pi\nu^2}{c^3}\frac{h\nu}{e^{h\nu/kT}-1}\\&=\frac{8\pi h\nu^3}{c^3}\frac{1}{e^{h\nu/kT}-1}\end{aligned}$$

(2) (1)에서 구한 $\rho(\nu,T)=\dfrac{8\pi h\nu^3}{c^3}\dfrac{1}{e^{h\nu/kT}-1}$ 에 대하여 $\rho(\nu, T)\mathrm{d}\nu$로부터 $\rho(\lambda, T)\,\mathrm{d}\lambda$를 구한다.

$\nu=\dfrac{c}{\lambda}$ 이므로 $\mathrm{d}\nu=-\dfrac{c}{\lambda^2}\mathrm{d}\lambda$ 이다.

이 식들을 $\rho(\nu,T)\mathrm{d}\nu=\dfrac{8\pi h\nu^3}{c^3}\dfrac{1}{e^{h\nu/kT}-1}\mathrm{d}\nu$ 에 대입하면 다음과 같이 된다.

$$\rho(\lambda,T)\left(-\frac{c}{\lambda^2}\mathrm{d}\lambda\right)=\frac{8\pi h}{c^3}\left(\frac{c}{\lambda}\right)^3\frac{1}{e^{h\nu/kT}-1}\left(-\frac{c}{\lambda^2}\mathrm{d}\lambda\right)$$

여기에서 $\rho(\lambda,T)\dfrac{c}{\lambda^2}=\rho'(\lambda,T)$ 라 놓고 정리하면 다음과 같이 된다.

$$\rho'(\lambda,T)d\lambda=\frac{8\pi hc}{\lambda^5}\frac{1}{e^{hc/kT}-1}d\lambda$$

답 (1) 풀이 참조 (2) 풀이 참조

1.4 열역학적으로 유도된 흑체 복사 총에너지와 플랑크 분포식과의 관계를 밝히는 문제이다. 슈테판–볼츠만 식에서 총 에너지 밀도는 플랑크 분포식을 모든 진동수에 대하여 적분한 것이므로 다음과 같이 된다.

$$E_\mathrm{V}=\int_0^\infty \rho(\nu,T)\mathrm{d}\nu=\frac{8\pi h}{c^3}\int_0^\infty \frac{\nu^3}{e^{h\nu/kT}-1}\mathrm{d}\nu$$

$\dfrac{h\nu}{kT}=x$ 라 놓으면, $\nu=\dfrac{kT}{h}x$, $\mathrm{d}\nu=\dfrac{kT}{h}\mathrm{d}x$ 이므로 위 식은 다음과 같이 된다.

$$E_\mathrm{V}=\frac{8\pi h}{c^3}\left(\frac{kT}{h}\right)^4\int_0^\infty \frac{x^3}{e^x-1}\mathrm{d}x=\frac{8\pi^5k^4T^4}{15h^3c^3}$$ [1]

이 식을 슈테판–볼츠만 식과 비교하여 σ 값을 구하면 다음과 같이 된다.

$$\sigma=\frac{2\pi^5k^4}{15h^3c^2}=\frac{2\pi^5\left(1.38065\times10^{-23}\ \mathrm{J\,K^{-1}}\right)^4}{15\left(6.62608\times10^{-34}\ \mathrm{J\,s}\right)^3\left(2.99793\times10^8\ \mathrm{m\,s^{-1}}\right)^2}$$

$$=5.6706\times10^{-8}\ \mathrm{J\,m^{-2}\,K^{-4}\,s^{-1}}$$

이 값은 실험적으로 측정된 값과 잘 일치된다.

답 풀이 참조

1.5 운동 에너지 대 광자의 진동수 그래프를 도시하여 직선의 기울기로부터 플랑크 상수 h와 절편으로부터 일함수 Φ를 구하는 문제이다.

---

1 $\displaystyle\int_0^\infty \frac{x^3}{e^x-1}\mathrm{d}x=\frac{\pi^4}{15}$

주어진 자료를 도시하여 회귀분석하면 다음과 같다.

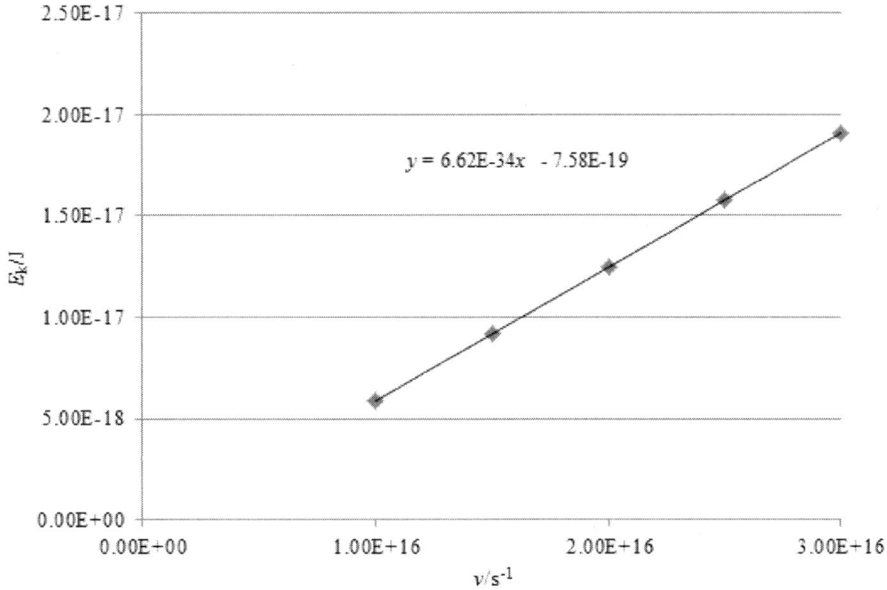

아인슈타인의 광전 효과에 대한 식을 운동 에너지에 대하여 정리하면 다음과 같이 된다.

(1) 그러므로 기울기로부터 플랑크 상수는 다음과 같이 된다.

$\boldsymbol{h = 6.62 \times 10^{-34}}$ **J s**

(2) 절편으로부터 일함수는 다음과 같이 구해진다.

$\Phi = -(-7.58 \times 10^{-19}\ \text{J}) = \mathbf{7.58 \times 10^{-19}\ J}$

답 (1) $h = 6.62 \times 10^{-34}$ J s (2) $\Phi = 7.58 \times 10^{-19}$ J

1.6 아인슈타인의 광전 효과에 대한 식을 사용하여 문턱 진동수 ν_0와 방출 전자의 속력 v를 구하는 문제이다.

(1) 일함수 $\Phi = h\nu_0$를 ν_0에 대하여 정리하면 다음과 같이 된다.

여기에서 Φ를 줄(J) 단위로 환산하여 계산하면 다음과 같이 구해진다.

$$\Phi = (1.82\ \text{eV})\left(1.602\times10^{-19}\ \text{J eV}^{-1}\right) = 2.92\times10^{-19}\ \text{J}$$

$$\nu_0 = \frac{2.92\times10^{-19}\ \text{J}}{6.626\times10^{-34}\ \text{J s}} = \mathbf{4.40 \times 10^{14}\ s^{-1}}$$

(2) $h\nu = \Phi + E_k$ 로부터 속력 v를 다음과 같이 구할 수 있다.

$$h\nu = h\frac{c}{\lambda} = (6.626\times10^{-34}\ \text{J s})\frac{2.998\times10^{8}\ \text{m s}^{-1}}{300\times10^{-9}\ \text{m}} = 6.62\times10^{-19}\ \text{J}$$

$$E_k = h\nu - \Phi = (6.62\times10^{-19}\ \text{J}) - (2.29\times10^{-19}\ \text{J}) = 4.33\times10^{-19}\ \text{J}$$

$E_k = \frac{1}{2}m_e v^2$ 이므로 속력 v는 다음과 같이 구해진다.

$$v=\left(\frac{2E_k}{m_e}\right)^{1/2}=\left\{\frac{2\left(4.33\times10^{-19}\ \mathrm{J}\right)}{9.109\times10^{-31}\ \mathrm{kg}}\right\}^{1/2}=9.75\times10^5\ \mathrm{m\ s^{-1}}$$

답 (1) $v_0=4.40\times10^{14}\ \mathrm{s^{-1}}$ (2) $v=4.40\times10^{14}\ \mathrm{m\ s^{-1}}$

1.7 파동을 다루는데 기본이 되는 파장, 진동수, 파수 간의 관계를 구하는 문제이다.
파장과 진동수의 관계는 $c=\lambda\nu$이므로 이 식을 진동수에 대하여 정리하여 진동수 ν를 구하면 다음과 같다.

$$\nu=\frac{c}{\lambda}=\frac{2.998\times10^8\ \mathrm{m\ s^{-1}}}{626.21\times10^{-9}\ \mathrm{m}}=\mathbf{4.787\times10^{14}\ s^{-1}}$$

파수 $\tilde{\nu}$는 1 cm 당 진동수이므로 진동수 ν를 $c=2.998\times10^{10}\ \mathrm{cm\,s^{-1}}$로 나누어 주면 파수가 된다.

$$\tilde{\nu}=\frac{\nu}{c}=\frac{4.787\times10^{14}\ \mathrm{s^{-1}}}{2.998\times10^{10}\ \mathrm{cm\ s^{-1}}}=\mathbf{1.597\times10^4\ cm^{-1}}$$

답 $\nu=4.787\times10^{14}\ \mathrm{s^{-1}}$, $\tilde{\nu}=1.597\times10^4\ \mathrm{cm^{-1}}$

1.8 리드베리 식으로부터 수소 원자의 선스펙트럼을 구하는 문제이다.
수소 원자에 대한 리드베리 식은 다음과 같다.

$$\nu=R_H\left(\frac{1}{n_1^2}-\frac{1}{n_2^2}\right)$$

라이먼 계열의 두 번째 선은 $n_1=1$, $n_2=3$일 때 나타나므로 R_H를 파수 단위의 값을 사용하면 두 번째 선에 대한 파수는 다음과 같이 구해진다.

$$\tilde{\nu}=109677.6\ \mathrm{cm^{-1}}\left(\frac{1}{1^2}-\frac{1}{3^2}\right)=97491.2\ \mathrm{cm^{-1}}$$

그러므로 파장은 다음과 같다.

$$\lambda=\frac{1}{\tilde{\nu}}=\frac{1}{977491.2\ \mathrm{cm^{-1}}}=\mathbf{1.025734\times10^{-5}\ cm=1.025734\times10^{-7}\ m}$$

답 $\lambda=1.025734\times10^{-7}\ \mathrm{m}$

1.9 원자 모형으로부터 이론적으로 이온화 에너지를 구하는 문제이다.
이온화 에너지는 원자의 최외각 전자가 원자로부터 완전히 이탈한 경우이므로 $n_2=\infty$인 경우이다.
(1) 그러므로 수소 원자의 이온화 에너지는 다음과 같이 계산된다.

$$\boldsymbol{I}=E_\infty-E_1=R_H\left(\frac{1}{1^2}-\frac{1}{\infty^2}\right)=R_H$$

$= 109677.6\ \text{cm}^{-1}$

(2) 환산 인자를 사용하여 줄 단위로 환산하면 다음과 같다.

$I = (109677.6\ \text{cm}^{-1})(1.9864 \times 10^{-23}\ \text{J cm}^{-1}) = \mathbf{2.1786 \times 10^{-18}\ J}$

(3) 환산 인자를 사용하여 전자 볼트(eV) 단위로 환산하면 다음과 같다.

$$I = \frac{109677.5\ \text{cm}^{-1}}{8065.5\ \text{cm}^{-1}\ \text{eV}^{-1}} = \mathbf{13.598\ eV}$$

답 (1) $I = 109677.6\ \text{cm}^{-1}$ (2) $I = 2.1786 \times 10^{-18}\ \text{J}$ (3) $I = 13.598\ \text{eV}$

1.10 수소꼴 원자들의 반지름을 구하여 크기를 비교하는 문제이다.

수소꼴 원자의 반지름 $r = \dfrac{4\pi\varepsilon_0\hbar^2 n^2}{m_e e^2 Z}$ $n = 1, 2, 3, \cdots$을 사용하여 구한다.

H: $Z = 1$, $n = 1$이므로

$$r(\mathbf{H}) = \frac{4\pi(8.854\times10^{-12}\ \text{C}^2\ \text{J}^{-1}\ \text{m}^{-1})(1.056\times10^{-34}\ \text{J s})^2(1)^2}{(9.109\times10^{-31}\ \text{kg})(1.602\times10^{-19}\ \text{C})^2(1)} = \mathbf{5.292\times10^{-11}\ m}$$

$$V(\mathbf{H}) = \frac{4}{3}r^3 = \frac{4}{3}(5.292\times10^{-11}\ \text{m})^3 = \mathbf{1.976\times10^{-31}\ m^3}$$

He^+: $Z = 2$, $n = 1$이므로

$$r(\mathbf{He^+}) = \frac{4\pi(8.854\times10^{-12}\ \text{C}^2\ \text{J}^{-1}\ \text{m}^{-1})(1.056\times10^{-34}\ \text{J s})^2(1)^2}{(9.109\times10^{-31}\ \text{kg})(1.602\times10^{-19}\ \text{C})^2(2)} = \mathbf{2.646\times10^{-11}\ m}$$

$$V(\mathbf{He^+}) = \frac{4}{3}(2.646\times10^{-11}\ \text{m})^3 = \mathbf{2.470\times10^{-32}\ m^3}$$

Li^{2+}: $Z = 3$, $n = 1$이므로

$$r(\mathbf{Li^{2+}}) = \frac{4\pi(8.854\times10^{-12}\ \text{C}^2\ \text{J}^{-1}\ \text{m}^{-1})(1.056\times10^{-34}\ \text{J s})^2(1)^2}{(9.109\times10^{-31}\ \text{kg})(1.602\times10^{-19}\ \text{C})^2(3)} = \mathbf{1.764\times10^{-11}\ m}$$

$$V(\mathbf{Li^{2+}}) = \frac{4}{3}(1.764\times10^{-11}\ \text{m})^3 = \mathbf{7.318\times10^{-33}\ m^3}$$

이 세 화학종 간의 부피 비는 다음과 같다.

$V(\text{H}) : V(\text{He}^+) : V(\text{Li}^{2+}) = 1 : 0.125 : 0.037$

따라서 양전하가 증가함에 따라 수소꼴 원자의 크기가 급격하게 작아진다.

답 $r(\text{H}) = 5.292 \times 10^{-11}\ \text{m}$, $r(\text{He}^+) = 2.646 \times 10^{-11}\ \text{m}$, $r(\text{Li}^{2+}) = 1.764 \times 10^{-11}\ \text{m}$

$V(\text{H}) = 1.976 \times 10^{-31}\ \text{m}^3$, $V(\text{He}^+) = 2.470 \times 10^{-32}\ \text{m}^3$, $V(\text{Li}^{2+}) = 7.318 \times 10^{-33}\ \text{m}^3$

$V(\text{H}) : V(\text{He}^+) : V(\text{Li}^{2+}) = 1 : 0.125 : 0.037$

1.11 수소꼴 원자의 궤도를 도는 전자의 운동 속력을 구하는 식을 유도하는 과정을 보이고, 수소꼴 원자의 궤도를 도는 전자의 속력을 구하는 문제이다.

먼저 수소꼴 원자에서 궤도를 도는 구심력=원심력의 관계로부터 속력에 관한 식을 유도한다.

$$\frac{Ze^2}{4\pi\varepsilon_0 r^2}=\frac{m_e v^2}{r}$$

이 식을 v^2에 대하여 정리하면 다음과 같이 된다.

$$v^2=\frac{Ze^2}{4\pi\varepsilon_0 r m_e} \tag{1}$$

한편 수소꼴 원자의 전자 각운동량은 다음과 같다.

$$m_e vr = n\hbar$$

이 식을 r에 대하여 정리하면 다음과 같다.

$$r=\frac{n\hbar}{m_e v} \tag{2}$$

(2)식을 (1)식에 대입하여 정리하면 다음과 같이 문제에 주어진 식을 얻을 수 있다.

$$v^2=\frac{Ze^2}{4\pi\varepsilon_0 m_e\left(\dfrac{n\hbar}{m_e v}\right)}=\frac{Ze^2 v}{4\pi\varepsilon_0 n\hbar}=\frac{Ze^2 v}{4\pi\varepsilon_0 n\left(\dfrac{h}{2\pi}\right)}$$

$$v=\frac{Ze^2}{2\varepsilon_0 nh}$$

(1) 수소 원자의 처음 세 궤도를 도는 전자의 속력은 주어진 식에서 $Z=1$, $n=1, 2, 3$일 때이다. 따라서 다음과 같이 구해진다.

$$n=1;\ \ v_1=\frac{(1)\left(1.602\times10^{-19}\ \mathrm{C}\right)^2}{2\left(8.854\times10^{-12}\ \mathrm{J^{-1}\ C^2\ m^{-1}}\right)(1)\left(6.626\times10^{-34}\ \mathrm{J\ s}\right)}$$

$$=\mathbf{2.188\times10^{6}\ m\ s^{-1}}$$

$$n=2;\ \ v_2=\frac{(1)\left(1.602\times10^{-19}\ \mathrm{C}\right)^2}{2\left(8.854\times10^{-12}\ \mathrm{J^{-1}\ C^2\ m^{-1}}\right)(2)\left(6.626\times10^{-34}\ \mathrm{J\ s}\right)}=\frac{v_1}{2}$$

$$=\mathbf{1.094\times10^{6}\ m\ s^{-1}}$$

$$n=3;\ \ v_3=\frac{v_1}{3}=\mathbf{7.292\times10^{5}\ m\ s^{-1}}$$

(2) Li^{2+} 이온은 $Z=3$이므로 처음 세 궤도를 도는 전자의 속력은 다음과 같다.

$$n=1;\ \ v_1=\frac{(3)\left(1.602\times10^{-19}\ \mathrm{C}\right)^2}{2\left(8.854\times10^{-12}\ \mathrm{J^{-1}\ C^2\ m^{-1}}\right)(1)\left(6.626\times10^{-34}\ \mathrm{J\ s}\right)}$$

$$=\mathbf{6.563\times10^{6}\ m\ s^{-1}}$$

$$n=2;\ \ v_2=\frac{v_1}{2}=\mathbf{3.282\times10^{6}\ m\ s^{-1}}$$

$n = 3;\ \ v_3 = \dfrac{v_1}{3} = \mathbf{2.188 \times 10^6\ m\ s^{-1}}$

그러므로 수소꼴 원자의 궤도를 도는 전자의 속력은 다음과 같이 됨을 알 수 있다.

$$v_1,\ v_2 = \frac{v_1}{2},\ v_3 = \frac{v_1}{3},\ \ldots,\ v_n = \frac{v_1}{n}$$

답 (1) $v_1 = 2.188 \times 10^6\ \mathrm{m\ s^{-1}}$, $v_2 = 1.094 \times 10^6\ \mathrm{m\ s^{-1}}$, $v_3 = 7.292 \times 10^5\ \mathrm{m\ s^{-1}}$
(2) $v_1 = 6.563 \times 10^6\ \mathrm{m\ s^{-1}}$, $v_2 = 3.282 \times 10^6\ \mathrm{m\ s^{-1}}$, $v_3 = 2.188 \times 10^6\ \mathrm{m\ s^{-1}}$

1.12 운동 에너지 $E_k = \frac{1}{2}mv^2$ 을 가지고 운동하는 입자의 드브로이 파장을 구하는 문제이다.

운동 에너지 $E_k = \frac{1}{2}mv^2$ 을 mv^2에 대하여 정리하여 양변에 질량 m을 곱하면 다음과 같이 된다.

$$m^2v^2 = p^2 = 2mE_k$$

$$p = \sqrt{2mE_k}$$

그러므로 드브로이 파장과 운동 에너지 간에는 다음과 같은 관계가 성립한다.

$$\lambda = \frac{h}{\sqrt{2mE_k}}$$

(1) $E_k = 100\ \mathrm{eV}$인 전자의 파장

$$\lambda = \frac{6.626\times10^{-34}\ \mathrm{J\ s}}{\left\{(2)\left(9.109\times10^{-31}\ \mathrm{kg}\right)(100\ \mathrm{eV})\left(1.602\times10^{-19}\ \mathrm{J\ eV^{-1}}\right)\right\}^{1/2}} = \mathbf{1.23 \times 10^{-10}\ m}$$

(2) $E_k = 100\ \mathrm{eV}$인 양성자의 파장

$$\lambda = \frac{6.626\times10^{-34}\ \mathrm{J\ s}}{\left\{(2)\left(1.673\times10^{-27}\ \mathrm{kg}\right)(100\ \mathrm{eV})\left(1.602\times10^{-19}\ \mathrm{J\ eV^{-1}}\right)\right\}^{1/2}} = \mathbf{2.86 \times 10^{-12}\ m}$$

(3) 문제 1.9에서 구한 수소 원자의 전자의 속력 $v = 2.188\times10^6\ \mathrm{m\ s^{-1}}$이므로 드브로이 파장은 다음과 같다.

$$\lambda = \frac{h}{mv} = \frac{6.626\times10^{-34}\ \mathrm{J\ s}}{\left(9.109\times10^{-31}\ \mathrm{kg}\right)\left(2.188\times10^{6}\ \mathrm{m\ s^{-1}}\right)} = \mathbf{3.325 \times 10^{-10}\ m}$$

답 (1) 1.23×10^{-10} m (2) 2.86×10^{-12} m (3) 3.325×10^{-10} m

1.13 에너지-시간 불확정성 원리로부터 에너지 불확정성을 구하는 문제이다.

주어진 식을 ΔE에 대하여 정리하여 계산하면 에너지 불확정성은 다음과 같이 구해진다.

$$\Delta E \geq \frac{h}{\Delta t} = \frac{6.626\times10^{-34}\ \text{J s}}{10\times10^{-9}\ \text{s}} = \mathbf{6.6 \times 10^{-26}\ J}$$

답 $\Delta E = 6.6\times10^{-26}$ J

1.14 에너지-시간 불확정성 원리로부터 어떤 물질이 물질화되어 실제 입자로 존재할 수 있는 최소 수명을 구하는 문제이다.

에너지-시간 불확정성 원리 식을 Δt에 대하여 정리하고, $E=mc^2$을 적용하여 계산하면 최소 수명은 다음과 같이 구해진다.

$$\Delta t \geq \frac{h}{\Delta E} = \frac{h}{mc^2} = \frac{6.626\times10^{-34}\ \text{J s}}{\left(2.5\times10^{-28}\ \text{kg}\right)\left(2.998\times10^{8}\ \text{m s}^{-1}\right)^2} = \mathbf{2.9 \times 10^{-23}\ s}$$

답 최소 수명$= 2.9 \times 10^{-23}$ s

2강 양자역학의 기본 원리

2.1 기본적인 미분을 하는 문제이다.

(1) $$\frac{\text{d}\{x^3 + \sin x\}}{\text{d}x} = \frac{\text{d}x^3}{\text{d}x} + \frac{\text{d}\sin x}{\text{d}x} = \mathbf{3x^2 + \cos x}$$

(2) $$\frac{\text{d}\{(\sin x)(\cos x)\}}{\text{d}x} = (\sin x)\frac{\text{d}(\cos x)}{\text{d}x} + (\cos x)\frac{\text{d}(\sin x)}{\text{d}x} = \mathbf{-\sin^2 x + \cos^2 x}$$

(3) $$\frac{\text{d}(1/\sin x)}{\text{d}x} = -\frac{1}{\sin^2 x}\frac{\text{d}(\sin x)}{\text{d}x} = -\frac{\mathbf{\cos x}}{\mathbf{\sin^2 x}}$$

(4) $$\frac{\text{d}\left(x^2/\sin x\right)}{\text{d}x} = \left\{(\sin x)\frac{\text{d}x^2}{\text{d}x} - x^2\frac{\text{d}(\sin x)}{\text{d}x}\right\} / \sin^2 x = \frac{\mathbf{2x\sin x - x^2\cos x}}{\mathbf{\sin^2 x}}$$

(5) $$\frac{\text{d}e^{ax^2}}{\text{d}x} = \frac{\text{d}e^{ax^2}}{\text{d}\left(ax^2\right)}\frac{\text{d}\left(ax^2\right)}{\text{d}x} = e^{ax^2}2ax = \mathbf{2axe^{ax^2}}$$

답 (1) $3x^2 + \cos x$ (2) $-\sin^2 x + \cos^2 x$ (3) $-\frac{\cos x}{\sin^2 x}$ (4) $\frac{2x\sin x - x^2\cos x}{\sin^2 x}$ (5) $2axe^{ax^2}$

2.2 함수가 연산자에 대하여 고유 함수인지를 밝히고, 고유값을 구하는 문제이다.

(1) $\dfrac{d^3}{dx^3}\left(x^3\right)=6$ **고유 함수가 아님**

(2) $\left\{x\left(\dfrac{\partial}{\partial x}\right)+y\left(\dfrac{\partial}{\partial y}\right)\right\}(xy)=2xy$ **고유 함수, 고유값 = 2**

(3) $\dfrac{\partial^2}{\partial\theta^2}(\sin\theta\cos\phi)=-\sin\theta\cos\phi$ **고유 함수, 고유값 = −1**

(4) $\dfrac{d^2}{dx^2}(\cos ax)=-a^2\cos ax$ **고유 함수, 고유값 =** $\boldsymbol{-a^2}$

(5) $\dfrac{d^2}{dx^2}(\sin^2 x)=-2\sin^2 x+2\cos^2 x$ **고유 함수가 아님**

(6) $\dfrac{d^2}{dx^2}(e^{ix})=-e^{ix}$ **고유 함수, 고유값 = −1**

(7) $\dfrac{1}{\sin\theta}\dfrac{d}{d\theta}\left(\sin\theta\dfrac{d}{d\theta}\right)(3\cos^2\theta-1)=\dfrac{1}{\sin\theta}\dfrac{d}{d\theta}\left(-6\sin^2\theta\cos\theta\right)$

$=\dfrac{1}{\sin\theta}\left(6\sin^3\theta-12\sin\theta\cos^2\theta\right)=6\sin^2\theta-12\cos^2\theta$

$=6-18\cos^2\theta=-6\left(3\cos^2\theta-1\right)$ **고유 함수, 고유값 = −6**

답 (1) 고유 함수가 아님 (2) 고유 함수, 고유값 = 2 (3) 고유 함수, 고유값 = −1 (4) 고유 함수, 고유값 = $-a^2$ (5) 고유 함수가 아님 (6) 고유 함수, 고유값 = −1 (7) 고유 함수, 고유값 = −6

2.3 곱셈 연산을 하는 문제이다.

(1) $\dfrac{d}{dx}\left\{x\left(xe^{-ax^2}\right)\right\}=\dfrac{d}{dx}\left(x^2e^{-ax^2}\right)=\boldsymbol{2xe^{-ax^2}-2ax^3e^{-ax^2}}$

(2) $x\left\{\dfrac{d}{dx}\left(xe^{-ax^2}\right)\right\}=x\left(e^{-ax^2}-2ax^2e^{-ax^2}\right)=\boldsymbol{xe^{-ax^2}-2ax^3e^{-ax^2}}$

(3) $x\dfrac{\partial}{\partial y}\left[y\dfrac{\partial\left\{xe^{-a(x^2+y^2)}\right\}}{\partial x}\right]=x\dfrac{\partial}{\partial y}\left\{-2axye^{-a(x^2+y^2)}\right\}=\boldsymbol{-2ax^2e^{-a(x^2+y^2)}+4a^2x^2y^2e^{-a(x^2+y^2)}}$

답 (1) $2xe^{-ax^2}-2ax^3e^{-ax^2}$ (2) $xe^{-ax^2}-2ax^3e^{-ax^2}$ (3) $-2ax^2e^{-a(x^2+y^2)}+4a^2x^2y^2e^{-a(x^2+y^2)}$

2.4 복소수를 $re^{i\theta}$ 꼴로 바꾸는 문제이다.

복소수 $a+bi$에 대하여 $r=\sqrt{a^2+b^2}$, $\theta=\sin^{-1}\frac{b}{r}$를 사용하여 변환한다.

(1) $7-5i=\sqrt{74}\exp\left(i\sin^{-1}\frac{-5}{\sqrt{74}}\right)=\sqrt{74}e^{-0.620i}=\boldsymbol{\sqrt{74}e^{-0.197\pi i}}$

(2) $-5i=5\exp\left(i\sin^{-1}\frac{-5}{5}\right)=\boldsymbol{5e^{-i\pi/2}}$

(3) $\frac{3+i}{1-2i}=\frac{3+i}{1-2i}\times\frac{1+2i}{1+2i}=\frac{3+7i-2}{5}=\frac{1}{5}+\frac{7}{5}i$

$r=\sqrt{(0.2)^2+(1.4)^2}=\sqrt{2}$, $\theta=\sin^{-1}\frac{7/5}{\sqrt{2}}=1.429=0.455\pi$

$\therefore\ \boldsymbol{\sqrt{2}e^{0.455\pi i}}$

(4) $\frac{3-i}{1+2i}=\frac{3-i}{1+2i}\times\frac{1-2i}{1-2i}=\frac{3-7i+2}{5}=\frac{5}{5}-\frac{7}{5}i$

$r=\sqrt{\left(\frac{5}{5}\right)^2+\left(\frac{7}{5}\right)^2}=\frac{6\sqrt{2}}{5}$, $\theta=\sin^{-1}\frac{7/5}{6\sqrt{2}/5}=0.970=0.309\pi$

$\therefore\ \boldsymbol{\frac{6\sqrt{2}}{5}e^{0.309\pi i}}$

답 (1) $\sqrt{74}e^{-0.197\pi i}$ (2) $5e^{-\pi/2}$ (3) $\sqrt{2}e^{0.455\pi i}$ (4) $\frac{6\sqrt{2}}{5}e^{0.309\pi i}$

2.5 고유값 방정식에 대한 연산을 하여 고유값을 구하는 문제이다.

(1) $\nabla Ae^{-ik_xx}e^{-ik_yy}e^{-ik_zz}=\left(\frac{\partial}{\partial x}+\frac{\partial}{\partial y}+\frac{\partial}{\partial z}\right)Ae^{-ik_xx}e^{-ik_yy}e^{-ik_zz}$

$=-iAk_xe^{-ik_xx}e^{-ik_yy}e^{-ik_zz}-iAk_ye^{-ik_xx}e^{-ik_yy}e^{-ik_zz}-iAk_ze^{-ik_xx}e^{-ik_yy}e^{-ik_zz}$

$=-iA(k_x+k_y+k_z)e^{-ik_xx}e^{-ik_yy}e^{-ik_zz}$

$\therefore$ **고유값** $\boldsymbol{=-i(k_x+k_y+k_z)}$

(2) $\nabla^2 Ae^{-ik_xx}e^{-ik_yy}e^{-ik_zz}=\left(\frac{\partial^2}{\partial x^2}+\frac{\partial^2}{\partial y^2}+\frac{\partial^2}{\partial z^2}\right)Ae^{-ik_xx}e^{-ik_yy}e^{-ik_zz}$

$=-Ak_x^2e^{-ik_xx}e^{-ik_yy}e^{-ik_zz}-Ak_y^2e^{-ik_xx}e^{-ik_yy}e^{-ik_zz}-Ak_z^2e^{-ik_xx}e^{-ik_yy}e^{-ik_zz}$

$=-A(k_x^2+k_y^2+k_z^2)e^{-ik_xx}e^{-ik_yy}e^{-ik_zz}$

$\therefore$ **고유값** $\boldsymbol{=-(k_x^2+k_y^2+k_z^2)}$

답 (1) 고유값 $=-i(k_x+k_y+k_z)$ (2) 고유값 $=-(k_x^2+k_y^2+k_z^2)$

2.6 미분 방정식을 풀어 해를 구하는 문제이다.

(1) $\dfrac{dy}{dx}+3y=0$ 의 해는 일반적으로 $e^{\alpha x}$ 꼴이므로 $y(x)=e^{\alpha x}$ 라 놓고 풀면 다음과 같이 된다.

$$\frac{dy}{dx}+3y=\alpha e^{\alpha x}+3e^{\alpha x}=(\alpha+3)e^{\alpha x}=0$$

$\therefore\ \alpha=-3,\ y(x)=e^{-3x}$

따라서 일반해는 $\boldsymbol{y(x)=ce^{-3x}}$ 이다.

(2) $\dfrac{d^2y}{dx^2}-3\dfrac{dy}{dx}+2y=0$ 에 $y(x)=e^{\alpha x}$를 대입하여 풀면 다음과 같이 된다.

$$(\alpha^2-3\alpha+2)e^{\alpha x}=0$$

$$\alpha^2-3\alpha+2=(\alpha-2)(\alpha-1)=0$$

$\therefore\ \alpha=2$ 또는 1

따라서 일반해는 $\boldsymbol{y(x)=c_1e^{x}}$, $\boldsymbol{y(x)=c_2e^{2x}}$, 또는 $\boldsymbol{y(x)=c_1e^{x}+c_2e^{2x}}$ 이다.

(3) $\dfrac{d^2y}{dx^2}+y=0$ 에 $y(x)=e^{\alpha x}$를 대입하여 풀면 다음과 같이 된다.

$$(\alpha^2+1)e^{\alpha x}=0,\ \alpha^2=-1$$

$\therefore\ \alpha=i$ 또는 $-i$

따라서 일반해는 $\boldsymbol{y(x)=c_1e^{ix}}$, $\boldsymbol{y(x)=c_2e^{-ix}}$, 또는 $\boldsymbol{y(x)=c_1e^{ix}+c_2e^{-ix}}$ 이다.

(4) $\dfrac{dy}{dx}-2y=0$ 에 $y(x)=e^{\alpha x}$를 대입하여 풀면 다음과 같이 된다.

$$(\alpha-2)e^{\alpha x}=0,\ \alpha=2$$

따라서 일반해는 $y(x)=ce^{2x}$ 이다.

여기에서 경계 조건이 $y(0)=-2$ 이므로 계수 c는 다음과 같다.

$$y(0)=ce^{0}=c=2$$

그러므로 경계 조건이 $y(0)=-2$ 인 경우에 대한 해는 다음과 같다.

$$\boldsymbol{y(x)=2e^{2x}}$$

(5) $\dfrac{d^2y}{dx^2}-5\dfrac{dy}{dx}+6y=0$ 에 $y(x)=e^{\alpha x}$를 대입하여 풀면 다음과 같이 된다.

$$(\alpha^2-5\alpha+6)e^{\alpha x}=0,\ (\alpha-3)(\alpha-2)=0$$

$\therefore\ \alpha=3$ 또는 2

따라서 일반해는 $y(x)=c_1e^{3x}+c_2e^{2x}$ 이다.

여기에서 경계 조건이 $y(0)=-1$ 과 $x=0$에서 $\frac{dy}{dx}=0$ 이므로 계수는 다음과 같이 구해진다.

$c_1+c_2=-1$, $3c_1+2c_2=0$

$\therefore\ c_1=2,\ c_2=-3$

그러므로 이들 경계 조건에서 해는 다음과 같다.

$\boldsymbol{y(x)=2e^{3x}-3e^{2x}}$

(6) $\frac{d^2x}{dt^2}+\omega^2x(t)=0$ 에 $x(t)=e^{\alpha t}$ 를 대입하여 풀면 다음과 같이 된다.

$(\alpha^2+\omega^2)e^{\alpha t}=0$, $\alpha^2=-\omega^2$

$\therefore\ \alpha=\omega i$ 또는 $\alpha=-\omega i$

따라서 일반해는 $x(t)=c_1e^{i\omega t}+c_2e^{-i\omega t}$ 이다.

이 식은 오일러 식을 적용하면 다음과 같이 놓을 수 있다.

$x(t)=c_1e^{i\omega t}+c_2e^{-i\omega t}=c_3\cos\omega t+c_4\sin\omega t$

경계 조건 $x(0)=A$, $\frac{dx}{dt}=0\ (t=0$에서)을 적용하면 다음과 같이 계수가 구해진다.

$x(0)=c_3\cos0+c_4\sin0=A\quad\therefore c_3=A$

$\frac{dx(0)}{dt}=-c_3\omega\sin0+c_4\omega\cos0=c_4\omega=0$, $\therefore c_4=0$

그러므로 이들 경계 조건에서 해는 다음과 같다.

$\boldsymbol{x(t)=A\cos\omega t}$

답 (1) $y(x)=ce^{-3x}$

(2) $y(x)=c_1e^{x}$, $y(x)=c_2e^{2x}$, 또는 $y(x)=c_1e^{x}+c_2e^{2x}$

(3) $y(x)=c_1e^{ix}$, $y(x)=c_2e^{-ix}$, 또는 $y(x)=c_1e^{ix}+c_2e^{-ix}$

(4) $y(x)=2e^{2x}$ (5) $y(x)=2e^{3x}-3e^{2x}$ (6) $x(t)=A\cos\omega t$

2.7 주어진 파동 함수에 대한 진동수가 $\nu=\frac{\omega}{2\pi}$ 임을 증명하는 문제이다.

파동의 주기를 T라고 하면 다음과 같은 관계가 성립된다.

$x(t+nT)=x(t)\quad$ (n: 정수)

(1) $x(t)=\cos\omega t$ 일 때 $x(t+nT)=x(t)$는 다음과 같이 놓을 수 있다.

$\cos(\omega t+n\omega T)=\cos\omega t$

따라서 $\omega T = 2\pi$, $T = \dfrac{2\pi}{\omega}$ 가 된다.

진동수 ν는 주기 T의 역수이므로

$$\nu = \frac{1}{T} = \frac{\omega}{2\pi} \text{ 이다.}$$

(2) $x(t) = A\sin\omega t + B\cos\omega t$일 때 $x(t+nT) = x(t)$는 다음과 같이 놓을 수 있다.

$$A\cos(\omega t + n\omega T) + B\sin(\omega t + n\omega T) = A\cos\omega t + B\sin\omega t$$

따라서 $\omega T = 2\pi$, $T = \dfrac{2\pi}{\omega}$ 가 된다.

진동수 ν는 주기 T의 역수이므로

$$\nu = \frac{1}{T} = \frac{\omega}{2\pi} \text{ 이다.}$$

답 (1) 풀이 참조 (2) 풀이 참조

2.8 함수들이 주어진 구간에서 파동 함수로 적절한지 여부를 판단하는 문제이다.

(1) e^{-x} 는 구간 ($0 \sim \infty$)에서 모든 x에 대하여 단일 값을 가지며, 연속, 유한, 1차 미분 역시 연속이므로 **적절**하다.

(2) e^{-x} 는 $x \to -\infty$일 때 발산하므로 **부적절**하다.

(3) $e^{-|x|}$ 는 1차 미분이 $x=0$에서 불연속이므로 **부적절**하다.

(4) $\dfrac{\sin x}{x}$ 는 구간 ($0 \sim \infty$)에서 모든 x에 대하여 단일 값을 가지며, 연속, 유한, 1차 미분 역시 연속이므로 **적절**하다.

답 (1) 적절 (2) 부적절 (3) 부적절 (4) 적절

2.9 Sine 함수와 cosine 함수가 선형 결합된 함수는 sine 또는 cosine 단일 함수로 변환될 수 있음을 보이는 문제이다.

$\sin(\omega t + \phi)$는 다음과 같이 전개된다.

$$\sin(\omega t + \phi) = \sin\omega t\cos\phi + \cos\omega t\sin\phi$$

그러므로 $y(t) = A\sin(\omega t + \phi)$는 다음과 같이 된다.

$$y(t) = A\sin(\omega t + \phi) = A\sin\omega t\cos\phi + A\cos\omega t\sin\phi$$

이 식은 다음과 같이 놓을 수 있고

$$y(t) = c_1\sin\omega t + c_2\cos\omega t$$

여기에서 $c_1 = A\cos\phi,\ c_2 = A\sin\phi$ 이다.

답 풀이 참조

2.10 파동 함수 e^{ikx} 에 대하여 $\hat{p}_x = -i\hbar\frac{\partial}{\partial x}$ 연산을 하여 선운동량의 x 성분 값을 구하는 문제이다.

e^{ikx} 에 $\hat{p}_x$ 연산을 하면 다음과 같이 된다.

$$\hat{p}_x e^{ikx} = -i\hbar\frac{\partial}{\partial x}e^{ikx} = -i^2 k\hbar e^{ikx} = k\hbar e^{ikx}$$

그러므로 e^{ikx} 는 **고유 함수**이고, **고유값**$= \boldsymbol{k\hbar}$ 이다.

답 고유 함수이고, 고유값$= k\hbar$

2.11 에르미트 연산자에 의한 고유 함수의 고유값이 실수임을 증명하는 문제이다.

연산자 $\hat{A}$ 가 에르미트 연산자이고 함수 ϕ 가 고유값 a를 갖는 고유 함수이면 다음과 같이 된다.

$$\hat{A}\phi = a\phi$$

이 식의 양변에 ϕ^* 를 곱하여 적분하면 다음과 같이 된다.

$$\int \phi^* \hat{A}\phi dx = a\int \phi^*\phi dx = a \qquad (1)$$

한편 $\hat{A}\phi = a\phi$ 의 양변에 켤레 복소수를 취하면 다음과 같이 되고

$$\hat{A}^*\phi^* = a^*\phi^*$$

이 식의 양변에 ϕ 를 곱하여 적분하면 다음과 같이 된다.

$$\int \phi\hat{A}^*\phi^* dx = a^*\int \phi\phi^* dx = a^* \qquad (2)$$

에르미트 연산자의 정의에 의하면 $\int \phi^*\hat{A}\phi dx = \int \phi\hat{A}\phi^* dx$ 로 (1)식과 (2)식은 동등하다.

$$\therefore a = a^*$$

그러므로 **$a = a^*$ 가 되려면 a는 항상 실수**이다.

답 풀이 참조

2.12 양자역학적 연산자가 에르미트 연산자임을 증명하는 문제이다.

연산자에 대하여 $\int \phi^*\hat{A}\phi dx = \int \phi\hat{A}\phi^* dx$ 를 만족시키는지 확인한다.

운동량 연산자 $\hat{p}_x = -i\hbar\frac{d}{dx}$ 에 대하여 $\int \phi^*\hat{A}\phi dx = \int \phi\hat{A}\phi^* dx$ 를 만족시키는지 확인하기 위하여 좌변과 우변을 나누어 각각 전체 영역에 대하여 연산하면 다음과 같다.

$$\int_{-\infty}^{\infty}\phi^*\hat{p}_x\phi dx = \int_{-\infty}^{\infty}\phi^*\left(-i\hbar\frac{d}{dx}\right)\phi dx = -i\hbar\int_{-\infty}^{\infty}\phi^*\left(\frac{d\phi}{dx}\right)dx$$

$$\int_{-\infty}^{\infty}\phi\hat{p}_{x}\phi^{*}dx=\int_{-\infty}^{\infty}\phi\left(-i\hbar\frac{d}{dx}\right)\phi^{*}dx=-i\hbar\int_{-\infty}^{\infty}\phi\left(\frac{d\phi^{*}}{dx}\right)dx$$

그러므로 실제적으로 $\int\phi^{*}\hat{A}\phi dx=\int\phi\hat{A}\phi^{*}dx$ 를 만족시키므로 $\hat{p}_{x}$ 는 에르미트 연산자이다.

답 풀이 참조

2.13 교환자 연산을 하는 문제이다.

교환자는 $[\hat{A},\hat{B}]=\hat{A}\hat{B}-\hat{B}\hat{A}$ 이므로 임의의 함수 $f(x)$에 대하여 $[\hat{p}_{x},\hat{x}]$ 연산을 하면 다음과 같이 된다.

$$[\hat{p}_{x},\hat{x}]f(x)=\hat{p}_{x}\hat{x}f(x)-\hat{x}\hat{p}_{x}f(x)=-i\hbar\frac{d}{dx}\{xf(x)\}+xi\hbar\frac{d}{dx}f(x)$$

$$=-i\hbar f(x)-i\hbar x\frac{d}{dx}f(x)+i\hbar x\frac{d}{dx}f(x)=-i\hbar f(x)$$

그러므로 $[\hat{\boldsymbol{p}}_{x},\hat{\boldsymbol{x}}]=-i\hbar\hat{\boldsymbol{I}}$ 이다. 여기에서 $\hat{I}$ 는 1을 곱해 주는 동등 연산자이다.

답 $[\hat{p}_{x},\hat{x}]=-i\hbar\hat{I}$

2.14 정규화된 파동 함수에 대하여 주어진 영역에서 발견될 확률을 구하는 문제이다.

0과 $\frac{a}{2}$ 사이에서 발견될 확률 P는 다음과 같이 구해진다.

$$P=\int_{0}^{a/2}\psi^{*}(x)\psi(x)dx=\frac{2}{a}\int_{0}^{a/2}\sin^{2}\frac{n\pi x}{a}dx$$

$\frac{n\pi x}{a}=z$ 라 놓으면 $dz=\frac{n\pi}{a}dx$ 이므로 $dx=\frac{a}{n\pi}dz$ 가 된다. 따라서 확률 P는 다음과 같이 구해진다.

$$P=\frac{2}{n\pi}\int_{0}^{n\pi/2}\sin^{2}z\,dz=\frac{2}{n\pi}\left[\frac{z}{2}-\frac{\sin2z}{4}\right]_{0}^{n\pi/2}$$

$$=\frac{2}{n\pi}\left(\frac{n\pi}{4}-\frac{\sin n\pi}{4}\right)=\frac{1}{2}$$

그러므로 영역 0과 $\frac{a}{2}$ 사이에서 발견될 확률 $\boldsymbol{P=\frac{1}{2}}$ 이다.

답 $P=\frac{1}{2}$

2.15 운동 에너지를 대상으로하여 기댓값을 계산하는 문제이다.

운동 에너지 연산자 $\hat{T}_{x}=-\frac{\hbar^{2}}{2m}\frac{d^{2}}{dx^{2}}$ 이다.

그러므로 운동 에너지의 기댓값(즉 평균값)은 다음과 같이 구해진다.

$$\langle \boldsymbol{E}_{\mathbf{k}} \rangle = \int_0^a \psi_n^*(x) \hat{T}_x \psi_n(x) \mathrm{d}x$$

$$= \frac{2}{a}\int_0^a \sin\frac{n\pi}{a}x\left(-\frac{\hbar^2}{2m}\frac{\mathrm{d}^2}{\mathrm{d}x^2}\right)\sin\frac{n\pi}{a}x\mathrm{d}x$$

$$= \frac{2}{a}\frac{\hbar^2}{2m}\left(\frac{n\pi}{a}\right)^2\int_0^a \sin^2\frac{n\pi}{a}x\mathrm{d}x$$

$$= \frac{n^2h^2}{4ma^3}\left[\frac{x}{2} - \frac{\sin\frac{2n\pi}{a}x}{4\cdot\frac{n\pi}{a}}\right]_0^a = \frac{n^2h^2}{4ma^3}\cdot\frac{a}{2}$$ [2]

$$= \boldsymbol{\frac{n^2h^2}{8ma^2}}$$

답 $\langle E_k \rangle = \dfrac{n^2h^2}{8ma^2}$

3강 이상적 계에 대한 양자역학

3.1 상자 속에서 병진 운동하는 입자에 대한 특정 영역에서 발견될 확률과 평균 입자 위치를 구하는 문제이다.

(1) $\boldsymbol{p} = \int_a^b \psi^*\psi \mathrm{d}x = a^2\int_{0.4}^{0.6} x^2 \mathrm{d}x = a^2\left[\frac{x^3}{3}\right]_{0.4}^{0.6} = \frac{1}{3}\left(0.6^3 - 0.4^3\right)a^2 = \boldsymbol{0.05a^2}$

(2) $\langle \boldsymbol{x} \rangle = \int_0^1 \psi^* x\psi \mathrm{d}x = a^2\int_0^1 x^3 \mathrm{d}x = a^2\left[\frac{x^4}{4}\right]_0^1 = \left(\frac{1}{4} - 0\right)a^2 = \boldsymbol{\frac{a^2}{4}}$

답 (1) $0.05a^2$ (2) $\dfrac{a^2}{4}$

---

2 $\hbar = \dfrac{h}{2\pi}$

3.2 상자 속 입자의 운동량의 기댓값이 얼마인지를 파악하는 문제이다.

1차원 상자 속 입자의 정규화된 파동 함수는 $\psi_n(x)=\sqrt{\frac{2}{L}}\sin\frac{n\pi}{L}x$ 이므로 평균 운동량은 다음과 같이 구해진다.

(1) $\langle p\rangle=\int_0^a\psi^*\hat{p}_x\psi dx=\int_0^a\left(\sqrt{\frac{2}{a}}\sin\frac{n\pi x}{a}\right)\left(-i\hbar\frac{d}{dx}\right)\left(\sqrt{\frac{2}{a}}\sin\frac{n\pi x}{a}\right)dx$

$=-i\hbar\frac{2n\pi}{a^2}\int_0^a\left(\sin\frac{n\pi x}{a}\right)\left(\cos\frac{n\pi x}{a}\right)dx=\mathbf{0}$ (적분 계산 부록 참조)

(2) $\langle p^2\rangle=\int_0^a\psi^*\hat{p}_x^2\psi dx=\int_0^a\left(\sqrt{\frac{2}{a}}\sin\frac{n\pi x}{a}\right)\left(-\hbar^2\frac{d^2}{dx^2}\right)\left(\sqrt{\frac{2}{a}}\sin\frac{n\pi x}{a}\right)dx$

$=\frac{2n^2\pi^2\hbar^2}{a^3}\int_0^a\left(\sin\frac{n\pi x}{a}\right)\left(\sin\frac{n\pi x}{a}\right)dx=\boldsymbol{\frac{n^2\pi^2\hbar^2}{a^2}}$ (적분 계산 부록 참조)

답 (1) $\langle p\rangle=0$ (2) $\langle p^2\rangle=\frac{n^2\pi^2\hbar^2}{a^2}$

3.3 1차원 상자 속 입자 모형으로 π 전자의 전이 에너지와 파장을 구하는 문제이다.

1차원 상자 속 입자의 에너지 $E_n=\frac{n^2h^2}{8mL^2}$ $n=1, 2, 3\cdots$ 이므로 다음과 같고,

$$\Delta E=\frac{h^2}{8mL^2}\left(n_2^2-n_1^2\right)$$

상자의 길이는 2개의 이중 결합, 1개의 단일 결합과 양 끝의 탄소 원자의 반지름을 합한 값이 되므로 상자의 길이 L은 다음과 같다.

$L=2(135\text{ pm})+154\text{ pm}+2(77.0\text{ pm})=578\text{ pm}$

(1) 뷰타다이엔은 π 궤도에 4개의 전자가 있으므로 파울리의 배타 원리에 의하여 ψ_1에 2개의 전자, ψ_2에 2개의 전자가 배치된다. 따라서 첫 번째 들뜸은 $n=2$에서 $n=3$으로 일어남으로 ΔE는 다음과 같이 구해진다.

$$\boldsymbol{\Delta E}=\frac{h^2}{8m_eL^2}\left(n_2^2-n_1^2\right)=\frac{(6.626\times10^{-34}\text{ J s})^2}{8(9.109\times10^{-31}\text{ kg})(578\times10^{-12}\text{ m})^2}\left(3^2-2^2\right)=\mathbf{9.02\times10^{-19}\ J}$$

(2) π 궤도 전자 전이 파장을 예측하는 문제이다.

$\Delta E=h\nu=h\frac{c}{\lambda}$ 이므로 $\lambda=\frac{hc}{\Delta E}$ 이다. 따라서 파장은 다음과 같이 구해진다.

$$\lambda=\frac{\left(6.626\times10^{-34}\text{ J s}\right)\left(2.998\times10^8\text{ m s}^{-1}\right)}{9.02\times10^{-19}\text{ J}}=\mathbf{2.20\times10^{-7}\ m}$$

(이 값은 실험적으로 측정된 2.17×10^{-7} m와 매우 유사한 값임을 알 수 있다.)

답 (1) $\Delta E=9.02\times10^{-19}$ J (2) $\lambda=2.20\times10^{-7}$ m

3.4 $i \neq j$ 일 때 $\int \psi_i^* \psi_j d\tau = 0$ 임을 보이는 문제이다.

$\psi_i^* = \psi_0^*(x) = \left(\frac{\alpha}{\pi}\right)^{1/4} e^{-\alpha x^2/2}$, $\psi_j = \psi_1(x) = \left(\frac{4\alpha^3}{\pi}\right)^{1/4} xe^{-\alpha x^2/2}$ 로 놓고 전체 공간에 대하여 적분하면 다음과 같이 된다.

$$\int_{-\infty}^{\infty} \psi_0(x)\psi_1(x)dx = \int_{-\infty}^{\infty} \left\{\left(\frac{\alpha}{\pi}\right)^{1/4} e^{-\alpha x^2/2}\right\}\left\{\left(\frac{4\alpha^3}{\pi}\right)^{1/4} xe^{-\alpha x^2/2}\right\}dx$$

$$= \left(\frac{2\alpha^2}{\pi}\right)^{1/2} \int_{-\infty}^{\infty} xe^{-\alpha x^2/2}dx$$

여기에서 $\int_{-\infty}^{\infty} xe^{-\alpha x^2/2}dx$ 는 기함수로 $\int_{-\infty}^{0} xe^{-\alpha x^2/2}dx = -\int_{0}^{\infty} xe^{-\alpha x^2/2}dx$ 이므로

$$\int_{-\infty}^{\infty} \psi_0(x)\psi_1(x)dx = 0$$

따라서 $\psi_0(x)$ 와 $\psi_1(x)$ 는 서로 직교한다.

답 풀이 참조

3.5 에르미트 다항식의 우함수성과 기함수성을 판단하는 문제이다.

에르미트 다항식에서 $v = 0, 1, 2, 3, \cdots$ 에 대하여 차례로 구하면 다음과 같다.

$H_0(y) = 1$: 우함수

$H_1(y) = 2y$: $H_1(-y) = -2y = -H_1(y)$, 기함수

$H_2(y) = 4y^2 - 2$: $H_2(-y) = 4(-y)^2 - 2 = 4y^2 - 2 = H_2(y)$, 우함수

$H_3(y) = 8y^3 - 12y$: $H_3(-y) = 8(-y)^3 - 12(-y) = -8y^3 + 12y$

$= -(8y^3 + 12y) = -H_3(y)$, 기함수

⋮ ⋮

그러므로 에르미트 다항식에서 v가 짝수이면 우함수, 홀수이면 기함수임을 알 수 있다.

답 풀이 참조

3.6 조화 진동하는 분자의 영점 에너지를 구하는 문제이다.

$E_v = \left(v + \frac{1}{2}\right)\hbar\omega$ 이므로 $E_0 = \frac{1}{2}\hbar\omega$, $\omega = \left(\frac{k}{m}\right)^{1/2}$ 이다.

$^{35}Cl_2$ 분자 1개의 질량 $m = (2)(35.0 \times 10^{-3}\ kg)/(6.022 \times 10^{23}) = 1.162 \times 10^{-25}\ kg$이므로 영점 에너지는 다음과 같이 구해진다.

$$\boldsymbol{E_0} = \left(\frac{1}{2}\right)\left(1.055\times10^{-34}\ \mathrm{J\ s}\right)\left(\frac{323\ \mathrm{N\ m^{-1}}}{1.162\times10^{-25}\ \mathrm{kg}}\right) = \mathbf{2.78\times10^{-21}\ J}$$

답 $E_0 = 2.78\times10^{-21}$ J

3.7 조화 진동자의 인접 에너지 준위 간의 에너지 차로부터 진동자의 힘상수를 구하는 문제이다.

$\Delta E = E_{\mathrm{v}+1} - E_{\mathrm{v}} = \left(v+1+\frac{1}{2}\right)\hbar\omega - \left(v+\frac{1}{2}\right)\hbar\omega = \hbar\omega = \hbar\left(\frac{k}{m}\right)^{1/2}$ 이므로 힘상수는 다음과 같이 구해진다.

$$\boldsymbol{k} = m\left(\frac{\Delta E}{\hbar}\right)^2 = \left(1.54\times10^{-25}\ \mathrm{kg}\right)\left(\frac{4.78\times10^{-21}\ \mathrm{J}}{1.055\times10^{-34}\ \mathrm{J\ s}}\right)^2 = \mathbf{316\ N\ m^{-1}}$$

답 $k = 316\ \mathrm{N\ m^{-1}}$

3.8 조화 진동자에 대한 파동 함수로부터 평균 퍼텐셜 에너지와 평균 운동 에너지를 구하는 문제이다.

바닥 상태 파동 함수 $\psi_0(x) = \left(\frac{\alpha}{\pi}\right)^{1/4} e^{-\alpha x^2/2}$ 이고, $\int_0^\infty x^2 e^{-ax^2}\mathrm{d}x = \frac{1}{4}\left(\frac{\pi}{a^3}\right)^{1/2}$,

$\int_0^\infty e^{-ax^2}\mathrm{d}x = \frac{1}{2}\left(\frac{\pi}{a}\right)^{1/2}$ 이므로 평균 퍼텐셜 에너지와 평균 운동 에너지는 다음과 같이 구해진다.

(1) $$\langle E_\mathrm{p}\rangle = \int_{-\infty}^{\infty}\psi_0^*(x)\left(\frac{1}{2}kx^2\right)\psi_0(x)\mathrm{d}x$$

$$= \frac{1}{2}k\left(\frac{\alpha}{\pi}\right)^{1/2}\int_{-\infty}^{\infty} e^{-\alpha x^2/2}\left(x^2\right)e^{-\alpha x^2/2}\mathrm{d}x$$

$$= k\left(\frac{\alpha}{\pi}\right)^{1/2}\int_0^\infty x^2 e^{-\alpha x^2}\mathrm{d}x$$

$$= k\left(\frac{\alpha}{\pi}\right)^{1/2}\frac{1}{4}\left(\frac{\pi}{\alpha^3}\right)^{1/2} = \frac{k}{4\alpha}$$

여기에서 $\alpha = \left(\frac{mk}{\hbar^2}\right)^{1/2}$ 를 대입하면 퍼텐셜 에너지는 다음과 같다.

$$\langle \boldsymbol{E}_\mathrm{p}\rangle = \frac{k}{4}\left(\frac{\hbar^2}{mk}\right)^{1/2} = \boldsymbol{\frac{\hbar}{4}\sqrt{\frac{k}{m}}}$$

(2) $$\langle E_\mathrm{k}\rangle = \int_{-\infty}^{\infty}\psi_0^*(x)\left(-\frac{\hbar^2}{2m}\frac{\mathrm{d}^2}{\mathrm{d}x^2}\right)\psi_0(x)\mathrm{d}x$$

$$= \int_{-\infty}^{\infty}\left(\frac{\alpha}{\pi}\right)^{1/4} e^{-\alpha x^2/2}\left(-\frac{\hbar^2}{2m}\frac{d^2}{dx^2}\right)\left(\frac{\alpha}{\pi}\right)^{1/4} e^{-\alpha x^2/2}dx$$

$$= -\frac{\hbar^2}{m}\left(\frac{\alpha}{\pi}\right)^{1/2}\int_0^{\infty} e^{-\alpha x^2/2}\left(\frac{d^2}{dx^2}\right)e^{-\alpha x^2/2}dx$$

$$= -\frac{\hbar^2}{m}\left(\frac{\alpha}{\pi}\right)^{1/2}\int_0^{\infty} e^{-\alpha x^2}\left(\alpha x^2-\alpha\right)dx$$

$$= -\frac{\hbar^2}{m}\left(\frac{\alpha}{\pi}\right)^{1/2}\left\{\alpha\left(\int_0^{\infty} x^2 e^{-\alpha x^2}dx - \int_0^{\infty} e^{-\alpha x^2}dx\right)\right\}$$

$$= -\frac{\hbar^2}{m}\left(\frac{\alpha}{\pi}\right)^{1/2}\left\{\alpha\left(\frac{1}{4}\left(\frac{\pi}{\alpha^3}\right)^{1/2} - \frac{1}{2}\left(\frac{\pi}{\alpha}\right)^{1/2}\right)\right\}$$

$$= \frac{\hbar^2\alpha}{4m}$$

여기에서 $\alpha = \left(\frac{mk}{\hbar^2}\right)^{1/2}$ 를 대입하면 평균 운동 에너지는 다음과 같다.

$$\boldsymbol{\langle E_k\rangle = \frac{\hbar^2}{4m}\left(\frac{mk}{\hbar^2}\right)^{1/2} = \frac{\hbar}{4}\sqrt{\frac{k}{m}}}$$

그러므로 (1)과 (2)의 결과로부터 진동 운동의 평균 운동 에너지와 평균 퍼텐셜 에너지는 동일함을 알 수 있다.

답 (1) $\langle E_p\rangle = \frac{\hbar}{4}\sqrt{\frac{k}{m}}$ (2) $\langle E_k\rangle = \frac{\hbar}{4}\sqrt{\frac{k}{m}}$

3.9 직교 좌표를 구 좌표, 구 좌표를 직교 좌표로 변환하는 문제이다.

(1) $r = \sqrt{x^2+y^2+z^2}$, $\theta = \cos^{-1}\frac{z}{r}$, $\phi = \tan^{-1}\frac{y}{x}$ 이므로 다음과 같이 변환된다.

$$\boldsymbol{r = \sqrt{3^2+2^2+4^2} = \sqrt{38}}$$

$$\boldsymbol{\theta = \cos^{-1}\frac{5}{\sqrt{38}} = 0.62\ rad}$$

$$\boldsymbol{\phi = \tan^{-1}\frac{2}{3} = 0.59\ rad}$$

(2) $x = r\sin\theta\cos\phi$, $y = r\sin\theta\sin\phi$, $z = r\cos\theta$ 이므로 다음과 같이 변환된다.

$$\boldsymbol{x = 5\sin\frac{\pi}{4}\cos\frac{5\pi}{4} = -2.5}$$

$$\boldsymbol{y = 5\sin\frac{\pi}{4}\sin\frac{5\pi}{4} = -2.5}$$

$$z = 5\cos\frac{\pi}{4} = \mathbf{3.5}$$

답 (1) $r=\sqrt{38}$, $\theta=0.62$ rad , $\phi=0.59$ rad (2) $x=-2.5$, $y=-2.5$, $z=3.5$

3.10 반대 방향으로 회전 운동하는 입자에 대한 파동 함수로부터 각각의 각운동량의 고유값을 구하고 그 운동의 차이를 살펴보는 문제이다.

(1) 회전 운동에 대한 각운동량 연산자 $\hat{l}_\phi = -i\hbar\frac{\partial}{\partial\phi}$ 를 두 파동 함수에 적용하면 다음과 같은 고유값을 얻을 수 있다.

$$\hat{l}_\phi \Phi_+(\phi) = -i\hbar\frac{\partial}{\partial\phi}\left(\frac{1}{\sqrt{2\pi}}e^{im_l\phi}\right) = m_l\hbar\frac{1}{\sqrt{2\pi}}e^{im_l\phi} = m_l\hbar\Phi_+(\phi)$$

고유값 = $\boldsymbol{m_l\hbar}$

$$\hat{l}_\phi \Phi_-(\phi) = -i\hbar\frac{\partial}{\partial\phi}\left(\frac{1}{\sqrt{2\pi}}e^{-im_l\phi}\right) = -m_l\hbar\frac{1}{\sqrt{2\pi}}e^{-im_l\phi} = -m_l\hbar\Phi_-(\phi)$$

고유값 = $\boldsymbol{-m_l\hbar}$

(2) 그러므로 두 파동 함수의 운동의 차이는 두 파동 함수에 대하여 각 운동량의 ϕ 성은 크기는 같고 방향은 반대이다.

답 (1) 고유값 = $m_l\hbar$, $-m_l\hbar$
(2) 각 운동량의 ϕ 성은 크기는 같고 방향은 반대

3.11 회전 운동에 대한 파동 함수가 서로 다른 양자수를 가지는 파동 함수 사이에는 직교성에 의하여 소멸되어 발견 확률이 0임을 보이는 문제이다.

문제에 주어진 두 파동 함수를 직교성 식 $\int\psi_i^*\psi_j d\tau = \delta_{ij} = 0\ (i \neq j)$ 에 넣어 계산하면 다음과 같이 된다.

$$\int_0^{2\pi} e^{im_l\phi}e^{-in_l\phi}d\phi = \frac{1}{2\pi}\int_0^{2\pi} e^{i(m_l-n_l)\phi}d\phi$$

$$= \frac{1}{2\pi}\int_0^{2\pi}\{\cos(m_l-n_l)\phi + i\sin(m_l-n_l)\phi\}d\phi$$

$$= \frac{1}{2\pi}\left[\int_0^{2\pi}\{\cos(m_l-n_l)\phi\}d\phi + i\int_0^{2\pi}\{\sin(m_l-n_l)\phi\}d\phi\right]$$

$$= \frac{1}{2\pi}\left\{[\sin(m_l-n_l)\phi]_0^{2\pi} - i[\cos(m_l-n_l)\phi]_0^{2\pi}\right\}$$

$$= \frac{1}{2\pi}\left[\{\sin(m_l-n_l)2\pi - 0\} - i\{\cos(m_l-n_l)2\pi - 1\}\right]$$

$$= \frac{1}{2\pi}\{0 - 0 - i(1-1)\} = 0 \quad (m_l - n_l \text{ 이 정수이므로})$$

그러므로 두 양자수 m_l과 n_l이 서로 다를 때 두 파동 함수는 직교한다. 따라서 자기 양자수가 서로 다른 상태로의 전이는 일어나지 않는다.

답 풀이 참조

3.12 자기 양자수 m_l의 개수와 z축과 인접한 원뿔 사이의 각을 구하는 문제이다.

(1) $m_l = 0, \pm 1, \pm 2, \cdots, \pm l$ 로 $2l+1$개의 m_l이 있다. 따라서 원뿔의 개수는 다음과 같다.

$$2l+1 = 2\times 100 + 1 = \mathbf{201}\text{ 개}$$

(2) 각운동량의 크기는 $\sqrt{l(l+1)}\hbar$ 이고, 각운동량의 z축 성분 중 z축에 가장 가까운 것은 $l\hbar$ 이므로 z-축과 z-축으로부터 가장 가까운 원뿔 사이의 각은 다음과 같이 구해진다.

$$\cos\phi = \frac{l}{\sqrt{l(l+1)}} = \frac{100}{100.5} = 0.995$$

$$\phi = \cos^{-1} 0.995 = 0.100\text{ rad } = \mathbf{5.73°}$$

답 (1) 201개 (2) 5.73°

3.13 양자수 l에 따른 각운동량의 크기와 z축 성분 값을 구하는 문제이다.

(1) 양자수 l=2일 때의 각운동량 크기는 다음과 같이 구해진다.

$$\boldsymbol{L} = \sqrt{l(l+1)}\hbar = \sqrt{2(2+1)}\hbar = \boldsymbol{\sqrt{6}\hbar}$$

(2) 각운동량의 z축 성분의 양자수는 $m_l = 0, \pm 1, \pm 2, \cdots, \pm l$ 이므로 l=2일 때의 z축 성분의 양자수 m_l은 다음과 같다.

$$m_l = 0, \pm 1, \pm 2$$

그러므로 $l_z = \pm m_l\hbar$ 에서 각운동량의 z축 성분 값은 다음과 같이 구해진다.

$$l_z = 0,\ \pm m_l\hbar,\ \pm 2m_l\hbar$$

답 (1) $L = \sqrt{6}\hbar$ (2) $l_z = 0,\ \pm m_l\hbar,\ \pm 2m_l\hbar$

3.14 l=2인 상태의 입자에 대한 각운동량을 벡터 그림으로 도시하여 나타내는 문제이다.
문제 3.13에서 얻은 결과를 벡터 모형으로 도시하면 다음과 같다.

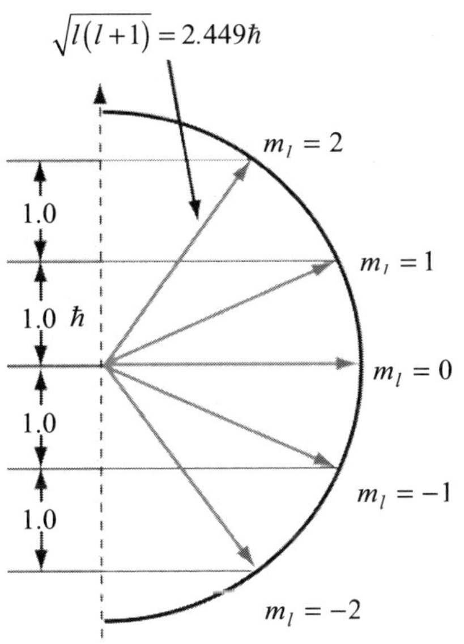

4강 수소꼴 원자

4.1 수소꼴 원자의 궤도함수를 정의하는 양자수가 어떤 것들이 있는지를 말하고, 그 양자수로 나타내는 양자 상태의 성질이 무엇인지 기술하는 문제이다.

전자가 하나뿐인 수소꼴 원자의 궤도함수를 정의하는 양자수는 n, l, m_l 이다. 이 양자수들은 각각 다음과 같은 성질을 가진다.

n: 주양자수라고 부르고 1, 2, 3, …의 값을 가진다. 이 양자수는 보어 궤도에서 차례로 K, L, M, N…의 전자 껍질에 해당하며 전자의 에너지를 결정한다.

l: 각운동량 양자수라고 부르고 0, 1, 2, …, $(n-1)$의 값을 가진다. 이 양자수는 차례로 다음과 같이 s, p, d, f,…의 궤도함수에 해당하며 각운동량의 크기를 결정한다.

m_l : 자기 양자수라고 부르고 0, ±1, ±2, …, $\pm l$의 값을 가진다. 이 양자수는 각운동량의 공간 배향(z축 성분)을 결정한다.

답 풀이 참조

4.2 수소꼴 원자의 전자 구조에 대한 보어 모형과 양자역학 모형의 차이를 기술하는 문제이다.

보어 모형은 수소꼴 원자의 전자를 좁은 영역의 구형 껍질의 궤도로 나타낸다. 반면에 양자역학 모형은 전자가 넓은 영역에 퍼져 있는 광범위한 궤도함수로 나타낸다.

답 풀이 참조

4.3 방사 방향 분포 함수에서 나타나는 마디와 각운동에 관련된 파동 함수에 의하여 나타나는 마디의 성격을 구분하는 문제이다.

파동 함수 가운데 방사 방향 함수에 의하여 나타나는 마디는 파동 함수가 핵으로부터 방사 방향으로 퍼져나가면서 거리 r에 따라 나타나는 마디이다. 반면에 각운동에 의하여 나타나는 마디는 파동 함수의 θ 및 φ 값에 의존하여 나타나는 마디이다.

답 풀이 참조

4.4 임의의 함수를 구면 극좌표계에서 정규화하는 문제이다.

어떤 함수 ψ에 대한 정규화 식은 다음과 같다.

$$N^2 \int_{\text{전체 공간}} \psi^* \psi \mathrm{d}\tau = 1$$

구면 극좌표계에서 $\mathrm{d}\tau$와 각 변수에 대한 영역은 다음과 같다.

$$\mathrm{d}\tau = r^2 \sin\theta \mathrm{d}r \mathrm{d}\theta \mathrm{d}\phi \qquad 0 \le r \le \infty,\ 0 \le \theta \le \pi,\ 0 \le \phi \le 2\pi$$

그러므로 구면 극좌표계에서 정규화 식은 다음과 같이 된다.

$$N^2 \int_0^\infty \int_0^\pi \int_0^{2\pi} r^2 \sin\theta \psi^* \psi \mathrm{d}r \mathrm{d}\theta \mathrm{d}\phi \mathrm{d}\tau = 1$$

(1) $\psi = e^{-r/2a_0}$ 에 대한 정규화 상수는 다음과 같이 구해진다.

$$N^2 \int_0^\infty \int_0^\pi \int_0^{2\pi} r^2 \sin\theta \psi^* \psi \mathrm{d}r \mathrm{d}\theta \mathrm{d}\phi \mathrm{d}\tau$$

$$= N^2 \int_0^\pi \sin\theta \mathrm{d}\theta \int_0^{2\pi} \mathrm{d}\phi \int_0^\infty r^2 e^{-r/2a_0} e^{-r/2a_0} \mathrm{d}r = 1$$

$\int_0^\pi \sin\theta \mathrm{d}\theta = [-\cos\theta]_0^\pi = \{-(-1-1)\} = 2$, $\int_0^{2\pi} \mathrm{d}\phi = [\phi]_0^{2\pi} = 2\pi$ 이므로

위 식은 다음과 같이 된다.

$$4\pi N^2 \int_0^\infty r^2 e^{-r/a_0} \mathrm{d}r = 4\pi N^2 \frac{2!}{(1/a_0)^3} = 1$$ [3]

$$N = \frac{1}{2\sqrt{2\pi}} \left(\frac{1}{a_0}\right)^{3/2}$$

그러므로 정규화된 함수는 다음과 같다.

$$\boldsymbol{\frac{1}{2\sqrt{2\pi}} \left(\frac{1}{a_0}\right)^{3/2} e^{-r/2a_0}}$$

(2) $\psi = \frac{r}{a_0} e^{-r/a_0} \sin\theta e^{i\phi}$ 에 대한 정규화 상수는 위의 (1)번 문제와 마찬가지로 다음과 같이 구해진다.

---

3 $\int_0^\infty x^n e^{-ax} \mathrm{d}x = \frac{n!}{a^{n+1}}$

$$N^2\int_0^{\pi}\sin^2\theta d\theta\int_0^{2\pi}\left(e^{-i\phi}e^{i\phi}\right)d\phi\int_0^{\infty}r^2\left(\frac{r}{a_0}\right)^2 e^{-r/2a_0}e^{-r/2a_0}dr=1$$

$\int_0^{\pi}\sin^2\theta d\theta=\frac{4}{3}$ 이고 $\int_0^{2\pi}\left(e^{-i\phi}e^{i\phi}\right)d\phi=\int_0^{2\pi}1\cdot d\phi=2\pi$ 이므로 위 식은 다음과 같이 된다.

$$\frac{8\pi}{3}N^2\int_0^{\infty}r^2\left(\frac{r}{a_0}\right)^2 e^{-r/a_0}dr=\frac{8\pi}{3}N^2\frac{1}{a_0^2}\int_0^{\infty}r^4e^{-r/a_0}dr$$

$$=\frac{8\pi}{3}N^2\frac{1}{a_0^2}\frac{4!}{1/a_0^5}=64\pi a_0^3N^2=1$$

$$N=\frac{1}{8\sqrt{\pi}}\left(\frac{1}{a_0}\right)^{3/2}$$

그러므로 정규화된 함수는 다음과 같다.

$$\boldsymbol{\frac{1}{8\sqrt{\pi}}\left(\frac{1}{a_0}\right)^{5/2} re^{-r/a_0}\sin\theta e^{i\phi}}$$

답 (1) $\frac{1}{2\sqrt{2\pi}}\left(\frac{1}{a_0}\right)^{3/2}e^{-r/2a_0}$ (2) $\frac{1}{8\sqrt{\pi}}\left(\frac{1}{a_0}\right)^{5/2}re^{-r/a_0}\sin\theta e^{i\phi}$

4.5 수소꼴 궤도함수의 직교성을 증명하는 문제이다.

ψ_{200}과 ψ_{210}이 직교한다면 다음의 직교성 조건을 만족시켜야 한다.

$$<210|200> = \int_{\text{전체 공간}}\psi_{210}{}^*\psi_{200}\,d\tau=0$$

본문의 표에서 ψ_{200}과 ψ_{210}을 찾으면 다음과 같다.

$$\psi_{200}=\frac{1}{4\sqrt{2\pi}}\left(\frac{Z}{a}\right)^{3/2}(2-\rho)e^{-\rho/2}$$

$$\psi_{210}=\frac{1}{4\sqrt{2\pi}}\left(\frac{Z}{a}\right)^{3/2}\rho e^{-\rho/2}\cos\theta$$

그러므로 <210 | 200>은 다음과 같이 된다.

$$<210|200>$$

$$=\left(\frac{1}{4\sqrt{2\pi}}\right)^2\left(\frac{Z}{a}\right)^3\int_0^{\pi}\sin\theta\cos\theta d\theta\int_0^{2\pi}d\phi\int_0^{\infty}\rho e^{-\rho/2}(2-\rho)e^{-\rho/2}r^3dr$$

여기에서 $\int_0^{\pi}\sin\theta\cos\theta d\theta=0$ 이다. 그러므로 위 식은 0이 된다. 따라서 ψ_{200}과 ψ_{210}은 직교한다.

답 풀이 참조

4.6 수소 원자에서 특정 궤도함수를 차지하는 전자의 발견 확률이 최대인 r 값과 핵에서부터 특정 r까지의 거리 이내에서 발견될 확률을 구하는 문제이다.

(1) 발견 확률이 최대(most probable)인 거리 $r(r_{mp})$은 확률 밀도가 최대인 r 값을 구하면 된다. 본문의 표에서 수소 원자에 대한 방사 방향 $1s$ 파동 함수를 찾으면 다음과 같다.

$$1s = 2\left(\frac{Z}{a}\right)^{3/2} e^{-\rho/2}$$

여기에서 $n = 1$, $a = a_0$, $Z = 1$이므로 $\rho = \left(\frac{2Z}{na}\right)r = \frac{2r}{a_0}$가 되어 $1s$ 파동 함수는 다음과 같이 된다.

$$1s = 2\left(\frac{1}{a_0}\right)^{3/2} e^{-r/a_0}$$

그러므로 $1s$ 상태의 전자에 대한 r에서의 확률 밀도 함수 f는 다음과 같다.

$$f(r) = (r1s)^2 = \frac{4r^2}{a_0^3} e^{-2r/a_0}$$

발견 확률이 최대인 곳은 확률 밀도가 최대인 곳이므로 이 식의 r에 대한 미분 값이 0이다.

$$\frac{df}{dr} = \frac{d}{dr}\left(\frac{4r^2}{a_0^3} e^{-2r/a_0}\right) = \frac{4}{a_0^3}\frac{d}{dr}\left(r^2 e^{-2r/a_0}\right)$$

$$= \frac{4}{a_0^3}\left\{e^{-2r/a_0}\frac{d}{dr}r^2 + r^2\frac{d}{dr}e^{-2r/a_0}\right\} = \frac{4}{a_0^3}\left(2r - \frac{2r^2}{a_0}\right)e^{-2r/a_0} = 0$$

그러므로 $2r - \frac{2r^2}{a_0} = 0$ 일 때 $\frac{df}{dr} = 0$ 이므로 $r = 0$ 또는 $r = a_0$이다. 그러므로 $r_{mp} = a_0$이다.

(2) 핵에서부터 a_0까지 이내의 영역에서 발견될 확률 P는 확률 밀도를 0에서부터 a_0까지 적분하여 구한다.

$$P = \int_0^{a_0} \frac{4r^2}{a_0^3} e^{-2r/a_0} dr$$

여기에서 $a_0 = 1$이라 놓으면 다음과 같이 된다.

$$P = 4\int_0^1 r^2 e^{-2r} dr$$

여기에서 부분 적분 공식을 적용하기 위하여 $r^2 = u$, $e^{-2r} = dv$라 놓으면 이 식은 다음과 같이 계산된다.[4]

$$I = \int_0^1 r^2 e^{-2r} dr = -\frac{1}{2}\left[r^2 e^{-2r}\right]_0^1 + \int_0^1 r e^{-2r} dr = -\frac{1}{2}e^{-2} + \int_0^1 r e^{-2r} dr$$

---

[4] 부분 적분 $\int u dv = uv - \int v du$ $\quad u = f(x),\ v = g(x),\ du = f'(x)dx,\ dv = g'(x)dx$

여기에서 $r=u', e^{-2r}=dv'$라고 놓으면 $\int_0^1 re^{-2r}dr$ 는 다음과 같이 된다.

$$I' = \int_0^1 re^{-2r}\mathrm{d}r = -\frac{1}{2}\Big[re^{-2r}\Big]_0^1 + \frac{1}{2}\int_0^1 e^{-2r}\mathrm{d}r$$
$$= -\frac{1}{2}e^{-2} - \frac{1}{4}\Big[e^{-2r}\Big]_0^1 = -\frac{3}{4}e^{-2} - \frac{1}{4}$$

그러므로 I는 다음과 같이 되고,

$$I = -\frac{1}{2}e^{-2} + \int_0^1 re^{-2r}\mathrm{d}r = -\frac{1}{2}e^{-2} - \frac{3}{4}e^{-2} + \frac{1}{4} = -\frac{5}{4}e^{-2} + \frac{1}{4}$$

확률 P는 다음과 같이 된다.

$$\boldsymbol{P} = 4\left(\frac{1}{4} - \frac{5}{4}e^{-2}\right) = 1 - 5e^{-2} = \mathbf{0.323}$$

그러므로 1s 궤도함수의 전자는 보어 반지름 이내의 영역에서 발견될 확률이 32% 정도이고, 그 밖의 영역에서 발견될 확률이 68% 정도이다.

답 (1) 풀이 참조 (2) $P = 0.323$

4.7 기댓값 식을 사용하여 수소 원자의 특정 궤도함수의 평균 거리를 구하는 문제이다.

$$<\boldsymbol{r}> = \int_{\text{전체 공간}} r\psi_{100}^2 \mathrm{d}\tau$$
$$= \frac{1}{\pi}\left(\frac{1}{a_0}\right)^3 \int_0^\infty r^3 e^{-2r/a_0}\mathrm{d}r \int_0^\pi \sin\theta \mathrm{d}\theta \int_0^{2\pi}\mathrm{d}\phi$$
$$= \frac{1}{\pi a_0{}^3}\left[\frac{3!}{(-2/a_0)^4}\right][-\cos\theta]_0^\pi [\phi]_0^{2\pi}$$
$$= \frac{1}{\pi a_0{}^3}\left(\frac{6a_0^4}{16}\right)(2)(2\pi) = \frac{\mathbf{3}}{\mathbf{2}}\boldsymbol{a_0}$$

그러므로 ψ_{100} 궤도함수의 평균 거리는 $\frac{3}{2}a_0$ 이다.

답 풀이 참조

4.8 수소 원자의 궤도함수 상태에 대한 에너지를 구하는 문제이다.
수소 원자($Z=1$)의 에너지 식은 다음과 같다.

$$E_n = -\frac{\mu e^4}{8\varepsilon_0^2 h^2 n^2} \qquad \mu = \frac{m_1 m_2}{m_1 + m_2}$$

(1) 1s는 $n=1$이므로 1s 궤도함수의 에너지는 다음과 같이 계산된다.

$$\boldsymbol{E_{1s}} = -\frac{(9.104\times10^{-31}\ \mathrm{kg})(1.602\times10^{-19}\ \mathrm{C})^4}{8(8.854\times10^{-12}\ \mathrm{J^{-1}\ C^2\ m^{-1}})^2(6.626\times10^{-34}\ \mathrm{J\ s})(1)^2}$$

$$= \mathbf{-2.178\times10^{-18}\ J = -13.59\ eV}$$

(2) $2s$는 $n=2$이므로 $2s$ 궤도함수의 에너지는 다음과 같이 계산된다.

$$\boldsymbol{E_{2s}} = -\frac{E_{1s}}{2^2} = \frac{-2.178\times10^{-18}\ J}{4} = \mathbf{-5.444\times10^{-19}\ J = -3.399\ eV}$$

답 (1) $E_{1s} = -2.178\times10^{-18}\ \text{J} = -13.59\ \text{eV}$ (2) $E_{2s} = -5.444\times10^{-19}\ \text{J} = -3.399\ \text{eV}$

4.9 같은 원소의 동위 원소들 사이의 에너지 비를 구하여 질량 차에 따른 에너지 변화가 얼마나 일어나는지를 살펴보는 문제이다.

수소의 환산 질량을 μ_H, 중수소의 환산 질량을 μ_D라고 놓으면 각각의 환산 질량은 다음과 같이 계산된다.

$$\mu_\text{H} = \frac{m_\text{e}m_\text{p}}{m_\text{e}+m_\text{p}} = \frac{(9.109\times10^{-31}\ \text{kg})(1.673\times10^{-27}\ \text{kg})}{(9.109\times10^{-31}\ \text{kg})+(1.673\times10^{-27}\ \text{kg})} = 9.104\times10^{-31}\ \text{kg}$$

$$\mu_\text{D} = \frac{m_\text{e}(m_\text{p}+m_\text{n})}{m_\text{e}+(m_\text{p}+m_\text{n})} = \frac{(9.109\times10^{-31}\ \text{kg})\{(1.673+1.675)\times10^{-27}\ \text{kg}\}}{(9.109\times10^{-31}\ \text{kg})+\{(1.673+1.675)\times10^{-27}\ \text{kg}\}}$$

$$= 9.107\times10^{-31}\ \text{kg}$$

에너지 비는 다음과 같이 된다.

$$\frac{E_\text{H}}{E_\text{D}} = \frac{\mu_\text{H}}{\mu_\text{D}} = \frac{9.104}{9.107} = 0.9997$$

답 $\dfrac{E_\text{H}}{E_\text{D}} = 0.9997$

4.10 원자에 대한 양자역학적 에너지 식을 이용하여 이온화 에너지를 구하는 문제이다.

전자의 정지 질량을 사용하여 수소꼴 원자의 에너지 식을 쓰면 다음과 같이 된다.

$$E_n = -\frac{Z^2 m_\text{e} e^4}{8\varepsilon_0^2 h^2 n^2}$$

양자역학적으로 계산되는 이온화 에너지 I는 바닥 상태의 전자가 $n=\infty$ 상태로 전이될 때 필요한 에너지로 다음과 같다.

$$I = E_\infty - E_{\text{바닥}}$$

여기에서 $-\dfrac{m_\text{e}e^4}{8\varepsilon_0^2 h^2}$을 계산하면 다음과 같이 된다.

$$-\frac{m_\text{e}e^4}{8\varepsilon_0^2 h^2} = -\frac{(9.109\times10^{-31}\ \text{kg})(1.602\times10^{-19}\ \text{C})^4}{8(8.854\times10^{-12}\ \text{J}^{-1}\ \text{C}^2\ \text{m}^{-1})^2(6.626\times10^{-34}\ \text{J s})}$$

$$= -2.179\times10^{-18}\ \text{J} = -13.60\ \text{eV}$$

그러므로 수소꼴 원자들의 바닥 상태는 $n=1$이므로 이온화 에너지는 다음과 같이 된다.

$$I = E_\infty - E_1 = 0 - \left\{(-2.179\times10^{-18}\ \mathrm{J})\times Z^2\right\}$$

(1) 수소 원자의 이온화 에너지는 $Z=1$이므로 다음과 같이 구해진다.

$$\boldsymbol{I}(\mathbf{H}) = E_\infty - E_1 = 0 - \left\{(-2.179\times10^{-18}\ \mathrm{J})\times1^2\right\} = \mathbf{2.179\times10^{-18}\ J = 13.60\ eV}$$

(2) 헬륨 이온 He^+의 이온화 에너지는 $Z=2$이므로 다음과 같이 구해진다.

$$\boldsymbol{I}\left(\mathbf{He^+}\right) = E_\infty - E_1 = 0 - \left\{(-2.179\times10^{-18}\ \mathrm{J})\times2^2\right\} = \mathbf{8.716\times10^{-18}\ J = 54.41\ eV}$$

(3) 헬륨 이온 Li^{2+}의 이온화 에너지는 $Z=3$이므로 다음과 같이 구해진다.

$$\boldsymbol{I}\left(\mathbf{Li^{2+}}\right) = E_\infty - E_1 = 0 - \left\{(-2.179\times10^{-18}\ \mathrm{J})\times3^2\right\} = \mathbf{1.961\times10^{-17}\ J = 122.4\ eV}$$

답 (1) $I(\mathrm{H}) = 2.179\times10^{-18}\ \mathrm{J} = 13.60\ \mathrm{eV}$ (2) $I\left(\mathrm{He^+}\right) = 8.716\times10^{-18}\ \mathrm{J} = 54.41\ \mathrm{eV}$

(3) $I\left(\mathrm{Li^{2+}}\right) = 1.961\times10^{-17}\ \mathrm{J} = 122.4\ \mathrm{eV}$

4.11 수소 원자가 2*s* 또는 2*p*로 들뜬 상태로 있을 때 발견 확률이 최대가 되는 지점을 구하는 문제이다.

수소 원자의 방사 방향 2*s*와 2*p* 파동 함수는 다음과 같다.

$$2s = \frac{1}{2\sqrt{2}}\left(\frac{1}{a_0}\right)^{3/2}(2-\rho)e^{-\rho/2} \qquad 2p = \frac{1}{2\sqrt{6}}\left(\frac{1}{a_0}\right)^{3/2}\rho e^{-\rho/2}$$

여기에서 $n=2$이므로 $\rho = \left(\dfrac{2}{2a_0}\right)r = \dfrac{r}{a_0}$ 가 되어 방사 방향 2*s*와 2*p* 파동 함수는 다음과 같이 된다.

$$2s = \frac{1}{2\sqrt{2}}\left(\frac{1}{a_0}\right)^{3/2}\left(2-\frac{r}{a_0}\right)e^{-r/2a_0} \qquad 2p = \frac{1}{2\sqrt{6}}\left(\frac{1}{a_0}\right)^{3/2}\frac{r}{a_0}e^{-r/2a_0}$$

(1) 2*s* 상태의 전자에 대한 *r*에서의 확률 밀도 함수 *f*는 다음과 같다.

$$f_{2s}(r) = r^2(2s)^2 = \frac{1}{8}\left(\frac{1}{a_0}\right)^3\left(2-\frac{r}{a_0}\right)^2 e^{-r/a_0}$$

발견 확률이 최대인 곳은 확률 밀도의 *r*에 대한 미분 값이 0이므로

$$\frac{\mathrm{d}f_{2s}(r)}{\mathrm{d}r} = \frac{1}{8a_0^3}\left\{2\left(2-\frac{r}{a_0}\right)-\frac{2r}{a_0}-\frac{r}{a_0}\left(2-\frac{r}{a_0}\right)\right\}r\left(2-\frac{r}{a_0}\right)e^{-2r/a_0} = 0$$

$$\therefore 2\left(2-\frac{r}{a_0}\right)-\frac{2r}{a_0}-\frac{r}{a_0}\left(2-\frac{r}{a_0}\right) = r^2 - 6a_0 r + 4a_0^2 = 0$$

이 2차 방정식의 근을 구하면 최대가 되는 지점 r_{mp}는 다음과 같이 된다.

$$\boldsymbol{r_{\mathrm{mp,2s}} = (3\pm\sqrt{5})a_0}$$

(2) $2p$ 상태의 전자에 대한 r에서의 확률 밀도 함수 f는 다음과 같다.

$$f_{2p}(r) = r^2(2p)^2 = \frac{1}{24}\left(\frac{1}{a_0}\right)^3 \frac{r^4}{a_0^2} e^{-r/a_0}$$

발견 확률이 최대인 곳은 확률 밀도의 r에 대한 미분 값이 0이므로

$$\frac{\mathrm{d}f_{2p}(r)}{\mathrm{d}r} = \frac{1}{24a_0^3}\frac{1}{a_0^2}\frac{\mathrm{d}}{\mathrm{d}r}\left\{r^4 e^{-r/a_0}\right\} = r^3 e^{-r/a_0}\left(4 - \frac{r}{a_0}\right) = 0$$

이 2차 방정식의 근을 구하면 최대가 되는 지점 r_{mp}는 다음과 같이 된다.

$$\boldsymbol{r_{\mathrm{mp},2p} = 4a_0}$$

답 (1) $r_{\mathrm{mp,2s}} = (3 \pm \sqrt{5})a_0$ (2) $r_{\mathrm{mp},2p} = 4a_0$

4.12 수소 원자가 $2s$ 또는 $2p$로 들뜬 상태로 있을 때 평균 거리를 구하는 문제이다.

평균 거리 r을 구하는 식은 다음과 같다.

$$<r>= \int_{\text{전체 공간}} r\psi^2 \mathrm{d}\tau$$

(1) $2s$ 상태로 있을 때의 평균 거리는 다음과 같이 구해진다.

$$\begin{aligned}\langle r\rangle_{2s} &= \int_{\text{전체 공간}} r\psi_{200}^2 \mathrm{d}\tau \\ &= \frac{1}{32\pi a_0^3}\int_0^{\pi}\sin\theta \mathrm{d}\theta\int_0^{2\pi}\mathrm{d}\phi\int_0^{\infty}(2-\rho)^2 e^{-\rho} r^3 \mathrm{d}r \\ &= \frac{1}{32\pi a_0^3}(2)(2\pi)\int_0^{\infty}(2-\rho)^2 e^{-\rho} r^3 \mathrm{d}r \\ &= \frac{1}{8a_0^3}\int_0^{\infty}(2-\rho)^2 e^{-\rho} r^3 \mathrm{d}r\end{aligned}$$

여기에서 $\rho = \left(\frac{2}{2a_0}\right)r = \frac{r}{a_0}$, $r = a_0\rho$이므로 $r^3 = a_0^3\rho^3$, $\mathrm{d}r = a_0 \mathrm{d}\rho$ 가 된다. 그러므로 위 식은 다음과 같이 된다.

$$\begin{aligned}\langle \boldsymbol{r}\rangle_{\mathbf{2s}} &= \frac{a_0}{8}\int_0^{\infty}\rho^3(2-\rho)^2 e^{-\rho}\mathrm{d}\rho \\ &= \frac{a_0}{8}\int_0^{\infty}\left(\rho^5 - 4\rho^4 + 4\rho^3\right)e^{-\rho}\mathrm{d}\rho \text{ [5]} \\ &= \frac{a_0}{8}(5! - 4\cdot 4! + 4\cdot 3!) = \boldsymbol{6a_0}\end{aligned}$$

그러므로 $\langle r\rangle_{2s} > r_{\mathrm{mp,2s}}$이다.

---

5 $\int_0^{\infty} x^n e^{-ax}\mathrm{d}x = \frac{n!}{a^{n+1}}$ $a > 0$, n: 양의 정수

(2) $2p$ 상태로 있을 때의 평균 거리는 다음과 같이 구해진다.

$$\begin{aligned}\langle \boldsymbol{r}\rangle_{2p} &= \int_{\text{전체 공간}} r\psi_{210}^2 \mathrm{d}\tau \\ &= \frac{1}{24\pi a_0^3}\int_0^{\pi}\sin\theta\cos^2\theta\mathrm{d}\theta\int_0^{2\pi}\mathrm{d}\phi\int_0^{\infty}\rho^2 e^{-\rho}r^3\mathrm{d}r \\ &= \frac{a_0}{16}\cdot\frac{2}{3}\int_0^{\infty}\rho^5 e^{-\rho}\mathrm{d}\rho \\ &= \frac{a_0}{24}\cdot 5! = \boldsymbol{5a_0}\end{aligned}$$

그러므로 $\langle r\rangle_{2p} > r_{\mathrm{mp},2p}$이다.

답 (1) $\langle r\rangle_{2s} = 6a_0$, $\langle r\rangle_{2s} > r_{\mathrm{mp,2s}}$ (2) $\langle r\rangle_{2p} = 5a_0$, $\langle r\rangle_{2p} > r_{\mathrm{mp},2p}$

4.13 수소꼴 원자의 평균 거리를 간편하게 구하게 해 주는 다음의 일반식을 검증하는 문제이다.

$$\langle r\rangle_{nl} = \frac{n^2 a_0}{Z}\left\{1+\frac{1}{2}\left(1-\frac{l(l+1)}{n^2}\right)\right\}$$

수소 원자의 $\langle r\rangle_{2s}$: $Z=1$, $n=2$, $l=0$이므로 위 식에 의하여 $\langle r\rangle_{2s}$는 다음과 같이 된다.

$$\langle r\rangle_{20} = \frac{2^2 a_0}{1}\left\{1+\frac{1}{2}\left(1-\frac{0(0+1)}{2^2}\right)\right\} = 4a_0\cdot\frac{3}{2} = 6a_0$$

수소 원자의 $\langle r\rangle_{2p}$: $Z=1, n=2, l=1$이므로 위 식에 의하여 $\langle r\rangle_{2p}$는 다음과 같이 된다.

$$\langle r\rangle_{21} = 4a_0\left\{1+\frac{1}{2}\left(1-\frac{1(1+1)}{2^2}\right)\right\} = 4a_0\cdot\frac{5}{4} = 5a_0$$

이 결과는 문제 4.12에서 얻은 결과와 일치한다.

답 풀이 참조

4.14 $2p_x$, $2p_y$, $2p_z$ 궤도함수 각각은 아령형의 모양을 가지나 $2p$ 궤도함수 전체는 구형임을 보이는 문제이다.

$2p$ 궤도함수에 대한 확률 밀도는 다음과 같다.

$$\begin{aligned}\psi_{2p} &= \psi_{210}+\psi_{21+1}+\psi_{21-1} \\ &= \frac{1}{4\sqrt{2\pi}}\left(\frac{Z}{a}\right)^{3/2}\rho e^{-\rho/2}\left(\cos\theta+\frac{1}{\sqrt{2}}\sin\theta e^{+i\phi}+\frac{1}{\sqrt{2}}\sin\theta e^{-i\phi}\right)\end{aligned}$$

$$\begin{aligned}\left|\psi_{2p}\right|^2 &= \left|\psi_{210}+\psi_{21+1}+\psi_{21-1}\right|^2 \\ &= \frac{1}{32\pi}\left(\frac{Z}{a}\right)^3\rho^2 e^{-\rho}\left(\cos^2\theta+\frac{1}{2}\sin^2\theta+\frac{1}{2}\sin^2\theta\right) \\ &= \frac{1}{32\pi}\left(\frac{Z}{a}\right)^3\rho^2 e^{-\rho}\left(\cos^2\theta+\sin^2\theta\right)\end{aligned}$$

$$= \frac{1}{32\pi}\left(\frac{Z}{a}\right)^3 \rho^2 e^{-\rho}$$

그러므로 $2p$ 궤도함수 전체는 변수 ρ, 즉 r에만 의존하는 함수이다. 따라서 $2p$ 궤도함수 전체는 방사 방향 변수 r에 의존하는 구형 대칭이다.

답 풀이 참조

5강 다전자 원자

5.1 다전자 원자에 대한 슈뢰딩거 방정식의 정확한 해석적 해를 구할 수 없는 근원적인 이유를 말하는 문제이다.

다전자 원자는 해밀토니안에 다음과 같은 전자간 반발력 항이 포함된다.

$$\sum_{ij} \frac{e^2}{4\pi\varepsilon_0 r_{ij}} \qquad i \neq j$$

여기에서 두 전자 사이의 거리 r_{ij}는 매 순간 빠르게 변한다. 그러므로 r_{ij} 값으로 어떤 고정 값을 사용할 수 없어 위의 전자간 반발력 항이 들어 있는 슈뢰딩거 방정식의 정확한 해는 근본적으로 구할 수 없게 된다.

답 풀이 참조

5.2 다전자 계를 양자역학적으로 다루는 궤도함수 근사법에 대한 개념과 그 방법을 설명하는 문제이다.

궤도함수 근사는 다전자 계에 대해서 슈뢰딩거 방정식의 완전한 해를 구할 수 없는 한계를 극복하기 위하여 다전자 계에 대한 해밀토니안에서 전자 간 반발력 항을 무시하고 슈뢰딩거 방정식을 푸는 방법이다. 그러므로 궤도함수 근사에서는 각 전자들이 자신의 궤도함수에만 속해 있다고 가정하여 근사적으로 다룬다. 따라서 궤도함수 근사를 하면 해밀토니안, 파동 함수, 에너지는 다음과 같이 된다.

$$\hat{H} = \hat{H}_1 + \hat{H}_2 + \cdots$$
$$\Psi = \psi_1\psi_2\cdots$$
$$E = E_1 + E_2 + \cdots$$

답 풀이 참조

5.3 다전자 계에 대한 슈뢰딩거 방정식의 근사해를 구하는 방법 중의 하나인 변분법을 설명하는 문제이다.

변분법은 다음과 같이 임의의 파동 함수(Ψ_i)를 사용하여 구한 에너지 값은 실제 에너지 값보다 클 수 없다는 변분 원리를 이용하여 에너지가 최소화되는 적절한 파동을 찾는 방법이다.

$$\int \Psi_i^* \hat{H} \Psi_i \, d\tau \geq E_0 \qquad \text{(변분 원리)}$$

여기에서 Ψ_i를 시도 파동 함수라고 하며, 성공적인 결과를 얻어내는 데는 얼마나 적절한 시도 파동 함수를 선택했느냐에 달리게 된다.

답 풀이 참조

5.4 궤도함수 근사로 얻은 에너지와 다전자 원자의 실제 에너지 사이에 차이가 생기는 이유를 말하는 문제이다.

궤도함수 근사로 얻은 에너지는 전자간 반발력에 의한 퍼텐셜 에너지가 무시되었다. 그러므로 각 전자에 대한 궤도함수 에너지를 합한 값과 다전자 원자의 실제 에너지 사이에는 전자간 반발력에 의한 퍼텐셜 에너지만큼의 차가 있다.

답 풀이 참조

5.5 다전자 계에 대한 슈뢰딩거 방정식의 근사해를 구하는 또 다른 방법인 자체 일관성 장 궤도함수(SCF)법을 설명하는 문제이다.

SCF법은 변분법과 마찬가지로 변분 원리를 이용하는 방법이다. 그러나 변분법과 달리 적절한 파동 함수를 찾는 데 파동 함수의 형태를 특정 함수 군에 제한하지 않는다. SCF법은 다음과 같은 두 가지 원칙에 기반을 두고 최적화된 파동 함수를 구한다.

1. 한 전자의 입장에서 다른 전자를 개개의 전자로 다루지 않고 전자장으로 취급한다.
2. 에너지가 오차 범위 내에서 최적화될 때까지 반복적으로 계산을 수행한다.

답 풀이 참조

5.6 슬레이터 행렬식을 사용하여 허용되는 선형 결합 파동 함수를 구하는 문제이다.

$1s^2 2s^1$의 전자 배치와 $2s$의 스핀 α이면 스핀을 포함한 전자 배치는 $1s(\alpha)1s(\beta)2s(\alpha)$가 된다. 따라서 슬레이트 행렬식과 허용되는 파동 함수는 다음과 같이 된다.

$$\Psi(\mathrm{Li}) = \frac{1}{\sqrt{3!}} \begin{vmatrix} 1s\alpha(1) & 1s\alpha(2) & 1s\alpha(3) \\ 1s\beta(1) & 1s\beta(2) & 1s\beta(3) \\ 2s\alpha(1) & 2s\alpha(2) & 2s\alpha(3) \end{vmatrix}$$

$$= \frac{1}{\sqrt{6}} \left\{ 1s\alpha(1) \begin{vmatrix} 1s\beta(2) & 1s\beta(3) \\ 2s\alpha(2) & 2s\alpha(3) \end{vmatrix} \right\} - \frac{1}{\sqrt{6}} \left\{ 1s\alpha(2) \begin{vmatrix} 1s\beta(1) & 1s\beta(3) \\ 2s\alpha(1) & 2s\alpha(3) \end{vmatrix} \right\}$$

$$+ \frac{1}{\sqrt{6}} \left\{ 1s\alpha(3) \begin{vmatrix} 1s\beta(1) & 1s\beta(2) \\ 2s\alpha(1) & 2s\alpha(2) \end{vmatrix} \right\}$$

$$=\frac{1}{\sqrt{6}}[1s\alpha(1)\{1s\beta(2)2s\alpha(3)-1s\beta(3)2s\alpha(2)\}$$
$$-1s\alpha(2)\{1s\beta(1)2s\alpha(3)-1s\beta(3)2s\alpha(1)\}$$
$$+1s\alpha(3)\{1s\beta(1)2s\alpha(2)-1s\beta(2)2s\alpha(1)\}]$$

답 풀이 참조

5.7 수소꼴 원자를 대상으로 하여 원자 단위로 슈뢰딩거 방정식, 에너지 식, 파동 함수를 표기하는 문제이다.

원자 단위들은 다음과 같다.

$m_e=1,\ e=1,\ \hbar=1,\ a_0=1,\ 4\pi\varepsilon_0=1$

그러므로 수소꼴 원자에 대하여 원자 단위를 사용하면 각각 다음과 같이 표현된다.

(1) 슈뢰딩거 방정식: $-\frac{1}{2}\nabla^2\psi-\frac{1}{r}\psi=E\psi$

(2) 에너지 식: $E_n=-\frac{1}{2n^2}$

(3) $\psi_{100}=\frac{1}{\sqrt{\pi}}r^{-r}$

답 풀이 참조

5.8 He 원자에 대한 완전한 에너지 식이 어떻게 구성되는지 알아보는 문제이다.

$E=\iint\psi^*(r_1)\psi^*(r_2)\hat{H}\psi(r_1)\psi(r_2)dr_1dr_2$에 He 원자의 해밀토니안을 대입하면 다음과 같이 된다.

$$E=\iint\psi^*(r_1)\psi^*(r_2)\left(-\frac{1}{2}\nabla_1^2-\frac{1}{2}\nabla_2^2-\frac{2}{r_1}-\frac{2}{r_2}+\frac{1}{r_{12}}\right)\psi(r_1)\psi(r_2)dr_1dr_2$$
$$=\int\psi^*(r_1)\left(-\frac{1}{2}\nabla_1^2-\frac{2}{r_1}\right)\psi(r_1)dr_1+\int\psi^*(r_2)\left(-\frac{1}{2}\nabla_2^2-\frac{2}{r_2}\right)\psi(r_1)dr_2$$
$$+\iint\psi^*(r_1)\psi^*(r_2)\left(\frac{1}{r_{12}}\right)\psi(r_1)\psi(r_2)dr_1dr_2$$

여기에서 E_1, E_2, J_{12}는 다음과 같으므로

$$E_1=\int\psi^*(r_1)\left(-\frac{1}{2}\nabla_1^2-\frac{2}{r_1}\right)\psi(r_1)dr_1$$

$$E_2=\int\psi^*(r_2)\left(-\frac{1}{2}\nabla_2^2-\frac{2}{r_2}\right)\psi(r_2)dr_2$$

$$J_{12}=\iint\psi^*(r_1)\psi^*(r_2)\frac{1}{r_{12}}\psi(r_1)\psi(r_2)dr_1dr_2$$

He 원자의 에너지는 다음과 같이 된다.

$E=E_1+E_2+J_{12}$

답 풀이 참조

5.9 1차원 상자 속 입자 계에 대하여 $x(L-x)$ 꼴의 함수가 시도 함수로서 적절한지의 여부를 판단하고, 이 함수를 사용하여 계산된 값이 실제 값과 얼마나 오차가 나는지를 살펴보는 문제이다.

(1) 1차원 상자 속 입자의 경계 조건은 다음과 같다.

$$\psi(0)=0 \qquad \psi(L)=0$$

시도 함수 $x(L-x)$에 대하여 경계 조건을 적용하면 다음과 같다.

$$\psi(x=0)=0 \qquad \psi(L)=L(L-L)=0$$

그러므로 시도 함수 $x(L-x)$는 경계 조건을 만족시킨다.

(2) 시도 함수 $x(L-x)$은 정규화된 함수가 아니므로 에너지 기댓값은 다음과 같이 구해진다.

$$\langle E\rangle=\frac{\int\psi^*\hat{H}\psi\mathrm{d}x}{\int\psi^*\psi\mathrm{d}x}$$

이 식에서 분자와 분모는 각각 다음과 같다.

$$\begin{aligned}\int\psi^*\hat{H}\psi\mathrm{d}x&=\int_0^L x(L-x)\left(-\frac{\hbar^2}{2m}\frac{\mathrm{d}^2}{\mathrm{d}x^2}\right)x(L-x)\mathrm{d}x\\&=-\frac{\hbar^2}{2m}\int_0^L\left(x^2-Lx\right)\frac{\mathrm{d}^2}{\mathrm{d}x^2}\left(x^2-Lx\right)\mathrm{d}x\\&=-\frac{\hbar^2}{2m}\int_0^L\left(x^2-Lx\right)(-2)\mathrm{d}x=\frac{\hbar^2}{m}\left[\frac{x^3}{3}-\frac{Lx^2}{2}\right]_0^L\\&=\frac{\hbar^2}{m}\left(\frac{L^3}{3}-\frac{L^3}{2}\right)=\frac{\hbar^2L^3}{6m}=\frac{h^2L^3}{24\pi^2m}\end{aligned}$$

$$\begin{aligned}\int\psi^*\psi\mathrm{d}x&=\int_0^L x(L-x)x(L-x)\mathrm{d}x\\&=\int_0^L x^2(L-x)^2\mathrm{d}x=\int_0^L\left(x^4-2Lx^3+L^2x^2\right)\mathrm{d}x\\&=\left[\frac{x^5}{5}-\frac{Lx^4}{2}+\frac{L^2x^3}{3}\right]_0^L=\frac{L^5}{30}\end{aligned}$$

그러므로 에너지 기댓값은 다음과 같다.

$$\langle \boldsymbol{E}\rangle=\frac{h^2L^3}{24\pi^2m}\cdot\frac{30}{L^5}=\boldsymbol{\frac{5h^2}{4\pi^2mL^2}}$$

1차원 상자 속 입자의 바닥 상태($n=1$)에 대한 정확한 에너지는 다음과 같으므로

$$E_1=\frac{h^2}{8mL^2}$$

% 오차는 다음과 같다.

$$\% \text{ 오차} = \frac{\langle E\rangle - E_1}{E_1} \times 100\% = \frac{\left(\frac{5}{4\pi^2} - \frac{1}{8}\right)\frac{h^2}{mL^2}}{h^2/8mL^2} \times 100\%$$

$$= 8\left(\frac{5}{4\pi^2} - \frac{1}{8}\right) \times 100\% = \mathbf{1.32\%}$$

답 (1) 풀이 참조 (2) $\langle E\rangle = \frac{5h^2}{4\pi^2 mL^2}$, 오차 = 1.32%

5.10 조화 진동자에 대하여 $\cos\lambda x$ 꼴의 함수를 시도 함수로 사용했을 때의 에너지 기댓값을 구하고, 실제 값과 얼마나 오차가 나는지를 살펴보는 문제이다.

조화 진동자의 해밀토니안과 에너지 기댓값은 다음과 같다.

$$\hat{H} = -\frac{\hbar^2}{2\mu}\frac{d^2}{dx^2} + \frac{1}{2}kx^2 \qquad \langle E\rangle = \frac{\int \psi^* \hat{H} \psi dx}{\int \psi^* \psi dx}$$

에너지 기댓값 식에서 분자와 분모는 각각 다음과 같이 구해진다.

$$\int_{-\pi/2\lambda}^{\pi/2\lambda} \psi^* \hat{H} \psi dx = \int_{-\pi/2\lambda}^{\pi/2\lambda} \cos\lambda x \left(-\frac{\hbar^2}{2\mu}\frac{d^2}{dx^2} + \frac{1}{2}kx^2\right)\cos\lambda x dx$$

$$= \frac{\pi\lambda\hbar^2}{4\mu} + \left(\frac{\pi^3}{48} - \frac{\pi}{8}\right)\frac{k}{\lambda^3}$$

$$\int_{-\pi/2\lambda}^{\pi/2\lambda} \psi^* \psi dx = \int_{-\pi/2\lambda}^{\pi/2\lambda} \cos^2 \lambda x dx = \frac{\pi}{2\lambda}$$

그러므로 에너지 기댓값은 다음과 같다.

$$\langle E\rangle = \left\{\frac{\pi\lambda\hbar^2}{4\mu} + \left(\frac{\pi^3}{48} - \frac{\pi}{8}\right)\frac{k}{\lambda^3}\right\} \cdot \frac{2\lambda}{\pi} = \frac{\lambda^2\hbar^2}{2\mu} + \left(\frac{\pi^2}{24} - \frac{1}{4}\right)\frac{k}{\lambda^2}$$

$\langle E\rangle$가 최솟값을 갖는 λ를 구하기 위하여 $\langle E\rangle$를 λ에 대하여 미분한 값이 0일 때를 구하면

$$\frac{d\langle E\rangle}{d\lambda} = \frac{d}{d\lambda}\left\{\frac{\lambda^2\hbar^2}{2\mu} + \left(\frac{\pi^2}{24} - \frac{1}{4}\right)\frac{k}{\lambda^2}\right\} = \frac{\hbar^2}{\mu}\lambda - 2\left(\frac{\pi^2}{24} - \frac{1}{4}\right)k\lambda^{-3}$$

$$= \frac{\hbar^2}{\mu}\lambda^4 - \left(\frac{\pi^2}{12} - \frac{1}{2}\right)k = 0$$

$\langle E\rangle$를 최소화하는 λ는 다음과 같다.

$$\lambda = \left\{\left(\frac{\pi^2}{12} - \frac{1}{2}\right)\frac{k\mu}{\hbar^2}\right\}^{1/4}$$

이 λ 값을 넣어 최소화된 에너지를 구하면 다음과 같이 된다.

$$\langle \boldsymbol{E}\rangle_{\min} = \left(\frac{\pi^2}{3} - 2\right)^{1/2}\frac{1}{2}\hbar\sqrt{\frac{k}{\mu}} = 1.136 \times \left(\frac{1}{2}\hbar\omega\right) = \mathbf{1.136 \times \left(\frac{1}{2}h\nu\right)}$$

조화 진동자의 바닥 상태($v=0$)에 대한 정확한 에너지는 다음과 같으므로

$$E_0=\frac{1}{2}h\nu$$

% 오차는 다음과 같다.

$$\textbf{\% 오차}=\frac{\langle E\rangle_{\min}-E_0}{E_0}\times 100\%=\frac{(1.136-1)\times\left(\frac{1}{2}h\nu\right)}{\frac{1}{2}h\nu}\times 100\%=\mathbf{13.6\%}$$

답 $\langle E\rangle_{\min}=1.136\times\left(\frac{1}{2}h\nu\right)$, 오차$=13.6\%$

5.11 각 궤도함수의 궤도 각운동량 양자수로부터 궤도 각운동량의 크기를 구하는 문제이다.

궤도 각운동량의 크기$=\sqrt{l(l+1)}\hbar$ 이므로 각 궤도함수의 궤도 각운동량의 크기는 다음과 같이 구해진다.

(1) s 궤도함수는 $l=0$이다. 그러므로 $\sqrt{0(0+1)}\hbar=\mathbf{0}$

(2) p 궤도함수는 $l=1$이다. 그러므로 $\sqrt{1(1+1)}\hbar=\boldsymbol{\sqrt{2}\hbar}$

(3) d 궤도함수는 $l=2$이다. 그러므로 $\sqrt{2(2+1)}\hbar=\boldsymbol{\sqrt{6}\hbar}$

(4) f 궤도함수는 $l=3$이다. 그러므로 $\sqrt{3(3+1)}\hbar=\boldsymbol{2\sqrt{3}\hbar}$

답 (1) 0 (2) $\sqrt{2}\hbar$ (3) $\sqrt{6}\hbar$ (4) $2\sqrt{3}\hbar$

5.12 홀전자의 전체 각운동량 양자수를 구하는 문제이다.

홀전자의 전체 각운동량 양자수 j는 다음과 같다.

$$j=l+s,\ l+s-1,\ \cdots,\ |l-s|$$

그러므로 각 궤도함수에 들어 있는 홀전자의 전체 각운동량 양자수 j는 다음과 같이 구해진다.

(1) $l=0,\ s=\frac{1}{2}$: $\boldsymbol{j}=0+\frac{1}{2}=\mathbf{\frac{1}{2}}$

(2) $l=1,\ s=\frac{1}{2}$: $\boldsymbol{j}=1+\frac{1}{2},\ \left|1-\frac{1}{2}\right|=\mathbf{\frac{3}{2},\ \frac{1}{2}}$

(3) $l=2,\ s=\frac{1}{2}$: $\boldsymbol{j}=2+\frac{1}{2},\ \left|2-\frac{1}{2}\right|=\mathbf{\frac{5}{2},\ \frac{3}{2}}$

(4) $l=3,\ s=\frac{1}{2}$: $\boldsymbol{j}=3+\frac{1}{2},\ \left|3-\frac{1}{2}\right|=\mathbf{\frac{7}{2},\ \frac{5}{2}}$

답 (1) $j=\frac{1}{2}$ (2) $j=\frac{3}{2},\ \frac{1}{2}$ (3) $j=\frac{5}{2},\ \frac{3}{2}$ (4) $j=\frac{7}{2},\ \frac{5}{2}$

5.13 두 전자에 대한 각각의 전체 각운동량 양자수 j로부터 전체 각운동량 양자수 J를 구하는 문제이다.

두 전자의 전체 각운동량 양자수 J는 다음과 같다.

$$J = j_1 + j_2, j_1 + j_2 - 1, \cdots, |j_1 - j_2|$$

그러므로 두 전자의 전체 각운동량 양자수 J는 다음과 같이 구해진다.

(1) $j_1 = 1, j_2 = 2 : \boldsymbol{J} = 1+2, \cdots, |1-2| = \mathbf{3,\ 2,\ 1}$

(2) $j_1 = 3, j_2 = 5 : \boldsymbol{J} = 3+5, \cdots, |3-5| = \mathbf{8,\ 7,\ 6,\ 5,\ 4,\ 3,\ 2}$

답 (1) J=3, 2, 1 (2) J=8, 7, 6, 5, 4, 3, 2

6강 원자 분광학

6.1 다전자 원자의 스펙트럼에 미세 구조가 나타나는 이유를 말하는 문제이다.

원자가 전자가 두 개 이상 있으면 전자와 전자 사이에 쿨롱 상호작용, 스핀–스핀 상호작용, 스핀–궤도 짝지음에 의하여 에너지 준위가 미세하게 갈라져 스펙트럼에 미세 구조가 나타난다.

답 풀이 참조

6.2 원자의 에너지 준위를 나타내는 항 기호 표기법과 항의 안정도 순서를 판단하는 규칙을 말하는 문제이다.

(1) 항 기호는 다음과 같이 표기한다.

$$^{2S+1}L_J$$

여기에서 2S+1은 스핀 다중도, L은 전체 궤도함수 각운동량 양자수, J는 전체 각운동량 양자수이다.

(2) 항의 안정도 순서를 판단하는 훈트 규칙은 다음과 같다.

1. 다중도(즉 S)가 클수록 안정하다.
2. 다중도가 같을 때는 L 값이 큰 것이 안정하다.
3. S와 L이 모두 같을 때는 J 값에 의하여 안정도가 다음과 같이 결정된다.

   부껍질이 절반 미만으로 채워졌을 때: J 값이 작을수록 안정하다.

   부껍질이 절반보다 많이 채워졌을 때: J 값이 클수록 안정하다.

답 (1) 풀이 참조 (2) 풀이 참조

6.3 스펙트럼에서 선택 규칙이 존재하는 이유를 설명하는 문제이다.

스펙트럼은 에너지 준위들 사이에 분광학적 전이에 의하여 흡수되거나 방출되는 전자기파의 진동수 또는 파장을 기록한 것이다. 이러한 전자기파에 의한 에너지 준위 사이의 전이는 전자기장 벡터가 원자의 순간 전기 모멘트와 상호작용이 일어날 때, 즉 각운동량이 보존되는 경우에만 발생하고, 각운동량이 보존되지 않는 경우에는 전이가 일어나지 않는다.

답 풀이 참조

6.4 전자가 모두 짝지어진 전자 배치는 항상 ^{1}S 항이 되는 이유를 증명하는 문제이다.

전자가 모두 짝지어진 경우 각 전자의 자기 양자수는 $+m_l$에서 $-m_l$까지 가질 수 있다. 그러므로 M_L과 L은 다음과 같이 된다.

$$M_L = \sum_i m_{l_i} = 0 \qquad L = 0$$

또한 전자가 모두 짝지어진 경우 각 전자의 자기 양자수는 $+\frac{1}{2}$ 또는 $-\frac{1}{2}$을 가질 수 있다. 그러므로 M_S와 S는 다음과 같이 된다.

$$M_S = \sum_i m_{s_i} = 0 \qquad S = 0$$

그러므로 전자가 모두 짝지어진 전자 배치는 항상 ^{1}S 항이 된다.

답 풀이 참조

6.5 궤도함수 각운동량 양자수와 스핀 양자수로부터 전체 각운동량이 가질 수 있는 양자수를 구하는 문제이다.

전체 각운동량 양자수 $J = L+S, \cdots, |L-S|$이다. 그러므로 L과 S를 구하면 다음과 같다.

$$L = l_1 + l_2, \cdots, |l_1 + l_2| = 1+2,\ 1+2-1,\ |1-2| = 3,\ 2,\ 1$$

$$S = s_1 + s_2, \cdots, |s_1 - s_2| = \frac{1}{2} + \frac{1}{2}, \left|\frac{1}{2} - \frac{1}{2}\right| = 1,\ 0$$

그러므로 가질 수 있는 J 값은 다음과 같이 된다.

$$J = L+S, \cdots, |L-S| = 3+1,\ 3+1-1,\ \cdots,\ |0-0| = \mathbf{4,\ 3,\ 2,\ 1,\ 0}$$

답 $J = 0, 1, 2, 3, 4$

6.6 다전자 원자의 전자 배치로부터 전자의 상태(궤도함수 또는 에너지 준위)에 대한 항 기호를 결정하는 문제이다.

(1) 전자 배치가 ns^2인 계에 대한 각 전자의 양자수는 다음과 같다.

$$\left(n,\ 0,\ 0,\ +\frac{1}{2}\right) \quad \left(n,\ 0,\ 0,\ -\frac{1}{2}\right)$$

전체 궤도함수 각운동량 양자수 L은 다음과 같이 된다.

$m_{l_1}=0,\ m_{l_2}=0 \quad M_L=m_{l_1}+m_{l_2}=0$

$\therefore\ L=0$(기호=S)

또한 각 전자에 대한 스핀 각운동량 양자수는 $m_{s_1}=+\frac{1}{2}$, $m_{s_2}=-\frac{1}{2}$ 이므로 전체 스핀 각운동량 양자수 S는 다음과 같이 된다.

$$M_S=\frac{1}{2}-\frac{1}{2}=0$$

$\therefore\ S=0$, 스핀 다중도$=2S+1=2(0)+1=1$

끝으로 전체 각운동량 양자수 J는 다음과 같이 된다.

$$J=L+S,\cdots,|L-S|=0,\cdots,0=0$$

따라서 항 기호는 다음과 같다.

$^1\mathbf{S}_0$

(2) 전자 배치가 np^6인 계에 대한 각 전자의 양자수는 다음과 같다.

$$\left(n,\ 1,\ 1,\ \pm\frac{1}{2}\right)\ \left(n,\ 1,\ 0,\ \pm\frac{1}{2}\right)\ \left(n,\ 1,\ -1,\ \pm\frac{1}{2}\right)$$

전체 궤도함수 각운동량 양자수 L은 다음과 같이 된다.

$$M_L=\sum_{i=1}^{6}m_{l_i}=1+1+0+0-1-1=0$$

$\therefore\ L=0$(기호=S)

또한 각 전자에 대한 전체 스핀 각운동량 양자수 S는 다음과 같이 된다.

$$M_S=\sum_{i=1}^{6}m_{s_i}=3\left(\frac{1}{2}-\frac{1}{2}\right)=0$$

$\therefore\ S=0$, 스핀 다중도$=2S+1=2(0)+1=1$

끝으로 전체 각운동량 양자수 J는 다음과 같이 된다.

$$J=L+S=0+0=0$$

따라서 항 기호는 다음과 같다.

$^1\mathbf{S}_0$

(3) 전자 배치가 nd^{10}인 계에 대한 각 전자의 양자수는 다음과 같다.

$$\left(n,\ 2,\ 2,\ \pm\frac{1}{2}\right)\ \left(n,\ 2,\ 1,\ \pm\frac{1}{2}\right)\ \left(n,\ 2,\ 0,\ \pm\frac{1}{2}\right)$$

$$\left(n,\ 2,\ -1,\ \pm\frac{1}{2}\right)\ \left(n,\ 2,\ -2,\ \pm\frac{1}{2}\right)$$

전체 궤도함수 각운동량 양자수 L은 다음과 같이 된다.

$$M_L=\sum_{i=1}^{10}m_{l_i}=0$$

$\therefore\ L=0$(기호$=$S)

또한 각 전자에 대한 전체 스핀 각운동량 양자수 S는 다음과 같이 된다.

$$M_S=\sum_{i=1}^{10} m_{s_i}=0$$

$\therefore\ S=0$, 스핀 다중도$=2S+1=2(0)+1=1$

끝으로 전체 각운동량 양자수 J는 다음과 같이 된다.

$J=L+S=0+0=0$

따라서 항 기호는 다음과 같다.

$\mathbf{^1S_0}$

답 (1) $^1S_0$ (2) $^1S_0$ (3) $^1S_0$

6.7 다전자 원자에서 하나의 홀전자를 가진 전자 배치에 대하여 전자의 상태에 대한 항 기호를 결정하는 문제이다.

(1) 전자 배치가 s^1인 계에 대한 전자의 양자수는 다음과 같다.

$$\left(n,\ 0,\ 0,\ +\frac{1}{2}\right)$$

전체 궤도함수 각운동량 양자수 L은 다음과 같이 된다.

$m_{l_1}=0\quad M_L=m_{l_1}=0$

$\therefore\ L=0$(기호$=$S)

전체 스핀 각운동량 양자수 S는 다음과 같이 된다.

$$M_S=\frac{1}{2}$$

$\therefore\ S=\frac{1}{2}$, 스핀 다중도$=2S+1=2\cdot\frac{1}{2}=2$

전체 각운동량 양자수 J는 다음과 같이 된다.

$$J=L+S,\cdots,|L-S|=0+\frac{1}{2},\cdots,\left|0-\frac{1}{2}\right|=\frac{1}{2}$$

따라서 항 기호는 다음과 같다.

$\mathbf{^2S_{1/2}}$

(2) 전자 배치가 p^1인 계에 대한 전자의 양자수는 다음과 같다.

$$\left(n,\ 1,\ 0,\ +\frac{1}{2}\right)$$

전체 궤도함수 각운동량 양자수 L은 다음과 같이 된다.

$m_{l_1}=1\quad M_L=1$

$\therefore\ L=1$(기호$=$P)

전체 스핀 각운동량 양자수 S는 다음과 같이 된다.

$$M_S = \frac{1}{2}$$

$$\therefore\ S = \frac{1}{2},\ \text{스핀 다중도} = 2S+1 = 2\cdot\frac{1}{2} = 2$$

전체 각운동량 양자수 J는 다음과 같이 된다.

$$J = L+S, \cdots, |L-S| = 1+\frac{1}{2}, \cdots, \left|1-\frac{1}{2}\right| = \frac{3}{2}, \frac{1}{2}$$

따라서 항 기호는 다음과 같다.

$\mathbf{{}^2P_{3/2}, {}^2P_{1/2}}$

(3) 전자 배치가 d^1인 계에 대한 전자의 양자수는 다음과 같다.

$$\left(n,\ 2,\ 0,\ +\frac{1}{2}\right)$$

전체 궤도함수 각운동량 양자수 L은 다음과 같이 된다.

$m_{l_1} = 2 \quad M_L = 2$

$\therefore\ L = 2$(기호$=$D)

전체 스핀 각운동량 양자수 S는 다음과 같이 된다.

$$M_S = \frac{1}{2}$$

$$\therefore\ S = \frac{1}{2},\ \text{스핀 다중도} = 2S+1 = 2\cdot\frac{1}{2} = 2$$

전체 각운동량 양자수 J는 다음과 같이 된다.

$$J = L+S, \cdots, |L-S| = 2+\frac{1}{2}, \cdots, \left|2-\frac{1}{2}\right| = \frac{5}{2}, \frac{3}{2}$$

따라서 항 기호는 다음과 같다.

$\mathbf{{}^2D_{5/2}, {}^2D_{3/2}}$

(4) 전자 배치가 f^1인 계에 대한 전자의 양자수는 다음과 같다.

$$\left(n,\ 3,\ 0,\ +\frac{1}{2}\right)$$

전체 궤도함수 각운동량 양자수 L은 다음과 같이 된다.

$m_{l_1} = 3 \quad M_L = 3$

$\therefore\ L = 3$(기호$=$F)

전체 스핀 각운동량 양자수 S는 다음과 같이 된다.

$$M_S = \frac{1}{2}$$

$\therefore\ S=\frac{1}{2}$, 스핀 다중도$=2S+1=2\cdot\frac{1}{2}=2$

전체 각운동량 양자수 J는 다음과 같이 된다.

$$J=L+S,\cdots,|L-S|=3+\frac{1}{2},\cdots,\left|3-\frac{1}{2}\right|=\frac{7}{2},\frac{5}{2}$$

따라서 항 기호는 다음과 같다.

$\mathbf{^2F_{7/2},\ ^2F_{5/2}}$

답 (1) $^2S_{1/2}$ (2) $^2P_{3/2},{}^2P_{1/2}$ (3) $^2D_{5/2},{}^2D_{3/2}$ (4) $^2F_{7/2},{}^2F_{5/2}$

6.8 동일한 궤도함수에 전자가 하나만 채워져 있는 경우와 전자가 하나만 비어 있는 경우에 항 기호가 같은 이유를 말하는 문제이다.

p^5 전자 배치는 두 개의 p 궤도함수에는 전자가 다 채워져 있고 다른 하나의 궤도함수에는 전자가 반만 채워져 있으므로 M_L과 M_S는 이 반만 채워진 궤도함수에 의하여 결정된다. 따라서 p^1과 p^5는 동일한 항 기호를 갖게 된다. 다만 이 두 전자 배치 사이에는 훈트 셋째 규칙에 의하여 바닥 상태에 대한 항 기호는 서로 다르다. 즉 p^1의 바닥 상태 항 기호는 $^2P_{1/2}$이고, p^5의 바닥 상태 항 기호는 $^2P_{3/2}$이다.

답 풀이 참조

6.9 J 값이 제외된 항 기호로부터 J 값의 가능한 미세 상태 수가 $(2L+1)(2S+1)$로 나타남을 증명하는 문제이다.

J 값은 $L+S$로 구성된다.

여기에서 각 L에 대하여 $(2L+1)$개의 M_L이 존재한다. 또한 각 M_L은 $(2S+1)$개의 스핀 상태를 가질 수 있으므로 가능한 총 미세 상태 수는 $(2L+1)\times(2S+1)$개가 된다.

답 풀이 참조

6.10 $(2L+1)\times(2S+1)$ 규칙을 적용하여 항이 ^1S, ^3P, ^1D인 전자 배치가 p^2인 다전자 원자의 가능한 총 미세 상태 수를 구하는 문제이다.

(1) 각 항에 대한 가능한 미세 상태 수는 다음과 같다.

$^1S:\ (2\cdot0+1)(2\cdot0+1)=1\times1=1$

$^3P:\ (2\cdot1+1)(2\cdot1+1)=3\times3=9$

$^1D:\ (2\cdot2+1)(2\cdot0+1)=5\times1=5$

그러므로 가능한 총 미세 상태 수는 다음과 같다.

가능한 총 미세 상태 수$=1+9+5=\mathbf{15}$

(2) 각 상태에 대한 미세 상태 항 기호는 다음과 같이 된다.

$$^1\text{S}: J = L+S, \cdots, |L-S| = 0+0 = 0 \quad \therefore\ ^1\mathbf{S_0}$$

$$^3\text{P}: J = L+S, \cdots, |L-S| = 1+1, \cdots, |1-1| = 2,\ 1,\ 0 \quad \therefore\ ^3\mathbf{P_2},\ ^3\mathbf{P_1},\ ^3\mathbf{P_0}$$

$$^1\text{D}: J = L+S, \cdots, |L-S| = 2+0, \cdots, |2-0| = 2 \quad \therefore\ ^1\mathbf{D_2}$$

(3) 훈트 규칙을 적용하면 바닥 상태 항은 $^3\mathbf{P_0}$ 이다.

답 (1) 15 (2) $^1\text{S}_0$, $^3\text{P}_2$, $^3\text{P}_1$, $^3\text{P}_0$, $^1\text{D}_2$ (3) $^3\text{P}_0$

6.11 여러 가지 전자 배치에 대하여 다전자 원자의 가능한 총 미세 상태 수를 구하는 문제이다.

(1) p^3는 ^{4}S, ^{2}P, ^{2}D의 항을 가지므로 가능한 총 미세 상태 수는 다음과 같다.

$$^4\text{S}: (2\cdot 0+1)\left(2\cdot\frac{3}{2}+1\right) = 1\times 4 = 4$$

$$^2\text{P}: (2\cdot 1+1)\left(2\cdot\frac{1}{2}+1\right) = 3\times 2 = 6$$

$$^2\text{D}: (2\cdot 2+1)\left(2\cdot\frac{1}{2}+1\right) = 5\times 2 = 10$$

가능한 총 미세 상태 수 $= 4+6+10 = \mathbf{20}$

(2) p^4는 p^2와 동일하게 ^{1}S, ^{3}P, ^{1}D의 항을 가지므로 문제 6.10의 p^2와 마찬가지로 **가능한 총 미세 상태 수 = 15**이다.

(3) d^2는 ^{1}S, ^{3}P, ^{1}D, ^{3}F, ^{1}G의 항을 가지므로 가능한 총 미세 상태 수는 다음과 같다.

$$^1\text{S}: (2\cdot 0+1)(2\cdot 0+1) = 1\times 1 = 1$$

$$^3\text{P}: (2\cdot 1+1)(2\cdot 1+1) = 3\times 3 = 9$$

$$^1\text{D}: (2\cdot 2+1)(2\cdot 0+1) = 5\times 1 = 5$$

$$^3\text{F}: (2\cdot 3+1)(2\cdot 0+1) = 7\times 1 = 7$$

$$^1\text{G}: (2\cdot 4+1)(2\cdot 0+1) = 9\times 1 = 9$$

가능한 총 미세 상태 수 $= 1+9+5+7+9 = \mathbf{31}$

(4) d^3는 ^{2}P, ^{4}P, 2^2D, ^{2}F, ^{4}F, ^{2}G, ^{2}H의 항을 가지므로 가능한 총 미세 상태 수는 다음과 같다.

$$^2\text{P}: (2\cdot 1+1)\left(2\cdot\frac{1}{2}+1\right) = 3\times 2 = 6$$

$$^4\text{P}: (2\cdot 1+1)\left(2\cdot\frac{3}{2}+1\right) = 3\times 4 = 12$$

$$2\,^2\text{D}: (2)(2\cdot 2+1)\left(2\cdot\frac{1}{2}+1\right) = 2\times 5\times 2 = 20$$

$^2F: (2\cdot3+1)\left(2\cdot\frac{1}{2}+1\right)=7\times2=14$

$^4F: (2\cdot3+1)\left(2\cdot\frac{3}{2}+1\right)=7\times4=28$

$^2G: (2\cdot4+1)\left(2\cdot\frac{1}{2}+1\right)=9\times2=18$

$^2H: (2\cdot5+1)\left(2\cdot\frac{1}{2}+1\right)=11\times2=22$

가능한 총 미세 상태 수$=6+12+20+14+28+18+22=$ **120**

답 (1) 20 (2) 15 (3) 31 (4) 120

6.12 ns^1np^1의 전자 배치를 갖는 다전자 원자에 대하여 항 관련 사항들을 구하는 문제이다.

선사 배지가 ns^1np^1인 계에 대한 각 전자의 양자수는 다음과 같다.

$(n, 0, 0, m_{s_1})$ $(n, 1, m_{l_2}, m_{s_2})$

(1) 가능한 총 미세 상태 수는 다음과 같이 구해진다.

ns^1 전자: $L=0, S=\frac{1}{2}$; 미세 상태 수$=(2\cdot0+1)\left(2\cdot\frac{1}{2}+1\right)=1\times2=2$

np^1 전자: $L=1, S=\frac{1}{2}$; 미세 상태 수$=(2\cdot1+1)\left(2\cdot\frac{1}{2}+1\right)=3\times2=6$

그러므로 ns^1np^1 전자 배치에 대한 미세 상태 수 $=2\times6=$ **12**가 된다.

(2) 각 상태에 대한 항 기호를 구하기 위하여 12개의 미세 상태에 대한 M_L과 M_S 조합을 구하면 다음과 같이 된다.

		M_S		
		1	0	−1
M_L	1	$0\alpha, 1\alpha$	$0\alpha, 1\beta; 0\beta, 1\alpha$	$0\beta, 1\beta$
	0	$0\alpha, 0\alpha$	$0\alpha, 0\beta; 0\beta, 0\alpha$	$0\beta, 0\beta$
	−1	$0\alpha, -1\alpha$	$0\alpha, -1\beta; 0\beta, -1\alpha$	$0\beta, -1\beta$

1. $M_L=1$일 때 $M_S=1, 0, -1$을 가짐. ∴ $L=1$일 때 $S=1$, 따라서 이 상태는 ^3P이고, 위 표의 각 칸에서 하나씩 9개의 미세 상태가 ^3P에 속한다. 이때 $M_S=0$인 열에서는 ($0\alpha, 1\beta; 0\beta, 1\alpha$), ($0\alpha, 0\beta; 0\beta, 0\alpha$), ($0\alpha, -1\beta; 0\beta, -1\alpha$) 가운데 둘 중에 하나 어느 것을 선택해도 괜찮다. 그러므로 9개의 미세 상태는 다음과 같다.

		M_S		
		1	0	−1
M_L	1	$0\alpha, 1\alpha$	$0\alpha, 1\beta; 0\beta, 1\alpha$	$0\beta, 1\beta$
	0	$0\alpha, 0\alpha$	$0\alpha, 0\beta; 0\beta, 0\alpha$	$0\beta, 0\beta$
	−1	$0\alpha, -1\alpha$	$0\alpha, -1\beta; 0\beta, -1\alpha$	$0\beta, -1\beta$

이 항에 대한 $J=2, 1, 0$이므로 미세 상태 항 기호는 $\mathbf{^3P_2}$, $\mathbf{^3P_1}$, $\mathbf{^3P_0}$ 이다.

2. ^{3}P의 미세 상태를 제외하고 나면 $M_S=0$이면서 다음과 같은 $M_S=1, 0, -1$인 3개의 상태가 남는다.

		M_S		
		1	0	−1
M_L	1		$0\beta, 1\alpha$	
	0		$0\beta, 0\alpha$	
	−1		$0\beta, -1\alpha$	

이 상태는 $L=1$일 때 $S=0$이다. 따라서 이 상태는 ^{1}P이다. 이 항에 대한 $J=1$이므로 미세 상태 항 기호는 $\mathbf{^1P_1}$ 이다.

(3) 바닥 상태는 훈트 첫째 규칙에 의하면 ^{3}P이고, 셋째 규칙에 의하면 $J=0$인 $\mathbf{^3P_0}$ 이다.

답 (1) 12 (2) $^3P_2$, $^3P_1$, $^3P_0$, $^1P_1$ (3) $^3P_0$

7강 화학 결합: 원자에서 분자로

7.1 보른–오펜하이머 근사법의 개념과 보른–오펜하이머 근사법으로 분자 구조를 결정하는 방법을 설명하는 문제이다.

보른–오펜하이머 근사는 분자에서 핵들이 정지(즉 핵간 거리는 일정)해 있다고 가정하여 슈뢰딩거 방정식을 다루는 방법이다. 보른–오펜하이머 근사법으로 분자 구조를 결정하는 방법은 다음과 같은 순서로 진행한다.

첫째, 적당한 핵간 거리를 선정하여 전자에 대한 슈뢰딩거 방정식을 푼다.

둘째, 핵간 거리를 변화시키며 계산을 되풀이한다.

셋째, 결합 길이에 따른 퍼텐셜 에너지 곡선를 그린다.

넷째, 퍼텐셜 에너지 곡선으로부터 평형 결합 길이 R_e와 결합 해리 에너지 D_0를 구한다.

답 풀이 참조

7.2 원자가 결합(VB)론과 분자 궤도함수(MO)론의 근사 방법을 비교하는 문제이다.

VB론에서 원자는 분자 내에서 그들의 특성을 유지하며 원자들이 일정 거리 이내로 접근하면 원자가 전자들이 상호작용하여 결합을 형성하는 것으로 다룬다. 그러므로 두 원자 A와 B가 결합하여 분자를 형성할 때 결합 파동 함수는 다음과 같이 단순히 독립적인 두 파동 함수의 선형 결합으로 이루어지는 것으로 근사적으로 다룬다.

$$\Psi_{\mathrm{VB},\pm} = \psi_{\mathrm{A}}(1)\psi_{\mathrm{B}}(2) \pm \psi_{\mathrm{A}}(2)\psi_{\mathrm{B}}(1)$$

이 파동 함수 $\Psi_{\mathrm{VB},\pm}$에는 전자가 한쪽 핵에 몰려 있는 경우인 다음과 같은 이온 결합성 파동 함수를 무시한 근사를 하고 있다.

$$\Psi_{\mathrm{ionic}} = \psi_{\mathrm{A}}(1)\psi_{\mathrm{A}}(2) + \psi_{\mathrm{B}}(1)\psi_{\mathrm{B}}(2)$$

반면에 MO론에서는 분자 내에 있는 전자들이 특정 결합에 속해 있지 않고 분자 전체에 분포되어 있는 것으로 다룬다. 그러므로 파동 함수는 다음과 같이 나타낸다.

$$\begin{aligned}\Psi_{\mathrm{MO},\pm} &= N(\psi_{\mathrm{A}} \pm \psi_{\mathrm{B}}) = N\left[\{\psi_{\mathrm{A}}(1) \pm \psi_{\mathrm{B}}(1)\}\{\psi_{\mathrm{A}}(2) \pm \psi_{\mathrm{B}}(2)\}\right] \\ &= \psi_{\mathrm{A}}(1)\psi_{\mathrm{A}}(2) + \psi_{\mathrm{A}}(1)\psi_{\mathrm{B}}(2) + \psi_{\mathrm{A}}(2)\psi_{\mathrm{B}}(1) + \psi_{\mathrm{B}}(1)\psi_{\mathrm{B}}(2)\end{aligned}$$

그러므로 $\Psi_{\mathrm{MO},\pm}$에는 이온 결합성이 공유 결합성과 같은 정도로 포함된다. 따라서 MO에서는 이온 결합성이 과도하게 고려되는 근사를 하고 있다.

답 풀이 참조

7.3 겹침 밀도인 겹침 적분 값 S의 성질을 정성적으로 파악하는 문제이다.

(1) 1s 궤도함수는 지수적으로 감소하여 그 크기는 결코 0이 되지 않는다. 따라서 $S = \int \psi_{\mathrm{A}}^{*}\psi_{\mathrm{B}}\,\mathrm{d}\tau$ 는 결코 0이 되지 않는다.

(2) ns 궤도함수와 np_x 궤도함수와의 겹침은 다음의 그림에서 보는 바와 같이 ns 궤도함수가 np 궤도함수의 '+' 위상 부분과 '−' 위상 부분의 겹침이 서로 상쇄되어 겹침 적분 값 S가 항상 0이 된다.

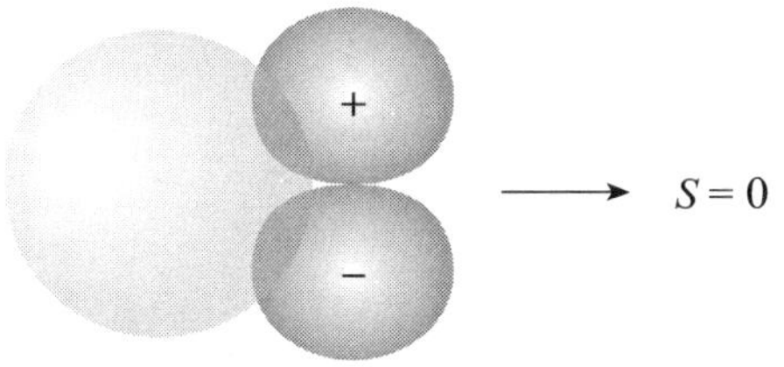

답 (1) 풀이 참조 (2) 풀이 참조

7.4 전자가 특정 분자 궤도함수를 채울 때 분자의 전체 에너지 변화를 판단하는 문제이다.

분자 궤도함수론에서 분자의 전체 에너지는 전자가 채워진 MO의 에너지 준위 값에 의하여 결정된다. 그러므로 음(−)의 값을 가진 MO에 채워진 전자는 분자의 전체 에너지 값을 낮추고, 양(+)의 값을 가진 MO에 채워진 전자는 분자의 전체 에너지 값을 높인다.

따라서 전자가 반결합 궤도함수에 들어갈 때 그 반결합 궤도함수의 에너지가 음(−)의 값을 가지면 분자의 전체 에너지는 낮아지고, 양(+)의 값을 가지면 분자의 전체 에너지는 높아진다.

답 풀이 참조

7.5 분자 궤도함수론에 따라 동핵 2원자 분자의 화학종에 대한 전자 배치와 결합 차수 b를 구하는 문제이다.

(1) H_2^-: 최외각 전자수=3, 전자 배치= $\mathbf{1\sigma_g^2 1\sigma_u^{*1}}$, $\boldsymbol{b=\frac{1}{2}(2-1)=0.5}$

(2) Li_2: 최외각 전자수=2, 전자 배치=$\mathbf{2\sigma_g^2}$, $\boldsymbol{b=\frac{1}{2}(2)=1}$

(3) Be_2: 최외각 전자수=4, 전자 배치=$\mathbf{2\sigma_g^2 2\sigma_u^{*2}}$, $\boldsymbol{b=\frac{1}{2}(2-2)=0}$

(4) B_2: 최외각 전자수=6, 전자 배치=$\mathbf{2\sigma_g^2 2\sigma_u^{*2} 1\pi_u^2}$, $\boldsymbol{b=\frac{1}{2}(4-2)=1}$

(5) C_2: 최외각 전자수=8, 전자 배치=$\mathbf{2\sigma_g^2 2\sigma_u^{*2} 1\pi_u^4}$, $\boldsymbol{b=\frac{1}{2}(6-2)=2}$

(6) N_2^+: 최외각 전자수=9, 전자 배치=$\mathbf{2\sigma_g^2 2\sigma_u^{*2} 1\pi_u^4 3\sigma_g^1}$, $\boldsymbol{b=\frac{1}{2}(7-2)=2.5}$

답 (1) $1\sigma_g^2 1\sigma_u^{*1}, b=0.5$ (2) $2\sigma_g^2, b=1$ (3) $2\sigma_g^2 2\sigma_u^{*2}, b=0$ (4) $2\sigma_g^2 2\sigma_u^{*2} 1\pi_u^2, b=1$
(5) $2\sigma_g^2 2\sigma_u^{*2} 1\pi_u^4, b=2$ (6) $2\sigma_g^2 2\sigma_u^{*2} 1\pi_u^4 3\sigma_g^1, b=2.5$

7.6 분자 궤도함수론에 따른 전자 배치에서 홀전자의 존재 여부로부터 화학종의 상자성과 반자성을 판단하는 문제이다.

(1) H_2^+: 전자 배치=$1\sigma_g^1$, 홀전자가 있으므로 **상자성**

H_2: 전자 배치=$1\sigma_g^2$, 전자가 모두 짝지어져 있으므로 **반자성**

H_2^-: 전자 배치=$1\sigma_g^2 1\sigma_u^{*1}$, 홀전자가 있으므로 **상자성**

(2) C_2^+: 전자 배치= $2\sigma_g^2 2\sigma_u^{*2} 1\pi_u^3$, 홀전자가 있으므로 **상자성**

C_2: 전자 배치= $2\sigma_g^2 2\sigma_u^{*2} 1\pi_u^4$, 전자가 모두 짝지어져 있으므로 **반자성**

C_2^-: 전자 배치= $2\sigma_g^2 2\sigma_u^{*2} 1\pi_u^3 2\sigma_g^1$, 홀전자가 있으므로 **상자성**

(3) O_2^+: 전자 배치= $2\sigma_g^2 2\sigma_u^{*2} 3\sigma_g^2 1\pi_u^4 1\pi_g^{*1}$, 홀전자가 있으므로 **상자성**

O_2: 전자 배치= $2\sigma_g^2 2\sigma_u^{*2} 3\sigma_g^2 1\pi_u^4 1\pi_g^{*2}$, 홀전자 2개, **상자성**

O_2^-: 전자 배치= $2\sigma_g^2 2\sigma_u^{*2} 3\sigma_g^2 1\pi_u^4 1\pi_g^{*3}$, 홀전자가 있으므로 **상자성**

답 (1) H_2^+: 상자성, H_2: 반자성, H_2^-: 상자성 (2) C_2^+: 상자성, C_2: 반자성, C_2^-: 상자성
(3) O_2^+: 상자성, O_2: 상자성, O_2^-: 상자성

7.7 분자 궤도함수론에 따른 전자 배치와 결합 차수 b로부터 동핵 화학종에 대한 결합 해리 에너지의 크기를 정성적으로 비교하는 문제이다.

(1) N_2: 전자 배치$=2\sigma_g^2 2\sigma_u^{*2} 1\pi_u^4 3\sigma_g^2$, $b=\frac{1}{2}(8-2)=3$

N_2^+: 전자 배치$=2\sigma_g^2 2\sigma_u^{*2} 1\pi_u^4 3\sigma_g^1$, $b=\frac{1}{2}(7-2)=2.5$

N_2의 결합 차수는 3이고, N_2^+의 결합 차수는 2.5이므로 N_2의 결합 해리 에너지가 N_2^+의 결합 해리 에너지보다 크게 된다.

(2) O_2: 전자 배치$=2\sigma_g^2 2\sigma_u^{*2} 3\sigma_g^2 1\pi_u^4 1\pi_g^{*2}$, $b=\frac{1}{2}(8-4)=2$

O_2^+: 전자 배치$=2\sigma_g^2 2\sigma_u^{*2} 3\sigma_g^2 1\pi_u^4 1\pi_g^{*1}$, $b=\frac{1}{2}(8-3)=2.5$

O_2의 결합 차수는 2이고, O_2^+의 결합 차수는 2.5이므로 O_2의 결합 해리 에너지는 O_2^+의 결합 해리 에너지보다 작게 된다.

답 (1) 풀이 참고 (2) 풀이 참조

7.8 분자 궤도함수론에 따른 전자 배치와 결합 차수 *b*로부터 동핵 화학종에 대한 안정도를 정성적으로 비교하는 문제이다.

(1) B_2^+: 전자 배치$=2\sigma_g^2 2\sigma_u^{*2} 1\pi_u^1$, $b=\frac{1}{2}(3-2)=0.5$

B_2: 전자 배치$=2\sigma_g^2 2\sigma_u^{*2} 1\pi_u^2$, $b=\frac{1}{2}(4-2)=1$

B_2^-: 전자 배치$=2\sigma_g^2 2\sigma_u^{*2} 1\pi_u^3$, $b=\frac{1}{2}(5-2)=1.5$

그러므로 상대적 안정도는 $\mathbf{B_2^- > B_2 > B_2^+}$이다.

(2) N_2^+: 전자 배치$=2\sigma_g^2 2\sigma_u^{*2} 1\pi_u^4 3\sigma_g^1$, $b=\frac{1}{2}(7-2)=2.5$

N_2: 전자 배치$=2\sigma_g^2 2\sigma_u^{*2} 1\pi_u^4 3\sigma_g^2$, $b=\frac{1}{2}(8-2)=3$

N_2^-: 전자 배치$=2\sigma_g^2 2\sigma_u^{*2} 1\pi_u^4 3\sigma_g^2 1\pi_g^{*1}$, $b=\frac{1}{2}(8-3)=2.5$

그러므로 상대적 안정도는 $\mathbf{N_2 > N_2^+ \approx N_2^-}$이다.

(3) F_2^+: 전자 배치$=2\sigma_g^2 2\sigma_u^{*2} 1\pi_u^4 3\sigma_g^2 1\pi_g^{*3}$, $b=\frac{1}{2}(8-5)=1.5$

F_2: 전자 배치$=2\sigma_g^2 2\sigma_u^{*2} 1\pi_u^4 3\sigma_g^2 1\pi_g^{*4}$, $b=\frac{1}{2}(8-6)=1$

F_2^-: 전자 배치$=2\sigma_g^2 2\sigma_u^{*2} 1\pi_u^4 3\sigma_g^2 1\pi_g^{*4} 3\sigma_u^{*1}$, $b=\frac{1}{2}(8-7)=0.5$

그러므로 상대적 안정도는 $\mathbf{F_2^+ > F_2 > F_2^-}$이다.

답 (1) $B_2^- > B_2 > B_2^+$ (2) $N_2 > N_2^+ \approx N_2^-$ (3) $F_2^+ > F_2 > F_2^-$

7.9 LCAO-MO 방법으로 n=2인 동핵 2원자 분자에 대한 MO가 만들어지는 것을 참조하여 n=3인 동핵 2원자 분자에 대한 MO를 만드는 문제이다.

$3s \pm 3s$와 $3p \pm 3p$에 의하여 만들어지는 MO는 n=2일 때와 동일하여 다음과 같이 된다.

$$3s \pm 3s \rightarrow \boldsymbol{\sigma_g(3s), \sigma_u^*(3s)}$$

$$3p_z \pm 3p_z \rightarrow \boldsymbol{\sigma_g(3p_z), \sigma_u^*(3p_z)}$$

$$3p_x \pm 3p_x \rightarrow \boldsymbol{\pi_u(3p_x), \pi_g^*(3p_x)}$$

$$3p_y \pm 3p_y \rightarrow \boldsymbol{\pi_u(3p_y), \pi_g^*(3p_y)}$$

$3d \pm 3d$에 의하여 만들어지는 MO는 '4강 수소꼴 원자'에서 본 d 궤도함수들의 배향을 참고하여 d 궤도함수를 선형 결합하면 다음과 같은 MO가 형성될 수 있음을 알 수 있다.

$$3d_{z^2} \pm 3d_{z^2} \rightarrow \boldsymbol{\sigma_g(3d_{z^2}), \sigma_u^*(3d_{z^2})}$$

$$3d_{zx} \pm 3d_{zx} \rightarrow \boldsymbol{\pi_u(3d_{zx}), \pi_g^*(3d_{zx})}$$

$$3d_{yz} \pm 3d_{yz} \rightarrow \boldsymbol{\pi_u(3d_{yz}), \pi_g^*(3d_{yz})}$$

$$3d_{xy} \pm 3d_{xy} \rightarrow \boldsymbol{\delta_g(3d_{xy}), \delta_u^*(3d_{xy})}$$

$$3d_{x^2-y^2} \pm 3d_{x^2-y} \rightarrow \boldsymbol{\delta_g(3d_{x^2-y^2}), \delta_u^*(3d_{x^2-y^2})}$$

답 $\sigma_g(3s)$, $\sigma_u^*(3s)$, $\sigma_g(3p_z)$, $\sigma_u^*(3p_z)$, $\pi_u(3p_x)$, $\pi_g^*(3p_x)$, $\pi_u(3p_y)$, $\pi_g^*(3p_y)$, $\sigma_g(3d_{z^2})$, $\sigma_u^*(3d_{z^2})$, $\pi_g(3\mathrm{d}_{zx})$, $\pi_u^*(3d_{zx})$, $\pi_g(3d_{yz})$, $\pi_u^*(3d_{yz})$, $\delta_g(3d_{xy})$, $\delta_u^*(3d_{xy})$, $\delta_g(3d_{x^2-y^2})$, $\delta_u^*(3d_{x^2-y^2})$

7.10 3주기 원소의 동핵 2원자 분자에 대한 바닥 상태 전자 배치와 결합 차수를 구하는 문제이다.

Na_2: 전자 배치=$\{\boldsymbol{\sigma_g(3s)}\}^2$, $\boldsymbol{b} = \frac{1}{2}(2-0) = \mathbf{1}$

Mg_2: 전자 배치=$\{\boldsymbol{\sigma_g(3s)}\}^2\{\boldsymbol{\sigma_u^*(3s)}\}^2$, $\boldsymbol{b} = \frac{1}{2}(2-2) = \mathbf{0}$

Al_2: 전자 배치=$\{\boldsymbol{\sigma_g(3s)}\}^2\{\boldsymbol{\sigma_u^*(3s)}\}^2\{\boldsymbol{\pi_u(3p)}\}^2$, $\boldsymbol{b} = \frac{1}{2}(4-2) = \mathbf{1}$

Si_2: 전자 배치=$\{\boldsymbol{\sigma_g(3s)}\}^2\{\boldsymbol{\sigma_u^*(3s)}\}^2\{\boldsymbol{\pi_u(3p)}\}^4$, $\boldsymbol{b} = \frac{1}{2}(6-2) = \mathbf{2}$

P_2: 전자 배치=$\{\boldsymbol{\sigma_g(3s)}\}^2\{\boldsymbol{\sigma_u^*(3s)}\}^2\{\boldsymbol{\pi_u(3p)}\}^4\{\boldsymbol{\sigma_g(3p_z)}\}^2$, $\boldsymbol{b} = \frac{1}{2}(8-2) = \mathbf{3}$

S_2: 전자 배치=$\{\boldsymbol{\sigma_g(3s)}\}^2\{\boldsymbol{\sigma_u^*(3s)}\}^2\{\boldsymbol{\pi_u(3p)}\}^4\{\boldsymbol{\sigma_g(3p_z)}\}^2\{\boldsymbol{\pi_g^*(3p)}\}^2$, $\boldsymbol{b} = \frac{1}{2}(8-4) = \mathbf{2}$

Cl_2: 전자 배치=$\{\boldsymbol{\sigma_g(3s)}\}^2\{\boldsymbol{\sigma_u^*(3s)}\}^2\{\boldsymbol{\pi_u(3p)}\}^4\{\boldsymbol{\sigma_g(3p_z)}\}^2\{\boldsymbol{\pi_g^*(3p)}\}^4$, $\boldsymbol{b} = \frac{1}{2}(8-6) = \mathbf{1}$

Ar_2: 전자 배치=$\{\sigma_g(3s)\}^2\{\sigma_u^*(3s)\}^2\{\pi_u(3p)\}^4\{\sigma_g(3p_z)\}^2\{\pi_g^*(3p)\}^4\{\sigma_u^*(3p_z)\}^2$,

$$b = \frac{1}{2}(8-8) = 0$$

답 Na_2: $\{\sigma_g(3s)\}^2$ $b=1$, Mg_2: $\{\sigma_g(3s)\}^2\{\sigma_u^*(3s)\}^2$ $b=0$,

Al_2: $\{\sigma_g(3s)\}^2\{\sigma_u^*(3s)\}^2\{\pi_u(3p)\}^2$ $b=1$, Si_2: $\{\sigma_g(3s)\}^2\{\sigma_u^*(3s)\}^2\{\pi_u(3p)\}^4$ $b=2$,

P_2: $\{\sigma_g(3s)\}^2$ $\{\sigma_u^*(3s)\}^2\{\pi_u(3p)\}^4\{\sigma_g(3p_z)\}^2$ $b=3$,

S_2: $\{\sigma_g(3s)\}^2\{\sigma_u^*(3s)\}^2\{\pi_u(3p)\}^4\{\sigma_g(3p_z)\}^2$ $\{\pi_g^*(3p)\}^2$ $b=2$,

Cl_2: $\{\sigma_g(3s)\}^2\{\sigma_u^*(3s)\}^2\{\pi_u(3p)\}^4\{\sigma_g(3p_z)\}^2\{\pi_g^*(3p)\}^4$ $b=1$,

Ar_2: $\{\sigma_g(3s)\}^2\{\sigma_u^*(3s)\}^2\{\pi_u(3p)\}^4\{\sigma_g(3p_z)\}^2\{\pi_g^*(3p)\}^4\{\sigma_u^*(3p_z)\}^2$ $b=0$

8강 이핵 2원자 분자와 다원자 분자

8.1 같은 원소의 원자들이 만나 화학 결합을 형성할 때 만들어지는 MO와 서로 다른 원소의 원자들이 만나 화학 결합을 형성할 때 만들어지는 MO의 차이를 설명하는 문제이다.

같은 원소의 원자들이 만나 화학 결합을 형성할 때 만들어지는 MO는 양 원자의 AO의 에너지 준위가 서로 같아 동일한 에너지 준위 간의 겹침에 의한 MO가 생성된다. 반면에 서로 다른 원소의 원자들이 만나 화학 결합을 형성할 때는 양 원자의 AO의 에너지 준위에 차이가 있어 에너지 준위 차가 가장 적은 AO들이 MO를 형성하는 데 가장 크게 기여하는 MO가 생성된다.

답 풀이 참조

8.2 H 원자와 F 원자의 결합에 의하여 생성되는 MO 에너지 준위와 H 원자와 O 원자의 결합에 의하여 생성되는 MO 에너지 준위의 차이를 설명하는 문제이다.

HF에서와 마찬가지로 ·OH 라디칼이 형성될 때 역시 H 원자의 $1s$ AO와 O 원자의 $2p$ AO가 결합하여 σ-MO를 생성한다. 이때 O의 $2p$ AO는 F의 $2p$ AO보다 H의 $1s$ AO와의 에너지 간격이 좁아 σ-MO를 형성하는 데 HF의 경우보다 적게 기여하며, 에너지 준위들 사이의 에너지 차가 HF의 경우보다 작게 된다.

답 풀이 참조

8.3 분자 궤도함수론에 의한 분자의 극성에 대한 해석을 설명하는 문제이다.

분자 궤도함수론에서 분자의 극성은 정규화된 MO를 형성하는 데 참여한 원자의 AO의 기여도에 따른 AO의 확률 밀도 비율에 의하여 결정된다. 따라서 $\Psi_{MO} = 0.5\psi_A + 0.5\psi_B$ 이면 비극성 분자가 되고, $\Psi_{MO} = 0.2\psi_A + 0.8\psi_B$ 와 같으면 극성 분자가 된다.

답 풀이 참조

8.4 짝지은 이중 결합 분자의 π-MO를 간편하게 구하는 휘켈 근사법의 개념을 기술하는 문제이다.

휘켈 근사법은 짝지은 이중 결합 분자에서 σ-MO와 π-MO를 분리하여 근사적으로 π-MO를 구하는 방법이다. 화학 결합에서 σ-MO는 강하게 결합에 참여하여 반응성이 낮으므로 분자의 일반적인 골격을 형성하는 데만 기여하는 것으로 취급하여 편재 원자가 결합 모형을 적용하고, π-결합에는 궤도함수론을 적용하여 MO를 구한다.

가정: 1. 인접 원자 간 겹침 적분은 0으로 취급. $\therefore S_{ij} = 0 \ (i \neq j),\ S_{ij} = 1 \ (i = j)$

2. 인접하지 않은 원자 간의 공명 적분은 0으로 취급

3. 인접한 원자 간의 공명 적분은 동일하게 취급

답 풀이 참조

8.5 원자 번호 차이가 작은 C, N, O 원소들 간의 이핵 2원자 분자와 같은 유사 전자 상태 분자에 대한 전자 배치, 자기성, 결합 차수를 구하는 문제이다.

CN^-, CS는 N_2와 유사한 전자 상태이고, ClF는 F_2와 유사한 전자 상태이다. 그러므로 각 화학종에 대한 전자 배치, 자기성, 결합 차수는 다음과 같이 된다.

(1) CN^-: 최외각 전자수= 10, 전자 배치: $2\sigma_g^2 2\sigma_u^{*2} 1\pi_u^4 3\sigma_g^2$, 반자성, $b = 3$

(2) CS: 최외각 전자수= 10, 전자 배치: $2\sigma_g^2 2\sigma_u^{*2} 1\pi_u^4 3\sigma_g^2$, 반자성, $b = 3$

(3) ClF: 최외각 전자수= 14, 전자 배치: $2\sigma_g^2 2\sigma_u^{*2} 3\sigma_g^2 1\pi_u^4 1\pi_g^{*4}$, 반자성, $b = 1$

답 (1) $2\sigma_g^2 2\sigma_u^{*2} 1\pi_u^4 3\sigma_g^2$, 반자성, $b = 3$ (2) $2\sigma_g^2 2\sigma_u^{*2} 1\pi_u^4 3\sigma_g^2$, 반자성, $b = 3$
(3) $2\sigma_g^2 2\sigma_u^{*2} 3\sigma_g^2 1\pi_u^4 1\pi_g^{*4}$, 반자성, $b = 1$

8.6 3원자 화학종에 대한 전자 배치로부터 에너지적으로 유리한 구조를 예측하는 문제이다.

(1) H_3^+: 최외각 전자수=2로 $1a_1^2$의 전자 배치가 $1\sigma_g^2$ 전자 배치보다 유리하다. 그러므로 **굽은형** 구조를 가진다.

(2) LiH_2^+: 최외각 전자수=2로 $1a_1^2$의 전자 배치가 $1\sigma_g^2$ 전자 배치보다 유리하다. 그러므로 **굽은형** 구조를 가진다.

(3) LiH_2: 최외각 전자수=3으로 $1\sigma_g^2 1\sigma_u^1$ 전자 배치가 $1a_1^2 1b_2^1$ 전자 배치보다 유리하다. 그러므로 **선형** 구조를 가진다.

(4) NH_2: 최외각 전자수=7로 $1a_1^2 1b_2^2 2a_1^2 1b_1^1$의 전자 배치가 $1\sigma_g^2 1\sigma_u^2 1\pi_u^3$ 전자 배치보다 유리하다. 그러므로 **굽은형** 구조를 가진다.

(5) NH_2^-: 최외각 전자수=8로 $1a_1^2 1b_2^2 2a_1^2 1b_1^2$의 전자 배치가 $1\sigma_g^2 1\sigma_u^2 1\pi_u^4$ 전자 배치보다 유리하다. 그러므로 **굽은형** 구조를 가진다.

답 (1) 굽은형 (2) 굽은형 (3) 선형 (4) 굽은형 (5) 굽은형

8.7 고차 영년 행렬식을 전개하여 방정식을 얻는 문제이다.

주어진 행렬식을 첫 번째 행의 요소들에 대하여 행렬식을 확장하면 다음과 같이 된다.

$$\begin{vmatrix} x & 1 & 0 & 0 \\ 1 & x & 1 & 0 \\ 0 & 1 & x & 1 \\ 0 & 0 & 1 & x \end{vmatrix} = x\begin{vmatrix} x & 1 & 0 \\ 1 & x & 1 \\ 0 & 1 & x \end{vmatrix} - \begin{vmatrix} 1 & 1 & 0 \\ 0 & x & 1 \\ 0 & 1 & x \end{vmatrix} = 0$$

위 식에서 각 항의 행렬식을 첫 번째 열의 요소들에 대하여 행렬식을 확장하면 다음과 같이 된다.

$$\begin{vmatrix} x & 1 & 0 \\ 1 & x & 1 \\ 0 & 1 & x \end{vmatrix} = x\begin{vmatrix} x & 1 \\ 1 & x \end{vmatrix} - \begin{vmatrix} 1 & 0 \\ 1 & x \end{vmatrix} = x(x^2-1) - x = x^3 - 2x$$

$$\begin{vmatrix} 1 & 1 & 0 \\ 0 & x & 1 \\ 0 & 1 & x \end{vmatrix} = \begin{vmatrix} x & 1 \\ 1 & x \end{vmatrix} = x^2 - 1$$

그러므로 주어진 행렬식의 값은 다음과 같다.

$$\begin{vmatrix} x & 1 & 0 & 0 \\ 1 & x & 1 & 0 \\ 0 & 1 & x & 1 \\ 0 & 0 & 1 & x \end{vmatrix} = x(x^3-2x) - (x^2-1) = x^4 - 3x^2 + 1 = 0$$

답 풀이 참조

8.8 휘켈 근사법을 σ-결합만으로 구성된 계에 적용하여 구조의 안정성을 비교하는 문제이다.

- 선형 구조

  H_3 분자에 대한 선형 구조는 다음과 같다.

  $H_1 — H_2 — H_3$

  이 구조에 대하여 영년 행렬식을 작성하면 다음과 같이 된다.

$$\begin{vmatrix} \alpha-E & \beta & 0 \\ \beta & \alpha-E & \beta \\ 0 & \beta & \alpha-E \end{vmatrix} = 0$$

  이 행렬식에서 β를 밖으로 꺼내고, $x=(\alpha-E)/\beta$라고 놓으면 다음과 같이 된다.

$$\beta^3\begin{vmatrix} x & 1 & 0 \\ 1 & x & 1 \\ 0 & 1 & x \end{vmatrix}=0 \qquad \begin{vmatrix} x & 1 & 0 \\ 1 & x & 1 \\ 0 & 1 & x \end{vmatrix}=x\begin{vmatrix} x & 1 \\ 1 & x \end{vmatrix}=x(x^2-1)=0$$

이 방정식의 근 $x=0,\ \sqrt{2}\ ,\ -\sqrt{2}$ 이고, $x=(\alpha-E)/\beta$에 대입하면 선형 구조에 대한 MO 에너지는 다음과 같다.

$$E_1=\alpha+\sqrt{2}\beta \quad E_2=\alpha \quad E_3=\alpha-\sqrt{2}\beta$$

그러므로 H_3 분자가 선형 구조를 가질 때의 에너지는 다음과 같다.

$$E(H_3,\text{선형})=2E_1+E_2=2(\alpha+\sqrt{2}\beta)+\alpha=3\alpha+2\sqrt{2}\beta$$

• 고리형 구조

H_3 분자에 대한 고리형 구조는 다음과 같다.

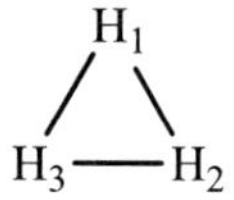

이 구조에 대하여 영년 행렬식을 작성하면 다음과 같이 된다.

$$\begin{vmatrix} \alpha-E & \beta & \beta \\ \beta & \alpha-E & \beta \\ \beta & \beta & \alpha-E \end{vmatrix}=0$$

이 행렬식에서 β를 밖으로 꺼내고, $x=(\alpha-E)/\beta$라고 놓으면 다음과 같이 된다.

$$\beta^3\begin{vmatrix} x & 1 & 1 \\ 1 & x & 1 \\ 1 & 1 & x \end{vmatrix}=0 \qquad \begin{vmatrix} x & 1 & 1 \\ 1 & x & 1 \\ 1 & 1 & x \end{vmatrix}=x\begin{vmatrix} x & 1 \\ 1 & x \end{vmatrix}-\begin{vmatrix} 1 & 1 \\ 1 & x \end{vmatrix}+\begin{vmatrix} 1 & x \\ 1 & 1 \end{vmatrix}$$

$$=x(x^2-1)-(x-1)+(1-x)=(x-1)^2(x+2)=0$$

이 방정식의 근 $x=-2,\ 1,\ 1$이고, $x=(\alpha-E)/\beta$에 대입하면 고리형 구조에 대한 MO 에너지는 다음과 같다.

$$E_1=\alpha+2\beta \quad E_2=E_3=\alpha-\beta$$

그러므로 H_3 분자가 고리형 구조를 가질 때의 에너지는 다음과 같다.

$$E(H_3,\text{선형})=2E_1+E_2=2(\alpha+2\beta)+(\alpha-\beta)=3\alpha+3\beta$$

따라서 **고리형 구조가 선형 구조보다 안정**하다.

답 고리형 구조가 선형 구조보다 안정

8.9 휘켈 근사법으로 π 전자 에너지와 비편재화 에너지를 구하는 문제이다.

알릴 계에 대한 영년 행렬식을 작성하여 β를 밖으로 꺼내고, $x=(\alpha-E)/\beta$라고 놓으면 다음과 같은 관계를 얻는다.

$$\begin{vmatrix} x & 1 & 0 \\ 1 & x & 1 \\ 0 & 1 & x \end{vmatrix} = x\begin{vmatrix} x & 1 \\ 1 & x \end{vmatrix} - \begin{vmatrix} 1 & 1 \\ 0 & x \end{vmatrix} = x(x^2-1) - x = x(x^2-2) = 0$$

이 방정식의 근 $x = -\sqrt{2},\ 0,\ \sqrt{2}$ 이고, $x=(\alpha - E)/\beta$에 대입하면 고리형 구조에 대한 MO 에너지는 다음과 같다.

$$E_1 = \alpha + \sqrt{2}\beta \quad E_2 = \alpha \quad E_1 = \alpha - \sqrt{2}\beta$$

알릴 라디칼은 3개의 π 전자를 가지고 있으므로 π 전자 에너지는 다음과 같다.

$$\boldsymbol{E_\pi} = 2E_1 + E_2 = 2(\alpha + \sqrt{2}\beta) + \alpha = \mathbf{3\alpha + 2\sqrt{2}\beta}$$

$$\boldsymbol{E_{deloc}} = E_\pi - \{\alpha + 2\alpha + 2\beta\} = 3\alpha + 2\sqrt{2}\beta - (3\alpha + 2\beta) = \mathbf{0.0828\beta}$$

답 $E_\pi=3\alpha+2\sqrt{2}\beta$, $E_{deloc} = 0.0828\beta$

8.10 휘켈 근사법으로 π 전자 에너지와 비편재화 에너지를 구하는 문제이다.

트라이메틸렌메테인에 대한 영년 행렬식을 작성하여 β를 밖으로 꺼내고, $x = (\alpha - E)/\beta$라고 놓으면 다음과 같은 관계를 얻는다.

$$\begin{vmatrix} x & 0 & 0 & 1 \\ 0 & x & 0 & 1 \\ 0 & 0 & x & 1 \\ 1 & 1 & 1 & x \end{vmatrix} = 0$$

이것을 첫 번째 열에 대하여 확장하면 다음과 같이 된다.

$$x\begin{vmatrix} x & 0 & 1 \\ 0 & x & 1 \\ 1 & 1 & x \end{vmatrix} - \begin{vmatrix} 0 & 0 & 1 \\ x & 0 & 1 \\ 0 & x & 1 \end{vmatrix} = 0$$

이 행렬식에서 각 항의 행렬식을 첫 번째 열에 대하여 확장하여 계산하면 다음과 같이 된다.

$$\begin{vmatrix} x & 0 & 1 \\ 0 & x & 1 \\ 1 & 1 & x \end{vmatrix} = x\begin{vmatrix} x & 1 \\ 1 & x \end{vmatrix} - \begin{vmatrix} 0 & 1 \\ x & 1 \end{vmatrix} = x(x^2-1) - x$$

$$\begin{vmatrix} 0 & 0 & 1 \\ x & 0 & 1 \\ 0 & x & 1 \end{vmatrix} = x\begin{vmatrix} 0 & 1 \\ x & 1 \end{vmatrix} = x(-x) = -x^2$$

그러므로 전체 행렬식의 값은 다음과 같다.

$$\begin{vmatrix} x & 0 & 0 & 1 \\ 0 & x & 0 & 1 \\ 0 & 0 & x & 1 \\ 1 & 1 & 1 & x \end{vmatrix} = x^2(x^2-1) - x^2 - x^2 = x^2(x^2-3) = 0$$

이 방정식의 네 근 x는 다음과 같이 얻어진다.

$$x = -\sqrt{3},\ 0,\ 0,\ \sqrt{3}$$

그러므로 트라이메틸메테인의 에너지는 다음과 같다.

$$E_1 = \alpha + \sqrt{3}\beta \quad E_2 = E_3 = \alpha \quad E_1 = \alpha - \sqrt{3}\beta$$

이 분자에는 4개의 π 전자가 있으므로 π 전자 에너지와 비편재화 에너지는 다음과 같다.

$$\boldsymbol{E_\pi} = 2E_1 + 2E_2 = 2(\alpha + \sqrt{3}\beta) + 2\alpha = \boldsymbol{4\alpha + 2\sqrt{3}\beta}$$

답 $E_\pi = 4\alpha + 2\sqrt{3}\beta$

8.11 휘켈 근사법으로 π 전자 에너지와 비편재화 에너지를 구하는 문제이다.

바이사이클로뷰타다이엔에 대한 영년 행렬식을 작성하면 다음과 같이 된다.

$$\begin{vmatrix} \alpha - E & \beta & \beta & \beta \\ \beta & \alpha - E & \beta & 0 \\ \beta & \beta & \alpha - E & \beta \\ \beta & 0 & \beta & \alpha - E \end{vmatrix} = 0$$

이 행렬식에서 β를 밖으로 꺼내고, $x = (\alpha - E)/\beta$라고 놓으면 다음과 같은 관계를 얻는다.

$$\begin{vmatrix} x & 1 & 1 & 1 \\ 1 & x & 1 & 0 \\ 1 & 1 & x & 1 \\ 1 & 0 & 1 & x \end{vmatrix} = 0$$

이것을 두 번째 열에 대하여 확장하면 다음과 같이 된다.

$$-\begin{vmatrix} 1 & 1 & 0 \\ 1 & x & 1 \\ 1 & 1 & x \end{vmatrix} + x\begin{vmatrix} x & 1 & 1 \\ 1 & x & 1 \\ 1 & 1 & x \end{vmatrix} - \begin{vmatrix} x & 1 & 1 \\ 1 & 1 & 0 \\ 1 & 1 & x \end{vmatrix} = 0$$

이 행렬식에서 각 항을 세 번째 열에 대하여 확장하여 계산하면 다음과 같이 된다.

$$\begin{vmatrix} 1 & 1 & 0 \\ 1 & x & 1 \\ 1 & 1 & x \end{vmatrix} = \left\{-\begin{vmatrix} 1 & 1 \\ 1 & 1 \end{vmatrix} + x\begin{vmatrix} 1 & 1 \\ 1 & x \end{vmatrix}\right\} = \{-(1-1) + x(x-1)\} = x^2 - x$$

$$x\begin{vmatrix} x & 1 & 1 \\ 1 & x & 1 \\ 1 & 1 & x \end{vmatrix} = x\left\{\begin{vmatrix} 1 & x \\ 1 & 1 \end{vmatrix} - \begin{vmatrix} x & 1 \\ 1 & 1 \end{vmatrix} + x\begin{vmatrix} x & 1 \\ 1 & x \end{vmatrix}\right\} = x\left\{(1-x) - (x-1) + x(x^2-1)\right\}$$

$$= x^4 - 3x^2 + 2x$$

$$\begin{vmatrix} x & 1 & 1 \\ 1 & 1 & 0 \\ 1 & 1 & x \end{vmatrix} = \begin{vmatrix} 1 & 1 \\ 1 & 1 \end{vmatrix} + x\begin{vmatrix} x & 1 \\ 1 & 1 \end{vmatrix} = 1 - 1 + x\left(x-1\right) = x^2 - x$$

$$\therefore \begin{vmatrix} x & 1 & 1 & 1 \\ 1 & x & 1 & 0 \\ 1 & 1 & x & 1 \\ 1 & 0 & 1 & x \end{vmatrix} = x^4 - 5x^2 + 4x = x(x-1)(x^2+x-4) = 0$$

그러므로 방정식의 네 근 x는 다음과 같이 얻어진다.

$$x = 0,\ 1,\ \frac{-1+\sqrt{17}}{2},\ \frac{-1-\sqrt{17}}{2}$$

$x = (\alpha - E)/\beta$를 E에 대하여 정리하면 다음과 같고,

$$E = \alpha - x\beta$$

이 식에 위에서 얻은 x 값들을 대입하면 다음과 같은 에너지가 구해진다.

$$E_1 = \alpha + \frac{1+\sqrt{17}}{2}\beta = \alpha + 2.562\beta,\ E_2 = \alpha,\ E_3 = \alpha - \beta,$$

$$E_4 = \alpha + \frac{1-\sqrt{17}}{2}\beta = \alpha - 1.562\beta$$

이 분자에는 4개의 π 전자가 있으므로 π 전자 에너지와 비편재화 에너지는 다음과 같다.

$$\boldsymbol{E_\pi} = 2E_1 + 2E_2 = 2(\alpha + 2.562\beta) + 2\alpha = \mathbf{4\alpha + 5.124\beta}$$

$$\boldsymbol{E_{deloc}} = 4\alpha + 5.124\beta - 2(2\alpha + 2\beta) = \mathbf{1.124\beta}$$

답 $E_{MO} = 4\alpha + 5.124\beta$, $E_{deloc} = 1.124\beta$

8.12 휘켈 근사로 얻은 π 전자 에너지 준위로부터 벤젠과 벤젠 이온들의 전자 배치와 π 전자 에너지를 구하는 문제이다.

벤젠의 π-MO 전자 에너지 준위는 다음과 같다.

$$E_1 = \alpha + 2\beta,\ E_2 = E_3 = \alpha + \beta,\ E_4 = E_5 = \alpha - \beta,\ E_6 = \alpha - 2\beta$$

(1) 벤젠

전자 배치: $\boldsymbol{a_{2u}^2 e_{1g}^4}$

$$\boldsymbol{E_\pi} = 2(\alpha + 2\beta) + 4(\alpha + \beta) = \mathbf{6\alpha + 8\beta}$$

(2) 벤젠 음이온

전자 배치: $\boldsymbol{a_{2u}^2 e_{1g}^4 e_{2u}^1}$

$$\boldsymbol{E_\pi} = 2(\alpha + 2\beta) + 4(\alpha + \beta) + (\alpha - \beta) = \mathbf{7\alpha + 7\beta}$$

(3) 벤젠 양이온

전자 배치: $\boldsymbol{a_{2u}^2 e_{1g}^3}$

$$\boldsymbol{E_\pi} = 2(\alpha + 2\beta) + 3(\alpha + \beta) = \mathbf{5\alpha + 7\beta}$$

답 (1) $a_{2u}^2 e_{1g}^4$, $E_\pi = 6\alpha + 8\beta$ (2) $a_{2u}^2 e_{1g}^4 e_{2u}^1$, $E_\pi = 7\alpha + 7\beta$, (3) $a_{2u}^2 e_{1g}^3$, $E_\pi = 5\alpha + 7\beta$

8.13 다고리 방향족 화합물에 대하여 휘켈 근사법을 적용하여 영년 행렬식을 작성하는 문제이다.

(1) 나프탈렌

$$\begin{vmatrix} \alpha-E & 0 & 0 & 0 & 0 & 0 & 0 & \beta & \beta & 0 \\ 0 & \alpha-E & \beta & 0 & 0 & 0 & 0 & 0 & \beta & 0 \\ 0 & \beta & \alpha-E & \beta & 0 & 0 & 0 & 0 & 0 & 0 \\ 0 & 0 & \beta & \alpha-E & \beta & 0 & 0 & 0 & 0 & 0 \\ 0 & 0 & 0 & \beta & \alpha-E & 0 & 0 & 0 & 0 & \beta \\ 0 & 0 & 0 & 0 & 0 & \alpha-E & \beta & 0 & 0 & \beta \\ 0 & 0 & 0 & 0 & 0 & \beta & \alpha-E & \beta & 0 & 0 \\ \beta & 0 & 0 & 0 & 0 & 0 & \beta & \alpha-E & 0 & 0 \\ \beta & \beta & 0 & 0 & 0 & 0 & 0 & 0 & \alpha-E & \beta \\ 0 & 0 & 0 & 0 & \beta & \beta & 0 & 0 & \beta & \alpha-E \end{vmatrix} = 0$$

(2) 페난트렌

$$\begin{vmatrix} \alpha-E & \beta & 0 & 0 & 0 & 0 & 0 & 0 & 0 & 0 & 0 & 0 & 0 & \beta \\ \beta & \alpha-E & \beta & 0 & 0 & 0 & 0 & 0 & 0 & 0 & 0 & 0 & 0 & 0 \\ 0 & \beta & \alpha-E & \beta & 0 & 0 & 0 & 0 & 0 & 0 & 0 & \beta & 0 & 0 \\ 0 & 0 & \beta & \alpha-E & \beta & 0 & 0 & 0 & 0 & 0 & 0 & 0 & 0 & 0 \\ 0 & 0 & 0 & \beta & \alpha-E & \beta & 0 & 0 & 0 & 0 & 0 & 0 & 0 & 0 \\ 0 & 0 & 0 & 0 & \beta & \alpha-E & \beta & 0 & 0 & 0 & \beta & 0 & 0 & 0 \\ 0 & 0 & 0 & 0 & 0 & \beta & \alpha-E & \beta & 0 & 0 & 0 & 0 & 0 & 0 \\ 0 & 0 & 0 & 0 & 0 & 0 & \beta & \alpha-E & \beta & 0 & 0 & 0 & 0 & 0 \\ 0 & 0 & 0 & 0 & 0 & 0 & 0 & \beta & \alpha-E & \beta & 0 & 0 & 0 & 0 \\ 0 & 0 & 0 & 0 & 0 & 0 & 0 & 0 & \beta & \alpha-E & \beta & 0 & 0 & 0 \\ 0 & 0 & 0 & 0 & 0 & \beta & 0 & 0 & 0 & \beta & \alpha-E & \beta & 0 & 0 \\ 0 & 0 & \beta & 0 & 0 & 0 & 0 & 0 & 0 & 0 & \beta & \alpha-E & \beta & 0 \\ 0 & 0 & 0 & 0 & 0 & 0 & 0 & 0 & 0 & 0 & 0 & \beta & \alpha-E & \beta \\ \beta & 0 & 0 & 0 & 0 & 0 & 0 & 0 & 0 & 0 & 0 & 0 & \beta & \alpha-E \end{vmatrix} = 0$$

답 풀이 참조

9강 대칭 구조

9.1 분자의 대칭 구조를 파악하는 데 기본이 되는 5가지의 대칭 조작과 그에 대응하는 대칭 요소를 정확하게 파악하고 있는지 확인하는 문제이다.

대칭 조작	대칭 요소
동등 조작, 계에 아무런 변화도 주지 않음	E
반전 조작, 반전 중심에 대하여 반대 방향으로 같은 거리만큼 이동	i
반사 조작, 대칭면에 대하여 반대쪽으로의 거울상을 구함	σ
회전 조작, 대칭축에 대하여 360°/n만큼 회전	C_n
회전-반사 조작, 대칭축에 대하여 360°/n만큼 회전 후 그 축에 수직인 대칭면에 대하여 거울상을 구함	S_n

답 풀이 참조

9.2 분자의 점군을 결정하는 방법을 기술하는 문제이다.

분자의 점군은 분자가 가지는 대칭 요소에 의하여 결정된다. 그러므로 점군을 결정하기 위해서는 다음과 같은 순서에 따라 점군을 결정한다.

1. 3차원 입체 분자 구조를 그린다.
2. 주요 대칭 요소를 찾는다.
3. 분자 결정 흐름도에 따라 점군을 결정한다.

답 풀이 참조

9.3 지표표의 구조와 각 구역이 나타내는 내용을 기술하는 문제이다.

지표표는 다음과 같은 구역으로 구성되어 있으며,

I	II	III
IV	V	VI

각 구역은 다음과 같은 내용을 나타낸다.

구역 I: 분자 점군의 종류를 나타낸다.

구역 II: 군의 대칭 조작의 종류를 나타낸다.

구역 III: 군의 차수 또는 부가 정보를 나타낸다.

구역 IV: 표현의 차수나 대칭종을 나타낸다.

구역 V: 지표를 나타낸다.

구역 VI: 군의 표현에 대한 기저를 나타낸다.

답 풀이 참조

9.4 분자의 점군을 결정하는 문제이다.

(1) CH_2F_2: C_2 축과 σ_v가 있다. ∴ $\boldsymbol{C_{2v}}$ 군

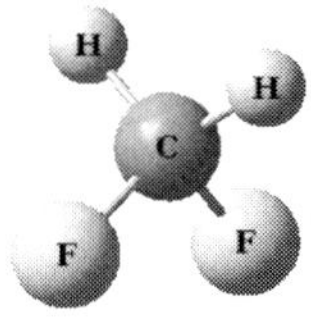

(2) CH_3F: C_3 축과 σ_v가 있다. ∴ $\boldsymbol{C_{3v}}$ 군

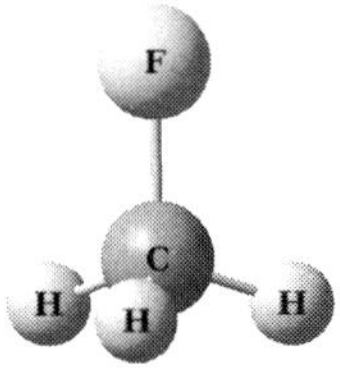

(3) BF_3: C_3 축과 C_3 축에 수직하는 C_2 축이 있고 σ_h가 있다. ∴ $\boldsymbol{D_{3h}}$ 군

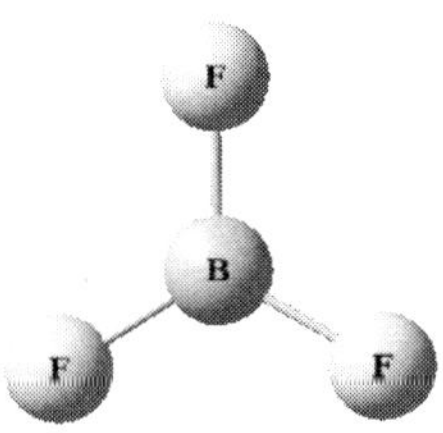

(4) trans-HClC=CHCl: C=C 이중 결합의 중심을 꿰뚫는 C_2 축과 σ_h가 있다. ∴ $\boldsymbol{C_{2h}}$ 군

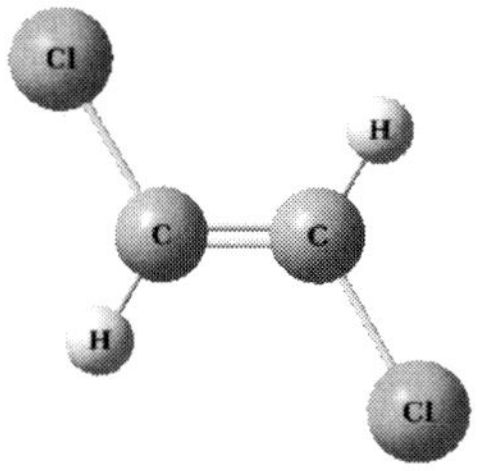

(5) SF_6: 정팔면체 구조이다. ∴ $\boldsymbol{O_h}$ 군

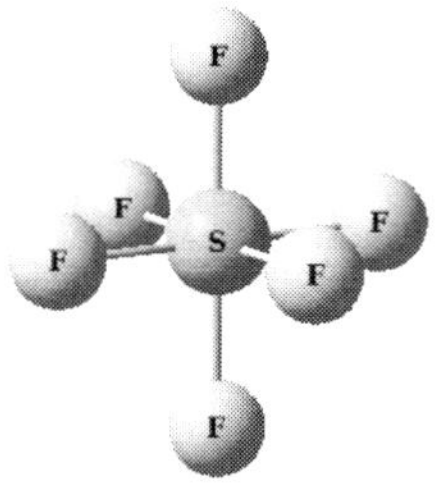

(6) Staggered-CH_3CH_3: C−C 결합축을 따라 연결되는 C_3 축, C_3 축에 수직하며 C−C 결합의 중심을 꿰뚫는 C_2 축, C_2 축을 2등분하는 σ가 있다. ∴ $\boldsymbol{D_{3d}}$ 군

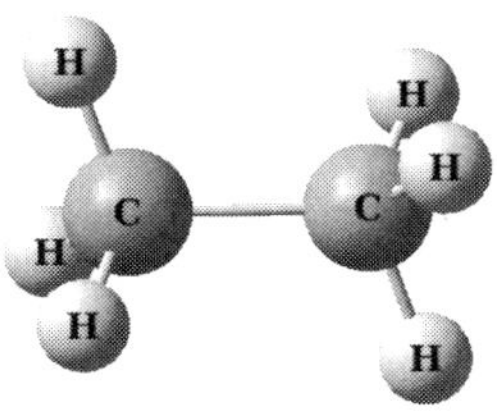

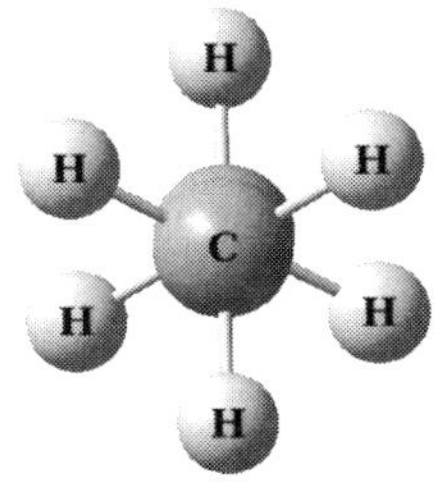

답 (1) C_{2v} (2) C_{3v} (3) D_{3h} (4) C_{2h} (5) O_h (6) D_{3d}

9.5 분자의 대칭 구조로부터 극성을 판단하는 문제이다.

(1) CO_2: O=C=O 결합축을 따라 연결되는 C_∞ 축, C_∞ 축에 수직하며 C의 중심을 꿰뚫는 C_2 축, C_∞ 축을 2등분하는 σ_h가 있다. $\therefore D_{\infty h}$ 군이므로 **비극성** 분자이다.

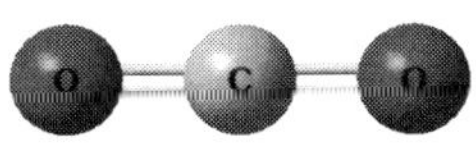

(2) CH_2ClF: F−C−Cl을 반으로 나누는 σ가 있다. $\therefore C_s$ 군이므로 **극성** 분자이다.

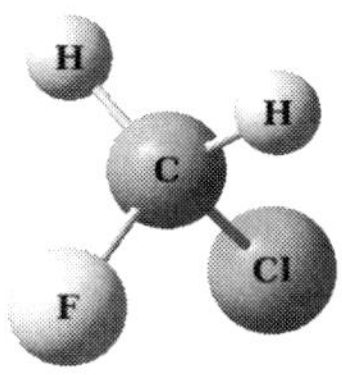

(3) CH_3CCl_3: C−C 결합축을 따라 연결되는 C_3 축과 Cl−C−C−H를 절반으로 나누는 σ_v가 있다. $\therefore C_{3v}$ 군이므로 **극성** 분자이다.

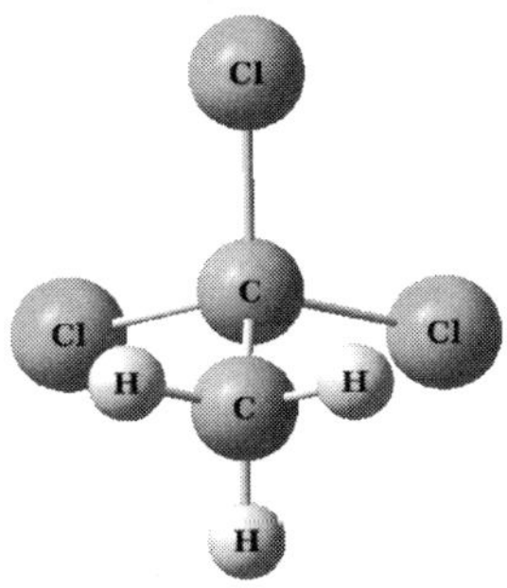

(4) C_2H_6: C−C 결합축을 따라 연결되는 C_3 축, C_3 축에 수직하며 C−C 결합의 중심을 꿰뚫는 C_2 축, C_2 축들을 2등분하는 σ_d가 있다. $\therefore D_{3d}$ 군이므로 **비극성** 분자이다.

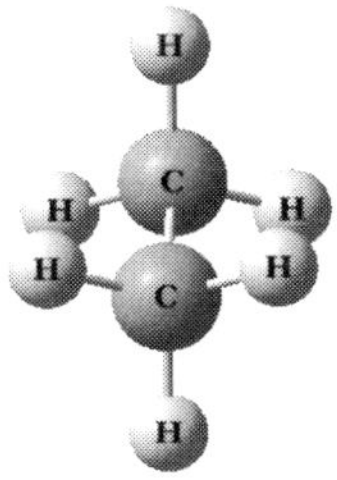

(5) 벤젠: 벤젠 고리의 중심을 위에서 아래로 꿰뚫는 C_6 축, 10-4-1-7 원자를 연결하거나, 4-5 결합과 1-2 결합의 중간을 지나는 C_6 축에 수직한 C_2 축, 지면과 일치하는, 즉 모든 원자들을 반쪽으로 나누는 σ_h가 있다. ∴ D_{6h} 군이므로 **비극성** 분자이다.

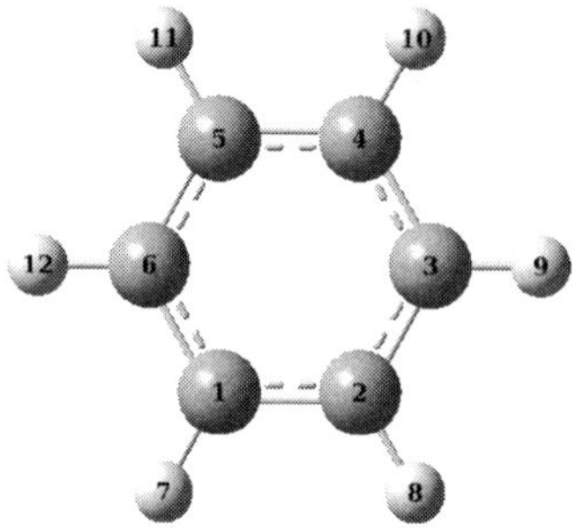

(6) 피리딘: 11-3-8을 위에서 아래로 꿰뚫는 C_2축과 11-3-8을 앞에서 뒤로 가르는 σ_v 또는 지면과 일치되어 모든 원자들을 절반으로 나누는 σ_v가 있다. ∴ C_{2v} 군이므로 **극성** 분자이다.

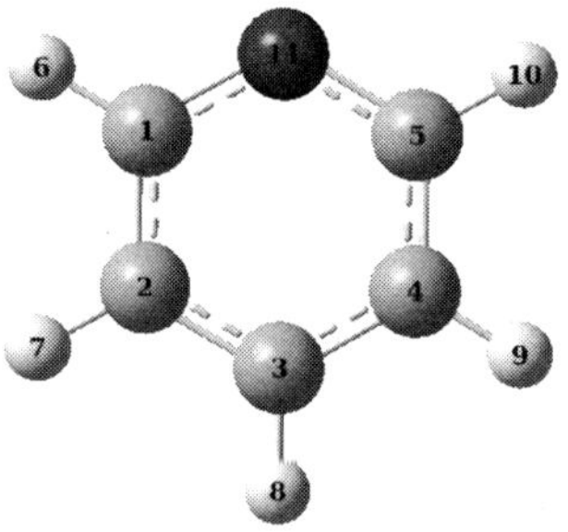

답 (1) 비극성 (2) 극성 (3) 극성 (4) 비극성 (5) 비극성 (6) 극성

9.6 분자의 대칭 구조로부터 광학 활성인 카이랄성을 판단하는 문제이다.

(1) 평면-$B(OH)_3$: B 원자의 중심을 지면의 앞에서 뒤로 꿰뚫는 C_3 축과 지면과 일치하며 모든 원자들을 절반으로 나누는 σ_h가 있다. 그러므로 $C_3\sigma_h = S_3$가 있어 **비카이랄** 분자이다.

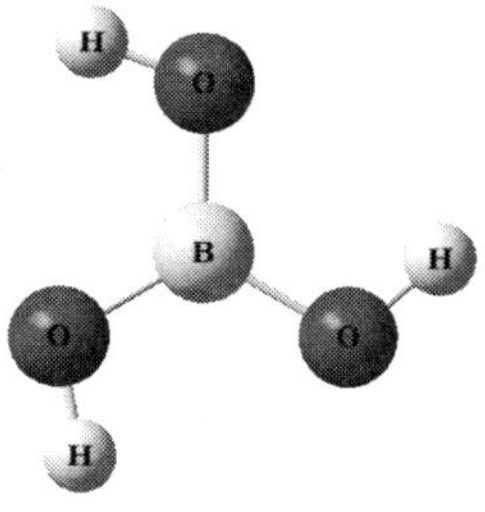

(2) L-알라닌: 이 분자는 σ도 없고 i도 없으므로 S_n 요소를 갖지 않는다. 그러므로 **카이랄** 분자이다.

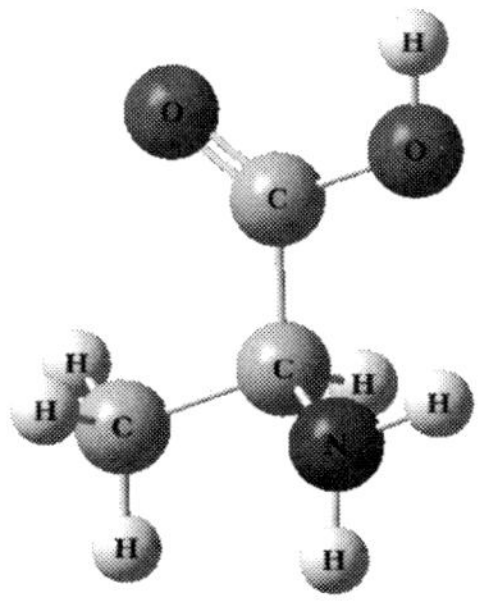

(3) 글리신: 지면과 일치하는 σ가 있다. $\sigma = S_1$이므로 글리신은 **비카이랄** 분자이다.

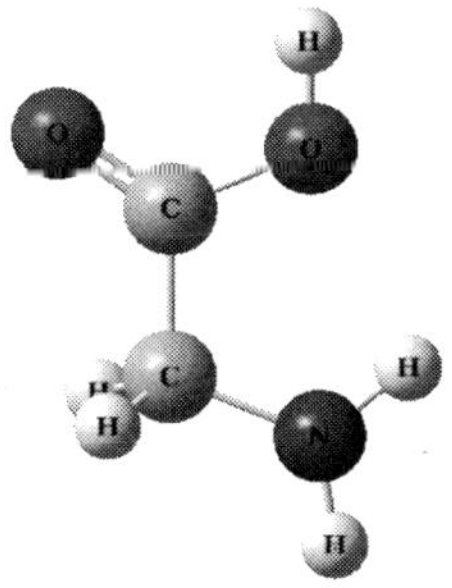

답 (1) 비카이랄 (2) 카이랄 (3) 비카이랄

9.7 대칭 조작에 대한 행렬 표현을 사용하여 연속 대칭 조작의 결과를 구하는 문제이다.

C_{2v} 군에 대한 각 대칭 조작의 행렬 표현은 다음과 같다.

$$\hat{E} = \begin{pmatrix} 1 & 0 & 0 \\ 0 & 1 & 0 \\ 0 & 0 & 1 \end{pmatrix} \quad \hat{C}_2 = \begin{pmatrix} -1 & 0 & 0 \\ 0 & -1 & 0 \\ 0 & 0 & 1 \end{pmatrix} \quad \hat{\sigma}_v = \begin{pmatrix} 1 & 0 & 0 \\ 0 & -1 & 0 \\ 0 & 0 & 1 \end{pmatrix} \quad \hat{\sigma}_v{}' = \begin{pmatrix} -1 & 0 & 0 \\ 0 & 1 & 0 \\ 0 & 0 & 1 \end{pmatrix}$$

그러므로 행렬 표현을 사용하여 연속 행렬 조작을 구하면 다음과 같이 된다.

(1) $$\hat{C}_2\hat{C}_2 = \begin{pmatrix} -1 & 0 & 0 \\ 0 & -1 & 0 \\ 0 & 0 & 1 \end{pmatrix}\begin{pmatrix} -1 & 0 & 0 \\ 0 & -1 & 0 \\ 0 & 0 & 1 \end{pmatrix} = \begin{pmatrix} 1 & 0 & 0 \\ 0 & 1 & 0 \\ 0 & 0 & 1 \end{pmatrix} \quad \therefore\ \boldsymbol{\hat{C}_2\hat{C}_2 = \hat{E}}$$

(2) $$\hat{C}_2\hat{\sigma}_v = \begin{pmatrix} -1 & 0 & 0 \\ 0 & -1 & 0 \\ 0 & 0 & 1 \end{pmatrix}\begin{pmatrix} 1 & 0 & 0 \\ 0 & -1 & 0 \\ 0 & 0 & 1 \end{pmatrix} = \begin{pmatrix} -1 & 0 & 0 \\ 0 & 1 & 0 \\ 0 & 0 & 1 \end{pmatrix} \quad \therefore\ \boldsymbol{\hat{C}_2\hat{\sigma}_v = \hat{\sigma}_v{}'}$$

(3) $$\hat{\sigma}_v\hat{\sigma}_v{}' = \begin{pmatrix} 1 & 0 & 0 \\ 0 & -1 & 0 \\ 0 & 0 & 1 \end{pmatrix}\begin{pmatrix} -1 & 0 & 0 \\ 0 & 1 & 0 \\ 0 & 0 & 1 \end{pmatrix} = \begin{pmatrix} -1 & 0 & 0 \\ 0 & -1 & 0 \\ 0 & 0 & 1 \end{pmatrix} \quad \therefore\ \boldsymbol{\hat{\sigma}_v\hat{\sigma}_v{}' = \hat{C}_2}$$

답 (1) $\hat{C}_2\hat{C}_2 = \hat{E}$ (2) $\hat{C}_2\hat{\sigma}_v = \hat{\sigma}_v{}'$ (3) $\hat{\sigma}_v\hat{\sigma}_v{}' = \hat{C}_2$

9.8 점군에 대한 연속 대칭 조작의 결과를 곱셈표로 작성하는 문제이다.

(1) C_{2h} 군은 E, C_2, σ_h, i의 대칭 요소를 가진다.

$\hat{C}_2\hat{\sigma}_h = \hat{i}$, $\hat{\sigma}_h\hat{i} = \hat{C}_2$, $\hat{i}\hat{C}_2 = \hat{\sigma}_h$, $\hat{C}_2\hat{C}_2 = \hat{\sigma}_h\hat{\sigma}_h = \hat{i}\hat{i} = \hat{E}\hat{E} = \hat{E}$ 가 되므로 곱셈표는 다음과 같이 된다.

C_{2h}	$\hat{E}$	$\hat{C}_2$	$\hat{\sigma}_h$	$\hat{i}$
$\hat{E}$	$\hat{E}$	$\hat{C}_2$	$\hat{\sigma}_h$	$\hat{i}$
$\hat{C}_2$	$\hat{C}_2$	$\hat{E}$	$\hat{i}$	$\hat{\sigma}_h$
$\hat{\sigma}_h$	$\hat{\sigma}_h$	$\hat{i}$	$\hat{E}$	$\hat{C}_2$
$\hat{i}$	$\hat{i}$	$\hat{\sigma}_h$	$\hat{C}_2$	$\hat{E}$

(2) C_{3v} 군은 $E, C_3, C_3^2, \sigma_v, \sigma_v', \sigma_v''$ 의 대칭 요소를 가진다.
그러므로 대칭 조작 곱셈표는 다음과 같이 된다.

C_{3v}	$\hat{E}$	$\hat{C}_3$	$\hat{C}_3^2$	$\hat{\sigma}_v$	$\hat{\sigma}_v'$	$\hat{\sigma}_v''$
$\hat{E}$	$\hat{E}$	$\hat{C}_3$	$\hat{C}_3^2$	$\hat{\sigma}_v$	$\hat{\sigma}_v'$	$\hat{\sigma}_v''$
$\hat{C}_3$	$\hat{C}_3$	$\hat{C}_3^2$	$\hat{E}$	$\hat{\sigma}_v''$	$\hat{\sigma}_v$	$\hat{\sigma}_v'$
$\hat{C}_3^2$	$\hat{C}_3^2$	$\hat{E}$	$\hat{C}_3$	$\hat{\sigma}_v'$	$\hat{\sigma}_v''$	$\hat{\sigma}_v$
$\hat{\sigma}_v$	$\hat{\sigma}_v$	$\hat{\sigma}_v'$	$\hat{\sigma}_v''$	$\hat{E}$	$\hat{C}_3$	$\hat{C}_3^2$
$\hat{\sigma}_v'$	$\hat{\sigma}_v'$	$\hat{\sigma}_v''$	$\hat{\sigma}_v$	$\hat{C}_3^2$	$\hat{E}$	$\hat{C}_3$
$\hat{\sigma}_v''$	$\hat{\sigma}_v''$	$\hat{\sigma}_v$	$\hat{\sigma}_v'$	$\hat{C}_3$	$\hat{C}_3^2$	$\hat{E}$

(3) D_2 군은 E, C_2, C_2', C_2'' 의 대칭 요소를 가진다.
그러므로 대칭 조작 곱셈표는 다음과 같이 된다.

C_{3v}	$\hat{E}$	$\hat{C}_2$	$\hat{C}_2'$	$\hat{C}_2''$
$\hat{E}$	$\hat{E}$	$\hat{C}_2$	$\hat{C}_2'$	$\hat{C}_2''$
$\hat{C}_2$	$\hat{C}_2$	$\hat{E}$	$\hat{C}_2''$	$\hat{C}_2'$
$\hat{C}_2'$	$\hat{C}_2'$	$\hat{C}_2''$	$\hat{E}$	$\hat{C}_2$
$\hat{C}_2''$	$\hat{C}_2''$	$\hat{C}_2'$	$\hat{C}_2$	$\hat{E}$

답 (1) 풀이 참조 (2) 풀이 참조 (3) 풀이 참조

9.9 대칭 조작에 대한 행렬 표현을 구하는 문제이다.

(1) $\hat{C}_3$ 조작에 따른 각도 변화 $\theta = 120°$와 $240°$이고, 회전 조작에 대한 표현은 다음과 같다.

$$\Gamma\left(\hat{C}_n\right) = \begin{pmatrix} \cos\theta & -\sin\theta & 0 \\ \sin\theta & \cos\theta & 0 \\ 0 & 0 & 1 \end{pmatrix}$$

그러므로 $\cos 120^\circ = -\frac{1}{2}$, $\sin 120^\circ = \frac{\sqrt{3}}{2}$, $\cos 240^\circ = -\frac{1}{2}$, $\sin 240^\circ = -\frac{\sqrt{3}}{2}$ 이므로 $\hat{C}_3$ 조작에 대한 표현은 다음과 같이 된다.

$$\boldsymbol{\Gamma}(\hat{C}_3^1) = \begin{pmatrix} -\frac{1}{2} & \frac{\sqrt{3}}{2} & 0 \\ -\frac{\sqrt{3}}{2} & -\frac{1}{2} & 0 \\ 0 & 0 & 1 \end{pmatrix} \qquad \boldsymbol{\Gamma}(\hat{C}_3^2) = \begin{pmatrix} -\frac{1}{2} & -\frac{\sqrt{3}}{2} & 0 \\ \frac{\sqrt{3}}{2} & -\frac{1}{2} & 0 \\ 0 & 0 & 1 \end{pmatrix}$$

(2) 회전–반사 조작에 대한 표현은 다음과 같다.

$$\Gamma\left(\hat{S}_n\right) = \begin{pmatrix} \cos\theta & -\sin\theta & 0 \\ \sin\theta & \cos\theta & 0 \\ 0 & 0 & -1 \end{pmatrix}$$

$\hat{S}_3$ 조작에 대한 표현은 다음과 같이 된다.

$$\boldsymbol{\Gamma}(\hat{S}_3^1) = \begin{pmatrix} -\frac{1}{2} & \frac{\sqrt{3}}{2} & 0 \\ -\frac{\sqrt{3}}{2} & -\frac{1}{2} & 0 \\ 0 & 0 & -1 \end{pmatrix} \qquad \boldsymbol{\Gamma}(\hat{S}_3^2) = \begin{pmatrix} -\frac{1}{2} & -\frac{\sqrt{3}}{2} & 0 \\ \frac{\sqrt{3}}{2} & -\frac{1}{2} & 0 \\ 0 & 0 & -1 \end{pmatrix}$$

답 (1) 풀이 참조 (2) 풀이 참조

9.10 대칭 조작에 대하여 독립 좌표 함수 x와 y의 변환으로부터 xy 함수의 대칭 조작에 대한 대칭종을 결정하는 문제이다.

C_{4v}의 각 대칭 조작에 대하여 함수 x와 y의 변환과 그들의 곱 함수 xy는 다음과 같이 된다.

C_{4v}	$\hat{E}$	$\hat{C}_2$	$\hat{C}_4$	$\hat{\sigma}_v$	$\hat{\sigma}_d$
x	x	$-x$	y	x	$-y$
y	y	$-y$	$-x$	$-y$	$-x$
xy	xy	xy	$-xy$	$-xy$	xy
$\chi(xy)$	1	1	–1	–1	1

C_{4v} 군의 지표표와 비교하면 $\chi(xy)$는 B_2 **대칭종**에 속한다.

답 풀이 참조

9.11 행렬을 분할하여 계산하는 문제이다.

(1) 행렬 A와 B는 다음과 같이 분할할 수 있다.

$$A=\left(\begin{array}{ccc:cc} 1 & 2 & 3 & 0 & 0 \\ 4 & 5 & 6 & 0 & 0 \\ 7 & 8 & 9 & 0 & 0 \\ \hdashline 0 & 0 & 0 & 4 & 2 \\ 0 & 0 & 0 & 7 & 8 \end{array}\right) \quad A_{11}=\begin{pmatrix} 1 & 2 & 3 \\ 4 & 5 & 6 \\ 7 & 8 & 9 \end{pmatrix} \quad A_{12}=\begin{pmatrix} 0 & 0 \\ 0 & 0 \\ 0 & 0 \end{pmatrix}=0$$

$$A_{21}=\begin{pmatrix} 0 & 0 & 0 \\ 0 & 0 & 0 \end{pmatrix}=0 \quad A_{22}=\begin{pmatrix} 4 & 2 \\ 7 & 8 \end{pmatrix}$$

$$B=\left(\begin{array}{ccc:cc} 2 & 4 & 6 & 1 & 3 \\ 8 & 0 & 2 & 5 & 7 \\ 4 & 6 & 8 & 9 & 1 \\ \hdashline 0 & 2 & 4 & 0 & 0 \\ 6 & 8 & 0 & 0 & 0 \end{array}\right) \quad B_{11}=\begin{pmatrix} 2 & 4 & 6 \\ 8 & 0 & 2 \\ 4 & 6 & 8 \end{pmatrix} \quad B_{12}=\begin{pmatrix} 1 & 3 \\ 5 & 7 \\ 9 & 1 \end{pmatrix}$$

$$B_{21}=\begin{pmatrix} 0 & 2 & 4 \\ 6 & 8 & 0 \end{pmatrix}=0 \quad B_{22}=\begin{pmatrix} 0 & 0 \\ 0 & 0 \end{pmatrix}=0$$

행렬의 곱은 $AB=\begin{pmatrix} A_{11}B_{11}+A_{12}B_{21} & A_{11}B_{12}+A_{12}B_{22} \\ A_{21}B_{11}+A_{22}B_{21} & A_{21}B_{12}+A_{22}B_{22} \end{pmatrix}$을 적용하면 다음과 같이 된다.

$$\boldsymbol{AB}=\begin{pmatrix} A_{11} & 0 \\ 0 & A_{22} \end{pmatrix}\begin{pmatrix} B_{11} & B_{12} \\ B_{21} & 0 \end{pmatrix}=\begin{pmatrix} A_{11}B_{11} & A_{11}B_{12} \\ A_{22}B_{21} & 0 \end{pmatrix}$$

$$=\begin{pmatrix} \begin{pmatrix} 1 & 2 & 3 \\ 4 & 5 & 6 \\ 7 & 8 & 9 \end{pmatrix}\begin{pmatrix} 2 & 4 & 6 \\ 8 & 0 & 2 \\ 4 & 6 & 8 \end{pmatrix} & \begin{pmatrix} 1 & 2 & 3 \\ 4 & 5 & 6 \\ 7 & 8 & 9 \end{pmatrix}\begin{pmatrix} 1 & 3 \\ 5 & 7 \\ 9 & 1 \end{pmatrix} \\ \begin{pmatrix} 4 & 2 \\ 7 & 8 \end{pmatrix}\begin{pmatrix} 0 & 2 & 4 \\ 6 & 8 & 0 \end{pmatrix} & 0 \end{pmatrix}$$

$$=\begin{pmatrix} \mathbf{30} & \mathbf{22} & \mathbf{34} & \mathbf{38} & \mathbf{20} \\ \mathbf{72} & \mathbf{52} & \mathbf{82} & \mathbf{83} & \mathbf{53} \\ \mathbf{114} & \mathbf{82} & \mathbf{130} & \mathbf{128} & \mathbf{86} \\ \mathbf{12} & \mathbf{24} & \mathbf{16} & \mathbf{0} & \mathbf{0} \\ \mathbf{48} & \mathbf{78} & \mathbf{28} & \mathbf{0} & \mathbf{0} \end{pmatrix}$$

(2) 행렬 A와 B를 다음과 같이 분할하면 계산이 간단해진다.

$$A=\left(\begin{array}{ccc:c} 1 & 0 & 0 & 1 \\ 0 & 1 & 0 & 2 \\ 0 & 0 & 1 & 3 \end{array}\right) \quad A_{11}=\begin{pmatrix} 1 & 0 & 0 \\ 0 & 1 & 0 \\ 0 & 0 & 1 \end{pmatrix} \quad A_{12}=\begin{pmatrix} 1 \\ 2 \\ 3 \end{pmatrix}$$

$$B=\left(\begin{array}{ccc} 1 & 0 & 0 \\ 0 & 1 & 0 \\ 0 & 0 & 1 \\ \hdashline 3 & 1 & 2 \end{array}\right) \quad B_{11}=\begin{pmatrix} 1 & 0 & 0 \\ 0 & 1 & 0 \\ 0 & 0 & 1 \end{pmatrix} \quad B_{12}=\begin{pmatrix} 3 & 1 & 2 \end{pmatrix}$$

$$\boldsymbol{AB} = (A_{11}B_{11} + A_{12}B_{12}) = \begin{pmatrix} 1 & 0 & 0 \\ 0 & 1 & 0 \\ 0 & 0 & 1 \end{pmatrix}\begin{pmatrix} 1 & 0 & 0 \\ 0 & 1 & 0 \\ 0 & 0 & 1 \end{pmatrix} + \begin{pmatrix} 1 \\ 2 \\ 3 \end{pmatrix}(3 \quad 1 \quad 2)$$

$$= \begin{pmatrix} 1 & 0 & 0 \\ 0 & 1 & 0 \\ 0 & 0 & 1 \end{pmatrix} + \begin{pmatrix} 3 & 1 & 2 \\ 6 & 2 & 4 \\ 9 & 3 & 6 \end{pmatrix} = \begin{pmatrix} \mathbf{4} & \mathbf{1} & \mathbf{2} \\ \mathbf{6} & \mathbf{3} & \mathbf{4} \\ \mathbf{9} & \mathbf{3} & \mathbf{7} \end{pmatrix}$$

답 (1) $AB = \begin{pmatrix} 30 & 22 & 34 & 38 & 20 \\ 72 & 52 & 82 & 83 & 53 \\ 114 & 82 & 130 & 128 & 86 \\ 12 & 24 & 16 & 0 & 0 \\ 48 & 78 & 28 & 0 & 0 \end{pmatrix}$ (2) $AB = \begin{pmatrix} 4 & 1 & 2 \\ 6 & 3 & 4 \\ 9 & 3 & 7 \end{pmatrix}$

9.12 행렬의 분할법을 사용하여 대칭 조작에 따른 가약 표현과 기약 표현의 관계가 다음과 같음을 증명하는 문제이다.

$\chi(R) = n_{us} \cdot \chi_c(R)$

H_2O 분자에 대한 (9 × 9) 행렬 표현을 (3 × 3) 행렬 표현을 분할하여 대각 행렬들에 대한 지표와 불변 원자의 기여도를 구하면 다음과 같다.

- $\hat{E}$

$$\Gamma(\hat{E}) = \left(\begin{array}{ccc:ccc:ccc} 1 & 0 & 0 & 0 & 0 & 0 & 0 & 0 & 0 \\ 0 & 1 & 0 & 0 & 0 & 0 & 0 & 0 & 0 \\ 0 & 0 & 1 & 0 & 0 & 0 & 0 & 0 & 0 \\ \hdashline 0 & 0 & 0 & 1 & 0 & 0 & 0 & 0 & 0 \\ 0 & 0 & 0 & 0 & 1 & 0 & 0 & 0 & 0 \\ 0 & 0 & 0 & 0 & 0 & 1 & 0 & 0 & 0 \\ \hdashline 0 & 0 & 0 & 0 & 0 & 0 & 1 & 0 & 0 \\ 0 & 0 & 0 & 0 & 0 & 0 & 0 & 1 & 0 \\ 0 & 0 & 0 & 0 & 0 & 0 & 0 & 0 & 1 \end{array}\right)$$

$$\Gamma_1(\hat{E}) = \begin{pmatrix} 1 & 0 & 0 \\ 0 & 1 & 0 \\ 0 & 0 & 1 \end{pmatrix} \quad \Gamma_2(\hat{E}) = \begin{pmatrix} 1 & 0 & 0 \\ 0 & 1 & 0 \\ 0 & 0 & 1 \end{pmatrix} \quad \Gamma_3(\hat{E}) = \begin{pmatrix} 1 & 0 & 0 \\ 0 & 1 & 0 \\ 0 & 0 & 1 \end{pmatrix}$$

$$\chi_1(\hat{E}) = 3 \quad \chi_2(\hat{E}) = 3 \quad \chi_2(\hat{E}) = 3$$

$$\therefore \ \chi_1(\hat{E}) + \chi_2(\hat{E}) + \chi_2(\hat{E}) = 3 + 3 + 3 = 3 \times \chi_i(\hat{E}) = \chi(\hat{E})$$

- $\hat{C}_2$

$$\Gamma\left(\hat{C}_2\right)=\left(\begin{array}{ccc:ccc:ccc} 0 & 0 & 0 & -1 & 0 & 0 & 0 & 0 & 0 \\ 0 & 0 & 0 & 0 & -1 & 0 & 0 & 0 & 0 \\ 0 & 0 & 0 & 0 & 0 & 1 & 0 & 0 & 0 \\ \hdashline -1 & 0 & 0 & 0 & 0 & 0 & 0 & 0 & 0 \\ 0 & -1 & 0 & 0 & 0 & 0 & 0 & 0 & 0 \\ 0 & 0 & 1 & 0 & 0 & 0 & 0 & 0 & 0 \\ \hdashline 0 & 0 & 0 & 0 & 0 & 0 & -1 & 0 & 0 \\ 0 & 0 & 0 & 0 & 0 & 0 & 0 & -1 & 0 \\ 0 & 0 & 0 & 0 & 0 & 0 & 0 & 0 & 1 \end{array}\right)$$

$$\Gamma_1\left(\hat{C}_2\right)=\begin{pmatrix} 0 & 0 & 0 \\ 0 & 0 & 0 \\ 0 & 0 & 0 \end{pmatrix} \quad \Gamma_2\left(\hat{C}_2\right)=\begin{pmatrix} 0 & 0 & 0 \\ 0 & 0 & 0 \\ 0 & 0 & 0 \end{pmatrix} \quad \Gamma_3\left(\hat{C}_2\right)=\begin{pmatrix} -1 & 0 & 0 \\ 0 & -1 & 0 \\ 0 & 0 & 1 \end{pmatrix}$$

$$\chi_1\left(\hat{C}_2\right)=0 \quad \chi_2\left(\hat{C}_2\right)=0 \quad \chi_3\left(\hat{C}_2\right)=-1$$

$$\therefore\ \chi_1\left(\hat{C}_2\right)+\chi_2\left(\hat{C}_2\right)+\chi_2\left(\hat{C}_2\right)=0+0+(-1)=-1=1\times\chi_3\left(\hat{C}_2\right)=\chi\left(\hat{C}_2\right)$$

- $\hat{\sigma}_{\mathrm{v}}$

$$\Gamma\left(\hat{\sigma}_{\mathrm{v,xz}}\right)=\left(\begin{array}{ccc:ccc:ccc} 0 & 0 & 0 & 1 & 0 & 0 & 0 & 0 & 0 \\ 0 & 0 & 0 & 0 & -1 & 0 & 0 & 0 & 0 \\ 0 & 0 & 0 & 0 & 0 & 1 & 0 & 0 & 0 \\ \hdashline 1 & 0 & 0 & 0 & 0 & 0 & 0 & 0 & 0 \\ 0 & -1 & 0 & 0 & 0 & 0 & 0 & 0 & 0 \\ 0 & 0 & 1 & 0 & 0 & 0 & 0 & 0 & 0 \\ \hdashline 0 & 0 & 0 & 0 & 0 & 0 & 1 & 0 & 0 \\ 0 & 0 & 0 & 0 & 0 & 0 & 0 & -1 & 0 \\ 0 & 0 & 0 & 0 & 0 & 0 & 0 & 0 & 1 \end{array}\right)$$

$$\Gamma_1\left(\hat{\sigma}_{\mathrm{v}}\right)=\begin{pmatrix} 0 & 0 & 0 \\ 0 & 0 & 0 \\ 0 & 0 & 0 \end{pmatrix} \quad \Gamma_2\left(\hat{\sigma}_{\mathrm{v}}\right)=\begin{pmatrix} 0 & 0 & 0 \\ 0 & 0 & 0 \\ 0 & 0 & 0 \end{pmatrix} \quad \Gamma_2\left(\hat{\sigma}_{\mathrm{v}}\right)=\begin{pmatrix} 1 & 0 & 0 \\ 0 & -1 & 0 \\ 0 & 0 & 1 \end{pmatrix}$$

$$\chi_1\left(\hat{\sigma}_{\mathrm{v}}\right)=0 \quad \chi_2\left(\hat{\sigma}_{\mathrm{v}}\right)=0 \quad \chi_3\left(\hat{\sigma}_{\mathrm{v}}\right)=1$$

$$\therefore\ \chi_1\left(\hat{\sigma}_{\mathrm{v}}\right)+\chi_2\left(\hat{\sigma}_{\mathrm{v}}\right)+\chi_2\left(\hat{\sigma}_{\mathrm{v}}\right)=0+0+1=1=1\times\chi_3\left(\hat{\sigma}_{\mathrm{v}}\right)=\chi\left(\hat{\sigma}_{\mathrm{v}}\right)$$

• $\hat{\sigma}_v'$

$$\Gamma\left(\hat{\sigma}_{v,yz}'\right)=\left(\begin{array}{ccc:ccc:ccc} -1 & 0 & 0 & 0 & 0 & 0 & 0 & 0 & 0 \\ 0 & 1 & 0 & 0 & 0 & 0 & 0 & 0 & 0 \\ 0 & 0 & 1 & 0 & 0 & 0 & 0 & 0 & 0 \\ \hdashline 0 & 0 & 0 & -1 & 0 & 0 & 0 & 0 & 0 \\ 0 & 0 & 0 & 0 & 1 & 0 & 0 & 0 & 0 \\ 0 & 0 & 0 & 0 & 0 & 1 & 0 & 0 & 0 \\ \hdashline 0 & 0 & 0 & 0 & 0 & 0 & -1 & 0 & 0 \\ 0 & 0 & 0 & 0 & 0 & 0 & 0 & 1 & 0 \\ 0 & 0 & 0 & 0 & 0 & 0 & 0 & 0 & 1 \end{array}\right)$$

$$\Gamma_1\left(\hat{\sigma}_v'\right)=\begin{pmatrix} -1 & 0 & 0 \\ 0 & 1 & 0 \\ 0 & 0 & 1 \end{pmatrix} \quad \Gamma_2\left(\hat{\sigma}_v'\right)=\begin{pmatrix} -1 & 0 & 0 \\ 0 & 1 & 0 \\ 0 & 0 & 1 \end{pmatrix} \quad \Gamma_2\left(\hat{\sigma}_v'\right)=\begin{pmatrix} -1 & 0 & 0 \\ 0 & 1 & 0 \\ 0 & 0 & 1 \end{pmatrix}$$

$$\chi_1\left(\hat{\sigma}_v'\right)=1 \quad \chi_2\left(\hat{\sigma}_v'\right)=1 \quad \chi_3\left(\hat{\sigma}_v'\right)=1$$

$$\therefore\ \chi_1\left(\hat{\sigma}_v\right)+\chi_2\left(\hat{\sigma}_v\right)+\chi_2\left(\hat{\sigma}_v\right)=1+1+1=3=3\times\chi_i\left(\hat{\sigma}_v'\right)=\chi\left(\hat{\sigma}_v'\right)$$

그러므로 각 대칭 조작에 대한 가역 표현 지표는 다음과 같이 위치 불변 원자수와 지표 기여도의 곱 $\chi(R)=n_{us}\cdot\chi_c(R)$ 이 된다.

C_{2v}	$\hat{E}$	$\hat{C}_2$	$\hat{\sigma}_v$	$\hat{\sigma}_v'$
n_{us}	3	1	1	3
$\chi_c(R)$	3	−1	1	1
$\chi(R)$	9	−1	1	3

답 풀이 참조

9.13 어떤 분자에 관한 대칭 조작에 대하여 얻어진 가약 표현을 기약 표현으로 분해하여 그 분자의 대칭종의 구성을 구하는 문제이다.

(1) C_{2v} 군에 대하여 가약 표현을 포함한 지표표를 작성하면 다음과 같다.

C_{2v}	E	C_2	σ_v	σ_v'
가약	4	0	0	0
A_1	1	1	1	1
A_2	1	1	−1	−1
B_1	1	−1	1	−1
B_2	1	−1	−1	1

문제에 주어진 식을 사용하여 가약 표현에 대한 각 기약 표현의 개수를 구하면 다음과 같다.

$$n_{A_1}=\frac{1}{4}\{(1\times4)+(1\times0)+(1\times0)+(1\times0)\}=1$$

$$n_{A_2}=\frac{1}{4}\{(1\times4)+(1\times0)+(-1\times0)+(-1\times0)\}=1$$

$$n_{B_1}=\frac{1}{4}\{(1\times4)+(-1\times0)+(1\times0)+(-1\times0)\}=1$$

$$n_{B_2}=\frac{1}{4}\{(1\times4)+(-1\times0)+(-1\times0)+(1\times0)\}=1$$

그러므로 가약 표현 $\Gamma_{\text{가약}}$은 다음과 같은 기약 표현으로 분해된다.

$\boldsymbol{\Gamma_{\text{가약}}=A_1+A_2+B_1+B_2}$

(2) C_{3v} 군에 대하여 가약 표현을 포함한 지표표를 작성하면 다음과 같다.

C_{3v}	E	$2C_3$	$3\sigma_v$
가약	5	2	−1
A_1	1	1	1
A_2	1	1	−1
E	2	−1	0

가약 표현에 대한 각 기약 표현의 개수를 구하면 다음과 같다.

$$n_{A_1}=\frac{1}{6}\{(1\times1\times5)+(2\times1\times2)+(3\times1\times(-1))\}=1$$

$$n_{A_2}=\frac{1}{6}\{(1\times1\times5)+(2\times1\times2)+(3\times(-1)\times(-1)\}=2$$

$$n_E=\frac{1}{6}\{(1\times2\times5)+(2\times(-1)\times2)+(3\times0\times(-1)\}=1$$

그러므로 가약 표현 $\Gamma_{\text{가약}}$은 다음과 같은 기약 표현으로 분해된다.

$\boldsymbol{\Gamma_{\text{가약}}=A_1+2A_2+E}$

답 (1) $\Gamma_{\text{가약}}=A_1+A_2+B_1+B_2$ (2) $\Gamma_{\text{가약}}=A_1+2A_2+E$

10강 회전 및 진동 분광학

10.1 에너지 전이 종류가 나타나는 스펙트럼 영역을 말하는 문제이다.

스펙트럼 영역	$\tilde{\nu}$ / cm^{-1}	에너지 전이
라디오파	$10^{-3} \sim 10^{-1}$	NMR, EPR
마이크로파	$10^{-1} \sim 10^{2}$	회전
적외선	$10^{2} \sim 10^{4}$	진동
가시광선과 자외선	$10^{4} \sim 10^{6}$	외각 전자 전이
X-선	$10^{6} \sim 10^{8}$	내각 전자 전이

답 풀이 참조

10.2 분자의 에너지 전이 종류에 따른 선택 규칙의 물리적 원인을 말하는 문제이다.

선택 규칙은 분자의 특정 에너지 전이가 전기장과 상호작용을 하는지의 여부에 의하여 결정된다. 즉 두 에너지 준위 사이의 전이에 의하여 두 상태 사이에 전하 재분배가 일어날 때 전기 쌍극자 모멘트 $\mu_{fi} \neq 0$일 때 허용되는 전이가 일어난다.

(1) 회전 분광법

회전 분광법에서 $\mu_{fi} \neq 0$가 되려면 분자의 회전 운동에 따라 쌍극자 모멘트의 변화가 일어나야 한다. 따라서 분자가 회전에 의하여 쌍극자 모멘트 변화가 나타나려면 그 분자는 영구 쌍극자 모멘트를 가져야 한다.

(2) 적외선 분광법

적외선은 위의 문제 10.1의 풀이에서 보듯이 분자의 진동 전이 영역에 속한다. 그러므로 적외선 분광법에서는 분자의 진동 운동에 따라 전기 쌍극자 모멘트 변화가 일어나야 한다. 따라서 전기 쌍극자 모멘트 변화가 있는 진동 운동은 적외선에 의한 전이가 허용되고, 전기 쌍극자 모멘트 변화가 없는 진동 운동 적외선 전이가 금지된다.

답 풀이 참조

10.3 회전 운동에 따른 분자의 종류를 분류하는 문제이다.

회전 운동에 따른 분자의 종류는 관성 모멘트 I_a, I_b, I_c에 따라 다음과 같이 분류한다.

회전자	선형	구형	대칭	비대칭
관성 모멘트	$I_a = 0, I_b = I_c$	$I_a = I_b = I_c$	$I_a \neq I_b = I_c, I_a = I_b \neq I_c$	$I_a \neq I_b \neq I_c$

답 풀이 참조

10.4 선택 규칙을 적용하는 문제이다.

N_2와 O_2는 동핵 2원자 선형 대칭 분자로 영구 쌍극자 모멘트 $\boldsymbol{\mu}$=0으로 전자기파에 의한 회전

전이가 금지되며, 진동 운동에 따른 쌍극자 모멘트의 변화 역시 0이다. 따라서 N_2와 O_2는 태양에서부터 오는 적외선과 마이크로파를 흡수하지 않아 온실 효과를 나타내지 않는다.

답 풀이 참조

10.5 CO와 같은 2원자 분자의 회전 스펙트럼에서 *Q*-가지가 나타나지 않는 이유를 말하는 문제이다.

2원자 분자는 선형 회전자로 ΔJ=0의 전이는 금지된다. 따라서 CO는 회전 스펙트럼에서 *Q*-가지가 나타나지 않는다.

답 풀이 참조

10.6 선형 회전자인 2원자 분자들의 회전 전이 파수를 계산하는 문제이다.

선형 회전자의 파수 $\tilde{\nu} = F_J - F_{J-1} = 2BJ$, $B = \dfrac{h}{8\pi^2 cI}$ 이므로 $\tilde{\nu} = \dfrac{hJ}{4\pi^2 cI}$ 이다.

(1) $J = 1$이므로 $\tilde{\nu} = \dfrac{(6.626\times10^{-34}\ \text{J s})(1)}{4\pi^2(2.998\times10^8\ \text{m s}^{-1})(5.108\times10^{-47}\ \text{kg m}^2)}$

$= 1096\ \text{m}^{-1} = \mathbf{10.96\ cm^{-1}}$

(2) $J = 3$이므로 $\tilde{\nu} = \dfrac{(6.626\times10^{-34}\ \text{J s})(3)}{4\pi^2(2.998\times10^8\ \text{m s}^{-1})(1.449\times10^{-46}\ \text{kg m}^2)}$

$= 1159\ \text{m}^{-1} = \mathbf{11.59\ cm^{-1}}$

(3) $J = 4$이므로 $\tilde{\nu} = \dfrac{(6.626\times10^{-34}\ \text{J s})(4)}{4\pi^2(2.998\times10^8\ \text{m s}^{-1})(1.578\times10^{-46}\ \text{kg m}^2)}$

$= 1419\ \text{m}^{-1} = \mathbf{14.19\ cm^{-1}}$

답 (1) $\tilde{\nu} = 10.96\ \text{cm}^{-1}$ (2) $\tilde{\nu} = 11.59\ \text{cm}^{-1}$ (3) $\tilde{\nu} = 14.19\ \text{cm}^{-1}$

10.7 측정된 회전 스펙트럼으로부터 강체 회전자로 가정하여 2원자 분자의 결합 길이를 구하는 문제이다.

$B = \dfrac{h}{8\pi^2 cI} = \dfrac{h}{8\pi^2 c\mu r^2}$ 을 거리 *r*에 대해서 정리하면 다음과 같이 된다.

$$r = \left(\frac{h}{8\pi^2 c\mu B}\right)^{1/2}$$

(1) 강체 회전자의 $J = 2 \rightarrow 3$ 전이 간의 에너지 간격은 $6B$이므로 결합 길이는 다음과 같이 구해진다.

$$6B = 63.56\ \text{cm}^{-1},\ \ B = \frac{63.56\ \text{cm}^{-1}}{6} = 10.59\ \text{cm}^{-1}$$

$$r=\left\{\frac{6.626\times10^{-34}\ \text{J s}}{8\pi^2(2.998\times10^{10}\ \text{cm s}^{-1})(1.615\ \text{kg})(10.59\ \text{cm}^{-1})}\right\}^{1/2}=\mathbf{127.9\ pm}$$

(2) 강체 회전자의 $J=0\rightarrow1$ 전이 간의 에너지 간격은 $2B$이므로 결합 길이는 다음과 같이 구해진다.

$$2B=16.93\ \text{cm}^{-1},\ \ B=\frac{16.93\ \text{cm}^{-1}}{2}=8.465\ \text{cm}^{-1}$$

$$r=\left\{\frac{6.626\times10^{-34}\ \text{J s}}{8\pi^2(2.998\times10^{10}\ \text{cm s}^{-1})(1.641\ \text{kg})(8.465\ \text{cm}^{-1})}\right\}^{1/2}=\mathbf{142.0\ pm}$$

답 (1) $r=127.9$ pm (2) $r=142.0$ pm

10.8 이미 결정된 동위 원소 분자의 결합 길이로부터 다른 동위 원소 분자의 회전 상수를 구하는 문제이다.

$B=\dfrac{h}{8\pi^2cI}=\dfrac{h}{8\pi^2c\mu r^2}$ 이므로 각 동위 원소 분자에 대한 회전 상수는 다음과 같이 구해진다.

- $^{12}C^{17}O$

$$B=\frac{6.626\times10^{-34}\ \text{J s}}{8\pi^2(2.998\times10^{8}\ \text{m s}^{-1})(1.168\times10^{-26}\ \text{kg})(112.8\times10^{12}\ \text{m})^2}=188.3\ \text{m}^{-1}$$

- $^{13}C^{16}O$

$$B=\frac{6.626\times10^{-34}\ \text{J s}}{8\pi^2(2.998\times10^{8}\ \text{m s}^{-1})(1.191\times10^{-26}\ \text{kg})(112.8\times10^{12}\ \text{m})^2}=184.7\ \text{m}^{-1}$$

- $^{13}C^{17}O$

$$B=\frac{6.626\times10^{-34}\ \text{J s}}{8\pi^2(2.998\times10^{8}\ \text{m s}^{-1})(1.224\times10^{-26}\ \text{kg})(112.8\times10^{12}\ \text{m})^2}=179.8\ \text{m}^{-1}$$

답 $B(^{12}C^{17}O)=188.3\ \text{m}^{-1}, B(^{13}C^{16}O)=184.7\ \text{m}^{-1}, B(^{13}C^{17}O)=179.8\ \text{m}^{-1}$

10.9 회전 스펙트럼에서 스펙트럼선의 최대점을 구하는 문제이다.

- $H^{35}Cl$

$$J_{\text{max}}=\left\{\frac{(1.381\times10^{-23}\ \text{J K}^{-1})(298.15\ \text{K})}{2(6.626\times10^{-34}\ \text{J s})(2.998\times10^{8}\ \text{m s}^{-1})(1059\ \text{m}^{-1})}\right\}^{1/2}-\frac{1}{2}=2.63$$

$\therefore \boldsymbol{J_{\text{max}}=3}$

- $^{12}C^{16}O$

$$J_{\text{max}}=\left\{\frac{(1.381\times10^{-23}\ \text{J K}^{-1})(298.15\ \text{K})}{2(6.626\times10^{-34}\ \text{J s})(2.998\times10^{8}\ \text{m s}^{-1})(193.1\ \text{m}^{-1})}\right\}^{1/2}-\frac{1}{2}=6.83$$

$\therefore \boldsymbol{J_{max} = 7}$

답 $J_{max}(H^{35}Cl) = 3, J_{max}(^{12}C^{16}O) = 3$

10.10 측정된 회전 스펙트럼의 파수로부터 회귀분석법을 사용하여 회전 상수를 구하는 문제이다. 강체 회전자의 회전 스펙트럼 파수는 다음과 같이 계산된다.

$\tilde{\nu} = 2BJ$ J: 높은 상태 양자수

하나 이상의 전이 스펙트럼 값을 얻었을 때 회전 상수를 구하는 가장 좋은 방법은 $\tilde{\nu}$를 J에 대하여 도시하여 회귀분석법으로 기울기 $2B$로부터 회전 상수 B를 구하는 것이다.

(1) $H^{127}I$

먼저 $\tilde{\nu}$를 J에 대하여 도시하기 위하여 주어진 스펙트럼들의 J 값을 다음과 같이 구한다.

$$2B = (77.130 - 64.275)\ \text{cm}^{-1} = 12.855\ \text{cm}^{-1}$$

$$J_1 = \frac{\tilde{\nu}}{2B} = \frac{64.275\ \text{cm}^{-1}}{12.855\ \text{cm}^{-1}} = 5 \quad J_2 = \frac{77.130\ \text{cm}^{-1}}{12.855\ \text{cm}^{-1}} = 6 \quad J_3 = \frac{89.985\ \text{cm}^{-1}}{12.855\ \text{cm}^{-1}} = 7$$

그러므로 $\tilde{\nu}$를 J에 대하여 도시하여 회귀분석하면 다음과 같이 된다.

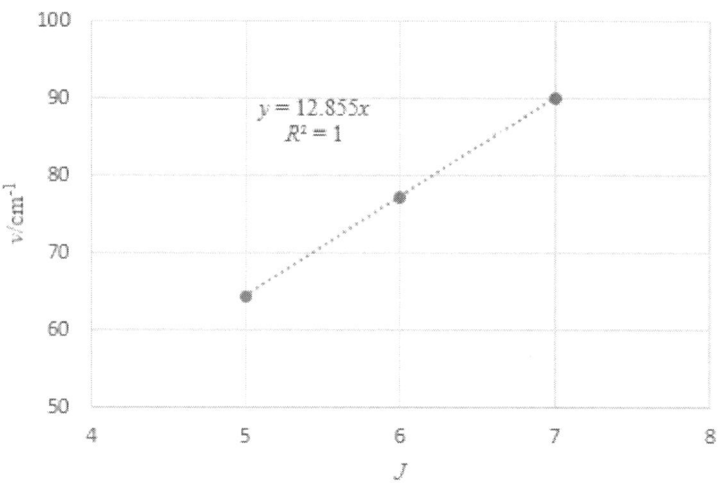

직선의 기울기 12.855이므로 $\boldsymbol{B} = \frac{12.855\ \text{cm}^{-1}}{2} = \boldsymbol{6.4275\ \text{cm}^{-1}}$이다.

(2) $H^{127}I$

$$2B = (77.577 - 65.070)\ \text{cm}^{-1} = 6.507\ \text{cm}^{-1}$$

$$J_1 = \frac{65.070\ \text{cm}^{-1}}{6.507\ \text{cm}^{-1}} = 10 \quad J_2 = \frac{71.577\ \text{cm}^{-1}}{6.507\ \text{cm}^{-1}} = 11 \quad J_3 = \frac{78.094\ \text{cm}^{-1}}{6.507\ \text{cm}^{-1}} = 12$$

그러므로 $\tilde{\nu}$를 J에 대하여 도시하여 회귀분석하면 다음과 같이 된다.

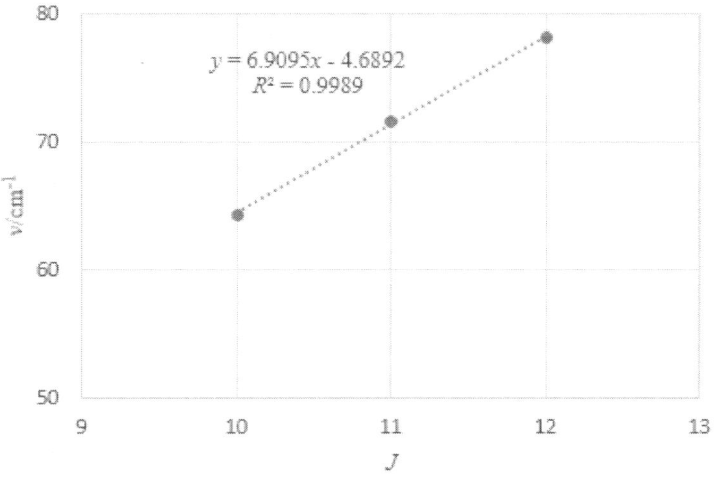

직선의 기울기 6.9095이므로 $\boldsymbol{B} = \dfrac{6.9095\ \text{cm}^{-1}}{2} = \mathbf{3.4548\ cm^{-1}}$ 이다.

답 (1) $B = 6.4275\ \text{cm}^{-1}$ (2) $B = 3.4548\ \text{cm}^{-1}$

10.11 대칭 회전자의 두 관성 모멘트로부터 회전 상수 A, B와 전이 파수를 구하는 문제이다.

(1) $$\boldsymbol{A} = \frac{h}{8\pi^2 cI_{\parallel}} = \frac{6.626\times10^{-34}\ \text{J s}}{8\pi^2(2.998\times10^8\ \text{m s}^{-1})(4.14\times10^{-47}\ \text{kg m}^2)}$$

$$= 6.35\times10^2\ \text{m}^{-1} = \mathbf{6.35\ cm^{-1}}$$

$$\boldsymbol{B} = \frac{h}{8\pi^2 cI_{\perp}} = \frac{6.626\times10^{-34}\ \text{J s}}{8\pi^2(2.998\times10^8\ \text{m s}^{-1})(2.81\times10^{-47}\ \text{kg m}^2)}$$

$$= 9.96\times10^2\ \text{m}^{-1} = \mathbf{9.96\ cm^{-1}}$$

(2) $\boldsymbol{\Delta F_{0\to2}} = F_2 - F_0 = B(2)(3) - B(0)(1) = 6B = 6\times9.96\ \text{cm}^{-1} = \mathbf{59.8\ cm^{-1}}$

(3) $\boldsymbol{\Delta F_{1\to2}} = F_2 - F_1 = B(2)(3) - B(1)(2) = 4B = 4\times9.96\ \text{cm}^{-1} = \mathbf{39.8\ cm^{-1}}$

답 (1) $A = 6.35\ \text{cm}^{-1}, B = 9.96\ \text{cm}^{-1}$ (2) $\Delta F_{0\to2} = 59.8\ \text{cm}^{-1}$ (3) $\Delta F_{1\to2} = 39.8\ \text{cm}^{-1}$

10.12 실제 분자에 대한 회전 스펙트럼 측정 값으로부터 실제 분자의 회전 상수와 원심 일그러짐 상수를 구하는 문제이다.

실제 분자의 $J \to J+1$ 전이에 의한 흡수 파수는 다음과 같다.

$$\tilde{\nu} = F_{J+1} - F_J = 2B(J+1) - 4D_J(J+1)^3$$

이 식의 양변을 $(J+1)$로 나누면 다음과 같이 된다.

$$\tilde{\nu}/(J+1) = 2B - 4D_J(J+1)^2$$

이 식은 $y = \tilde{\nu}/(J+1)$, $x = (J+1)^2$ 인 $y = a + bx$ 꼴인 1차 방정식이므로 $\tilde{\nu}/(J+1)$를 $(J+1)^2$

에 대하여 도시하면 절편=$2B$, 기울기=$-4D_J$가 된다.

주어진 스펙트럼을 $\tilde{\nu}/(J+1)$ 와 $(J+1)^2$ 에 대하여 환산하여 도시하면 다음과 같이 된다.

$(J+1)^2$	1	4	9	16	55
$\tilde{\nu}/(J+1)$	3.8454	3.8453	3.8452	3.8450	3.8448

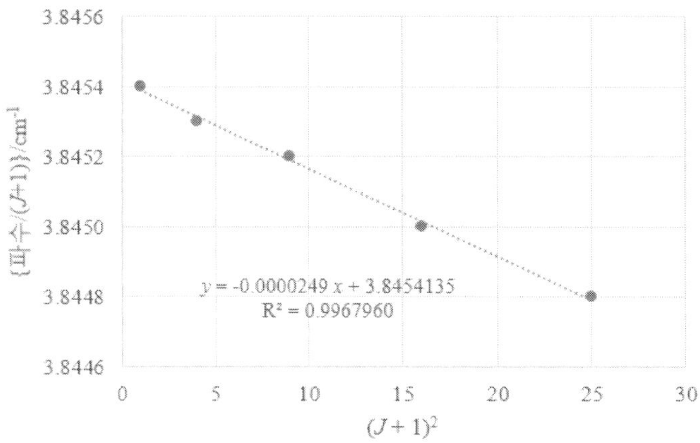

위 그림에서 절편=3.84541이므로 $\boldsymbol{B} = \dfrac{3.84541\ \text{cm}^{-1}}{2} = \mathbf{1.9227\ cm^{-1}}$ 이고,

기울기=$-2.49\times10^{-5}\ \text{cm}^{-1}$이므로 $\boldsymbol{D_J} = \dfrac{2.49\times10^{-5}\ \text{cm}^{-1}}{4} = \mathbf{6.23\times10^{-6}\ cm^{-1}}$ 이다.

답 $B = 1.9227\ \text{cm}^{-1}$, $D_J = 6.23\times10^{-6}\ \text{cm}^{-1}$

10.13 동위 원소 분자의 기준 진동수를 구하는 문제이다.

분자의 진동 운동에 따른 기준 진동수는 다음과 같이 구해진다.

$$\nu = \frac{1}{2\pi}\left(\frac{k}{\mu}\right)^{1/2}$$

그러므로 동일한 원소로 구성된 동위 원소 분자의 기준 진동수 비는 다음과 같이 된다.

$$\frac{\nu_A}{\nu_B} = \frac{1}{2\pi}\left(\frac{k}{\mu_A}\right)^{1/2} / \frac{1}{2\pi}\left(\frac{k}{\mu_B}\right)^{1/2} = \left(\frac{\mu_B}{\mu_A}\right)^{1/2}$$

각 동위 원소 분자의 환산 질량은 다음과 같다.

$$\mu_{H^{35}Cl} = \frac{35}{1+35} = \frac{35}{36} \qquad \mu_{H^{37}Cl} = \frac{37}{1+37} = \frac{37}{38} \qquad \mu_{D^{35}Cl} = \frac{2\times35}{2+35} = \frac{70}{37}$$

그러므로 각 동위 원소 분자의 기준 진동수는 다음과 같이 계산된다.

(1) $\boldsymbol{\nu_{H^{37}Cl}} = \left(\dfrac{\mu_{H^{35}Cl}}{\mu_{H^{37}Cl}}\right)^{1/2} \nu_{H^{35}Cl} = \left(\dfrac{35/36}{37/38}\right)^{1/2} (8.967\times10^{13}\ \text{s}^{-1}) = \mathbf{8.960\times10^{13}\ s^{-1}}$

(2) $\boldsymbol{\nu}_{\mathbf{D^{35}Cl}} = \left(\dfrac{\mu_{\mathrm{H^{35}Cl}}}{\mu_{\mathrm{D^{35}Cl}}}\right)^{1/2} \nu_{\mathrm{H^{35}Cl}} = \left(\dfrac{35/36}{70/37}\right)^{1/2} (8.967\times10^{13}\ \mathrm{s^{-1}}) = \mathbf{6.4280\times10^{13}\ s^{-1}}$

답 (1) $\nu_{\mathrm{H^{37}Cl}} = 8.960\times10^{13}\ \mathrm{s^{-1}}$ (2) $\nu_{\mathrm{D^{35}Cl}} = 6.4280\times10^{13}\ \mathrm{s^{-1}}$

10.14 진동 스펙트럼에서 기준 진동과 배진동 전이 파수로부터 $\tilde{\nu}$ 와 x_e를 구하는 문제이다.

$\Delta G_{0\to1} = (1-2x_e)\tilde{\nu}$, $\Delta G_{0\to2} = 2(1-3x_e)\tilde{\nu}$ 이므로 두 진동 전이의 비는 다음과 같이 된다.

$$\frac{\Delta G_{0\to2}}{\Delta G_{0\to1}} = \frac{2(1-3x_e)\tilde{\nu}}{(1-2x_e)\tilde{\nu}} = \frac{2-6x_e}{1-2x_e}$$

(1) $\dfrac{\Delta G_{0\to2}}{\Delta G_{0\to1}} = \dfrac{2-6x_e}{1-2x_e}$ 에 주어진 진동 전이의 파수를 대입하여 계산하면 x_e는 다음과 같이 구해진다.

$$\frac{2-6x_e}{1-2x_e} = \frac{3088.3}{1556.2} = 1.98445$$

$$2-6x_e = 1.98445 - 2(1.98445)x_e$$

$$2-1.98445 = (6-2\times1.98445)x_e \quad \therefore \mathbf{x_e = 7.6563\times10^{-3}}$$

x_e를 $\Delta G_{0\to1} = (1-2x_e)\tilde{\nu} = 1556.2\ \mathrm{cm^{-1}}$ 에 대입하면 $\tilde{\nu}$ 는 다음과 같이 구해진다.

$$\tilde{\boldsymbol{\nu}} = \frac{1556.2\ \mathrm{cm^{-1}}}{1-2(7.6563\times10^{-3})} = \mathbf{1580.4\ cm^{-1}}$$

(2) $\dfrac{\Delta G_{0\to2}}{\Delta G_{0\to1}} = \dfrac{2-6x_e}{1-2x_e} = \dfrac{4661.4}{2345.2} = 1.98763$ 이므로 x_e는 다음과 같이 구해진다.

$$2-1.98763 = (6-2\times1.98763)x_e \quad \therefore \mathbf{x_e = 6.1073\times10^{-3}}$$

x_e를 $\Delta G_{0\to1} = (1-2x_e)\tilde{\nu} = 1556.2\ \mathrm{cm^{-1}}$ 에 대입하면 $\tilde{\nu}$는 다음과 같이 구해진다.

$$\tilde{\boldsymbol{\nu}} = \frac{2345.2\ \mathrm{cm^{-1}}}{1-2(6.1073\times10^{-3})} = \mathbf{2374.2\ cm^{-1}}$$

답 (1) $x_e = 7.6563\times10^{-3}$, $\tilde{\nu} = 1580.4\ \mathrm{cm^{-1}}$ (2) $x_e = 6.1073\times10^{-3}$, $\tilde{\nu} = 2374.2\ \mathrm{cm^{-1}}$

10.15 연속적으로 측정된 진동 전이 파수로부터 외삽법을 사용하여 결합 해리 에너지를 구하는 문제이다.

결합 해리 에너지는 $v=0$에서 $v=\infty$까지의 에너지이다. 그러므로 $v=0\to1$, $v=1\to2$, $v=2\to3$, … 전이들을 합하면 결합 해리 에너지 D_{eq}를 얻을 수 있다.

$$D_e = \Delta G_{0\to1} + \Delta G_{1\to2} + \Delta G_{2\to3} + \cdots = \sum_{\mathrm{v}=0}^{\infty} \Delta G_{\mathrm{v}\to\mathrm{v}+1}$$

얻어진 진동 전이 파수 $\Delta G_{\mathrm{v}\to\mathrm{v}+1}$을 v에 대하여 도시하여 회귀분석법으로 직선의 식을 구하면 아래의 그림과 같이 된다. 이 직선 식으로부터 y=0이 되는 x 값을 구하면 외삽법에 의한 v_∞ 값을 얻을 수 있다.

$$0 = -132.9x + 2958.8 \qquad x = 22.2$$

$D_e = \sum_{v=0}^{\infty} \Delta G_{v \to v+1}$ 는 직선의 밑 넓이이므로 다음과 같이 구해진다.

$$\boldsymbol{D_e} = \frac{1}{2}(22.2)(2953.8\ \text{cm}^{-1}) = 32787\ \text{cm}^{-1} = \frac{32787\ \text{cm}^{-1}}{8065.5\ \text{cm}^{-1}\ \text{eV}^{-1}} = \mathbf{4.07\ eV}$$

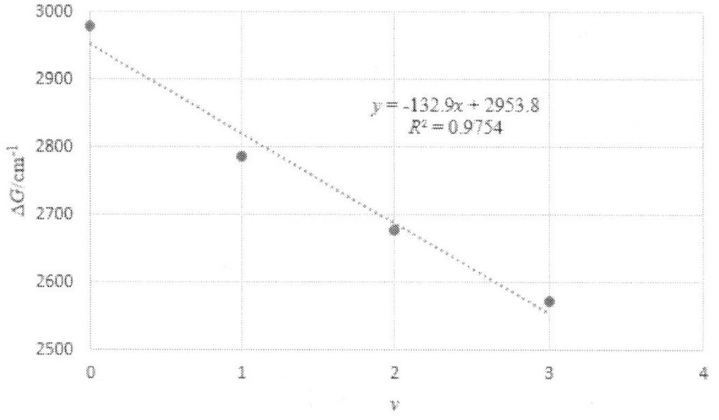

답 $D_e = 4.07$ eV

10.16 주어진 분자의 진동 스펙트럼을 해석하는 데 필요한 기준 진동수와 기준 진동 운동 유형수를 구하는 문제이다.

(1) H_2O_2는 다음과 같은 구조를 갖는 비선형 분자이다.

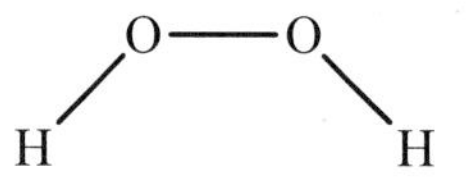

그러므로 **기준 진동수**= $3N - 6 = 3 \times 4 - 6 =$ **6**이다.

기준 진동 유형수는 다음과 같다.

산축 진동수=결합수= **3**

굽힘 진동수=기준 진동수 – 신축 진동수 = 6 – 3 = **3**

(2) NH_3는 다음과 같은 구조를 갖는 비선형 분자이다.

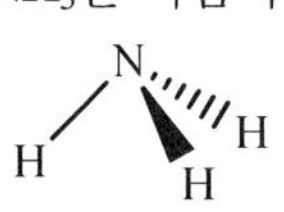

기준 진동수= $3N - 6 = 3 \times 4 - 6 =$ **6**

산축 진동수=결합수 = **3**

굽힘 진동수=기준 진동수–신축 진동수= 6 – 3 = **3**

(3) C_2H_4는 다음과 같은 구조를 갖는 비선형 분자이다.

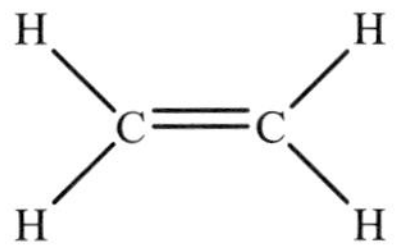

기준 진동수= $3N-6=3\times 6-6=$ **12**

산축 진동수=결합수= **5**

굽힘 진동수=기준 진동수–신축 진동수= $12-5=$ **7**

(4) 벤젠은 다음과 같은 구조를 갖는 비선형 분자이다.

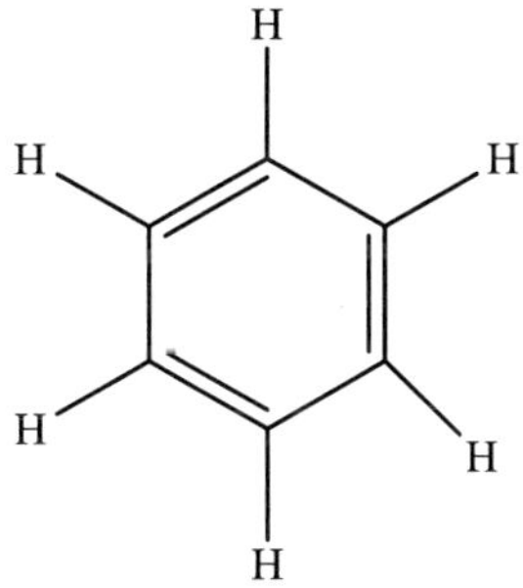

기준 진동수= $3N-6=3\times 12-6=$ **30**

산축 진동수=결합수= **12**

굽힘 진동수=기준 진동수–신축 진동수= $30-12=$ **18**

답

	기준 진동수	신축 진동수	굽힘 진동수
(1)	6	3	3
(2)	6	3	3
(3)	12	5	7
(4)	30	12	18

10.17 분자 점군의 지표를 활용하여 기준 진동의 대칭종을 결정하는 문제이다.
부록의 'A.7 지표표'에서 T_d 점군에 대한 지표표를 찾으면 다음과 같다.

T_d	E	$8C_3$	$3C_2$	$6S_4$	$6\sigma_d$	$h=24$	
A_1	1	1	1	1	1		$x^2+y^2+z^2$
A_2	1	1	1	−1	−1		
E	2	−1	2	0	0		$(2z^2-x^2-y^2, x^2-y^2)$
T_1	3	0	−1	1	−1	(R_x, R_y, R_z)	
T_2	3	0	−1	−1	1	(x, y, z)	(xy, yz, zx)

CH_4 분자의 전체 변위 자유도는 $3N=3\times5=15$이다. 이 분자에 대한 전체 지표는 각 대칭 조작에 의하여 변위가 바뀌지 않는 것은 1, 변위의 부호가 바뀌는 것은 −1, 변위가 다른 변위로 바뀌는 것은 0으로 놓으면 얻어진다. 그러므로 전체 지표는 다음과 같이 된다.

$\hat{E}$ 조작: 모든 좌표의 변위가 변하지 않으므로 $\chi(\hat{E})=15$

$\hat{C}_3$ 조작: 모든 좌표의 변위가 다른 좌표로 바뀌므로 $\chi(\hat{C}_3) = 0$

$\hat{C}_2$ 조작

중심 원자: z 좌표 변위는 불변, x와 y의 변위는 부호가 바뀜

다른 원자: 모든 좌표의 변위가 다른 좌표로 바뀜

$\therefore\ \chi(\hat{C}_2) = -1-1+1+0+0+0+\cdots = -1$

$\hat{S}_4$ 조작

중심 원자: z 좌표 변위는 부호가 바뀜, x와 y의 변위는 다른 좌표로 바뀜

다른 원자: 모든 좌표의 변위가 다른 좌표로 바뀜

$\therefore\ \chi(\hat{S}_4) = -1+0+0+0+0+0+\cdots = -1$

$\hat{\sigma}_d$ 조작

거울면에 속하는 세 원자: y 좌표 변위는 부호가 바뀜, x와 z의 변위는 불변

다른 원자: 모든 좌표의 변위가 다른 좌표로 바뀜

$\therefore\ \chi(\hat{\sigma}_d) = 3(-1+1+1) + 2(0+0+0) = 3$

가약 표현을 포함한 지표 표를 작성하면 다음과 같이 된다.

T_d	E	$8C_3$	$3C_2$	$6S_4$	$6\sigma_d$	$h=24$	
가약	15	0	−1	−1	3		
A_1	1	1	1	1	1		$x^2+y^2+z^2$
A_2	1	1	1	−1	−1		
E	2	−1	2	0	0		$(2z^2-x^2-y^2, x^2-y^2)$
T_1	3	0	−1	1	−1	(R_x, R_y, R_z)	
T_2	3	0	−1	−1	1	(x, y, z)	(xy, yz, zx)

가약 표현을 '연습 문제 9.13'과 같이 기약 표현으로 분해하면 다음과 같이 된다.

$\Gamma_{가약} = A_1 + E + T_1 + 3T_2$

위의 지표표에서 병진 운동(x, y, z) 대칭종은 T_2이고, 회전 운동(R_x, R_y, R_z) 대칭종은 T_1이므로 병진 운동 대칭종은 다음과 같이 구해진다.

$A_1 + E + T_1 + 3T_2 - (T_1 + T_2) = \mathbf{A_1 + E + 2T_2}$

답 $A_1 + E + 2T_2$

11강 전자 전이 분광학

11.1 프랑크-콘돈 원리의 개념을 기술하는 문제이다.

일반적으로 들뜬 상태에서 원자들의 핵간 거리는 바닥 상태에서의 핵간 거리보다 크다. 또한 핵의 질량은 전자의 질량보다 매우 커서 분자에서 전자 전이가 일어날 때 핵은 자신의 들뜬 상태의 평형 거리로 바로 이동하지 못한다. 그러므로 전자 전이가 일어날 때 전이가 일어나는 가장 높은 확률의 위치는 들뜬 상태의 핵간 거리가 바닥 상태의 핵간 거리와 같은 지점이다.

답 풀이 참조

11.2 물질이 색을 띠게 되는 원리를 설명하는 문제이다.

물질은 그 물질에 의하여 전자기 복사선을 흡수, 방출, 또는 산란시킴으로써 색을 띨 수 있다. 어떤 분자가 가시광선 영역의 전자기 복사선을 흡수 또는 방출하며 전자 전이가 일어나면 그 분자는 색을 띠게 된다. 분자가 빛을 방출하며 전이하면 방출한 빛의 파장에 해당하는 색을 띠고, 빛을 흡수하며 전이하면 백색광에서 흡수한 복사선의 파장 값을 뺀 색을 띠게 된다. 또한 산란되어 나온 파장에 해당하는 색이 나타날 수 있다.

답 풀이 참조

11.3 폴리엔 분자의 사슬 길이 변화와 전이 에너지 변화 관계를 다루는 문제이다.

폴리엔 분자의 π-전자는 1차원 상자 속 입자로 다룰 수 있다(연습 문제 3.3 참조). 그러므로 에너지 준위는 다음과 같이 된다.

$$E_{\mathrm{n}} = \frac{n^2h^2}{8mL^2}$$

그러므로 길이 L이 길어질수록 에너지 준위 간의 간격이 좁아져 $\Delta E = h\nu$가 작아진다. 따라서 진동수가 큰 청색에서 녹색으로 변화시키려면 폴리엔 사슬의 길이를 길게 하여야 한다.

답 풀이 참조

11.4 전자적으로 들뜬 분자의 두 이완 과정인 형광과 인광 과정을 기술하는 문제이다.

(1) 형광 과정

1단계: 프랭크-콘돈 원리에 따라 낮은 전자 상태의 진동 바닥 상태(v=0)에서 높은 전자-진동 상태로 들뜸

2단계: 들뜬 상태의 분자가 높은 전자 상태의 높은 진동 준위에서 바닥 상태(v'=0) 진동 에너지 준위로 진동 이완

3단계: 높은 전자 상태의 바닥 상태 진동 에너지 준위에서 낮은 전자 상태의 진동 준위로 프랭크-콘돈 원리에 따라 형광 방출

(2) 인광 과정

1단계: 프랭크–콘돈 원리에 따라 낮은 전자 상태의 진동 바닥 상태(v=0)에서 높은 전자–진동 상태로 들뜸

2단계: 들뜬 상태의 분자가 높은 전자 상태의 높은 진동 준위에서 낮은 상태($v' \neq 0$) 진동 에너지 준위로 진동 이완

3단계: 다른 분자와 충돌 과정에서 다른 스핀의 들뜬 상태로 전이(계간 교차)

4단계: 다른 스핀 상태의 진동 에너지 준위를 따라 $v''=0$까지 진동 이완

5단계: 높은 전자 상태의 바닥 상태 진동 에너지 준위에서 낮은 전자 상태의 진동 준위로 프랭크–콘돈 원리에 따라 인광 방출

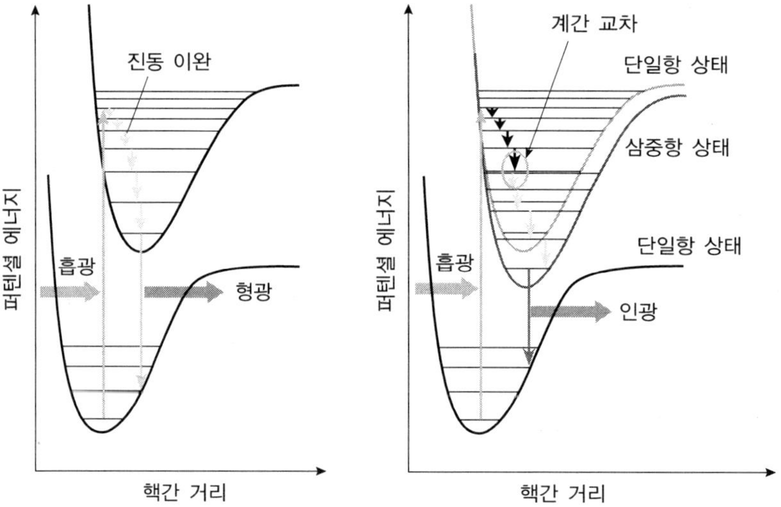

그림 인광이 일어나는 순차적 단계 과정

답 풀이 참조

11.5 분자 항 기호를 결정할 때 채워진 궤도함수들이 분자 항 기호 결정에 영향을 미치지 않는 이유를 증명하는 문제이다.

먼저 채워진 σ_g와 σ_u^*는 각각 2개의 전자를 가지고 있으므로 각 각운동량 성분 양자수와 스핀 양자수는 다음과 같이 된다.

$$M_L = 0 + 0 = 0 \qquad M_S = \frac{1}{2} - \frac{1}{2} = 0$$

또한 2중으로 축퇴된 채워진 π_u와 π_g^*는 각각 4개의 전자를 가지고 있으므로 각 각운동량 성분 양자수와 스핀 양자수는 다음과 같이 된다.

$$M_L = 1 + 1 - 1 - 1 = 0 \qquad M_S = \frac{1}{2} - \frac{1}{2} + \frac{1}{2} - \frac{1}{2} = 0$$

이와 같이 채워진 궤도함수들은 각운동량 성분 양자수와 스핀 양자수가 0이 되어 분자 항 기호 결정에 기여하지 않아 무시할 수 있다.

답 풀이 참조

11.6 분자에 대한 전자 배치를 하고 '연습 문제 11.5'에서 얻은 규칙을 적용하여 채워지지 않은 궤도함수로부터 항 기호를 결정하는 문제이다.

(1) LiO

전자수=11, 전자 배치: $1\sigma_g^2 1\sigma_u^{*2} 2\sigma_g^2 2\sigma_u^{*2} 1\pi_u^2 1\pi_u^1$

홀전자수=1, $|\Lambda| = \lambda_1 = 1$, $S = \frac{1}{2}$, $\therefore {}^2\mathbf{\Pi}$

(2) BO

전자수=13, 전자 배치: $1\sigma_g^2 1\sigma_u^{*2} 2\sigma_g^2 2\sigma_u^{*2} 1\pi_u^2 1\pi_u^2 3\sigma_g^1$

홀전자수=1, $|\Lambda| = \lambda_1 = 0$, $S = \frac{1}{2}$, $\therefore {}^2\mathbf{\Sigma}$

(3) NO

전자수=15, 전자 배치: $1\sigma_g^2 1\sigma_u^{*2} 2\sigma_g^2 2\sigma_u^{*2} 3\sigma_g^2 1\pi_u^2 1\pi_u^2 1\pi_g^{*1}$

홀전자수=1, $|\Lambda| = \lambda_1 = 1$, $S = \frac{1}{2}$, $\therefore {}^2\mathbf{\Pi}$

답 (1) ${}^2\mathbf{\Pi}$ (2) ${}^2\mathbf{\Sigma}$ (3) ${}^2\mathbf{\Pi}$

11.7 전자 배치로부터 항 기호를 구하는 문제이다.

(1) $(\sigma_g 5s)^2(\sigma_u^* 5s)^2(\sigma_g 5p)^2(\pi_u 5p)^4(\pi_g^* 5p)^4$

모든 궤도함수가 짝지어져 있다. $M_L = 0$ $\therefore$ $|\Lambda| = 0, M_S = S = 0$ $\therefore$ ${}^1\mathbf{\Sigma}$

(2) $(\sigma_g 5s)^2(\sigma_u^* 5s)^2(\sigma_g 5p)^2(\pi_u 5p)^3(\pi_g^* 5p)^3(\sigma_u^* 5p)^2$

이 전자 배치는 다음과 같이 고쳐 쓸 수 있다.

(3) $(\sigma_g 5s)^2(\sigma_u^* 5s)^2(\sigma_g 5p)^2(\pi_u 5p)^2(\pi_u 5p)^1(\pi_g^* 5p)^2(\pi_g^* 5p)^1(\sigma_u^* 5p)^2$

그러므로 홀전자수=2, $|\Lambda| = \lambda_1 + \lambda_2 = 1 + 1 = 2$, $S = s_1 + s_2 = \frac{1}{2} + \frac{1}{2} = 1$

$\therefore {}^3\Delta$

답 (1) ${}^1\mathbf{\Sigma}$ (2) ${}^3\Delta$

11.8 항 기호로부터 전체 스핀 각운동량 양자수와 전체 궤도함수 각운동량 양자수를 구하는 문제이다.

항 기호: ${}^2\mathbf{\Sigma}_g^+$

전체 스핀 각운동량 양자수: 항 기호의 왼쪽 위 첨자가 2이므로 $2S + 1 = 2$ $\therefore$ $\boldsymbol{S = \frac{1}{2}}$

전체 궤도함수 각운동량 양자수: 항 기호가 Σ이므로 $\Sigma = 0$ $\therefore \boldsymbol{\Lambda = 0}$

답 $S = \frac{1}{2}$, $\Lambda = 0$

11.9 항 기호로부터 해당하는 항이 가지는 상태 수를 구하는 문제이다.

항 기호는 전체 궤도함수 각운동량 상태와 스핀 다중도를 나타내므로 항 기호가 가지는 상태 수는 다음과 같이 구해진다.

항 기호가 가지는 전체 상태 수=스핀 다중도×$|\Lambda|$ 값의 수

그러므로 각 항 기호에 대한 상태 수는 다음과 같이 구해진다.

(1) $^1\Sigma$

스핀 다중도=1, $|\Lambda| = 0$, $\Lambda = 0$(1개)

∴ **상태 수** $= 1 \times 1 = \mathbf{1}$

(2) $^3\Sigma$

스핀 다중도=3, $|\Lambda| = 0$, $\Lambda = 0$(1개)

∴ **상태 수**$=3 \times 1 = \mathbf{3}$

(3) $^2\Pi$

스핀 다중도=2, $|\Lambda| = 1$, $\Lambda = +1, -1$(2개)

∴ **상태 수**$=2 \times 2 = \mathbf{4}$

(4) $^2\Delta$

스핀 다중도=2, $|\Lambda| = 2$, $\Lambda = +2, -2$(2개)

∴ **상태 수**$=2 \times 2 = \mathbf{4}$

답 (1) 1개 (2) 3개 (3) 4개 (4) 4개

11.10 분자 항들 사이에 허용되는 전이를 판단하는 문제이다.

2원자 분자에 대한 선택 규칙은 다음과 같다.

$\Delta\Lambda = 0, \pm 1 \quad \Delta S = 0 \quad \Delta\Sigma = 0 \quad \Delta\Omega = 0, \pm 1 \quad + \leftrightarrow +, \; - \leftrightarrow - \quad g \leftrightarrow u$

이 선택 규칙 가운데 $\Delta\Lambda$, ΔS, 대칭면 대칭성(+, –), 반전 대칭성(g, u)만으로도 전이 허용 여부를 충분히 알 수 있으므로 각 항들에 대하여 Λ, S, 대칭면 대칭성(+, –), 반전 대칭성(g, u)을 구하여 선택 규칙을 적용하면 다음과 같이 된다.

항 기호	Λ	S	+, –	g, u
$^2\Pi_g^+$	1	1/2	+	g
$^4\Pi_u$	1(허용)	3/2(금지)		u(허용)
$^2\Pi_u$	1(허용)	1/2(허용)		u(허용)
$^4\Sigma_g^-$	0(허용)	3/2(금지)	–(금지)	g(금지)
$^2\Delta_g$	2(허용)	1/2(허용)		g(금지)
$^2\Sigma_g^-$	0(허용)	1/2(허용)	–(금지)	g(금지)
$^4\Sigma_u^-$	0(허용)	3/2(금지)	–(금지)	u(허용)

그러므로 바닥 상태 $^2\Pi_g^+$ 로부터 **허용되는 전이는** $\mathbf{^2\Pi_u}$ 이다.

답 허용되는 전이: $^2\Pi_u$

11.11 전자 전이 스펙트럼에서 진동 미세 구조의 모양을 예측하는 문제이다.
전자 전이에서 전이 확률은 프랭크-콘돈 인자에 의존하므로 진동 미세 구조는 다음과 같은 모양이 된다.

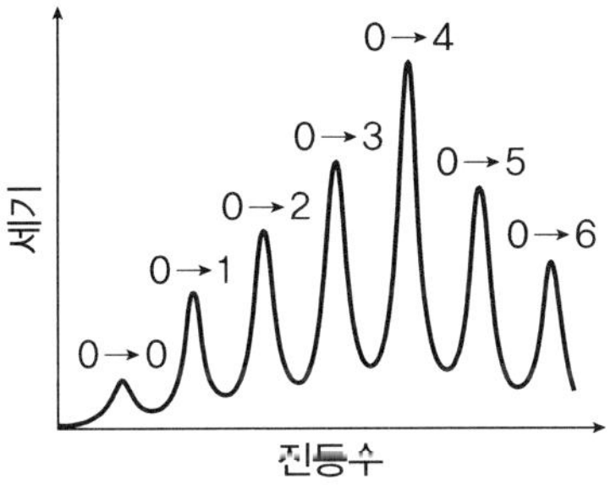

답 풀이 참조

11.12 형광을 방출할 수 있는 전이에 대한 흡수 파장을 구하는 문제이다.
전이 에너지=6.0 eV이므로 환산 인자를 사용하여 파수로 변환하면 다음과 같다.

$$6.0\ \text{eV} = 6.0\ \text{eV} \times 8066\ \text{cm}^{-1}\ \text{eV}^{-1} = 48396\ \text{cm}^{-1}$$

그러므로 파장은 다음과 같이 구해진다.

$$\lambda = \frac{1}{\tilde{\nu}} = \frac{1}{48396\ \text{cm}^{-1}} = 2.1\times10^{-5}\ \text{cm} = \mathbf{21\ \mu m}$$

답 $\lambda = 21\ \mu\text{m}$

11.13 전자 전이에 의한 해리 에너지와 들뜬 상태 원자의 에너지를 구하는 문제이다.
(1) I_2의 전자 전이에 의한 해리 반응은 $I_2 \rightarrow I + I^*$ $\Delta H = E_{\text{해리}}$이므로 해리 에너지는 다음과 같이 구해진다.

$$\boldsymbol{E}_{\text{해리}} = h\frac{c}{\lambda}N_A = \frac{(6.626\times10^{-34}\ \text{J s})(2.988\times10^{8}\ \text{m s}^{-1})(6.022\times10^{23}\ \text{mol}^{-1})}{499.5\times10^{-9}\ \text{m}}$$

$$=2.395\times10^5\ \text{J mol}^{-1} = \mathbf{239.5\ kJ\ mol^{-1}}$$

(2) 들뜬 상태 I^*의 에너지는 다음과 같이 구해진다.

$$I_2 \rightarrow I + I^*\quad \Delta H = E_{\text{전자 전이 해리}} = 239.5\ \text{kJ mol}^{-1}$$

$$I_2 \rightarrow I + I\quad \Delta H = E_{\text{열역학적 해리}} = \{2(106.84) - 62.44\}\ \text{kJ mol}^{-1} = 151.24\ \text{kJ mol}^{-1}$$

들뜬 상태 I^*의 에너지 $= E_{\text{전자 전이 해리}} - E_{\text{열역학적 해리}} = \mathbf{88.26\ kJ\ mol^{-1}}$

답 (1) $E_{\text{해리}} = 239.5\ \text{kJ mol}^{-1}$ (2) I^*의 에너지 $= 88.26\ \text{kJ mol}^{-1}$

12강 자기 공명 분광학

12.1 원운동하는 전하를 띤 입자와 자기장과의 상호작용 효과를 논하는 문제이다.

전하를 띤 전자와 핵은 원운동을 하면서 자체 자기장 모멘트를 발생시키며, 이들이 자기장 안에 들어가면 외부 자기장과 상호작용을 일으켜 그 에너지가 배향에 따라 에너지 차가 발생한다.

그 결과 전자의 궤도 각운동이 외부 자기장과의 상호작용에 따른 에너지는 다음과 같이 되고,

$E_{m_l} = \mu_B m_l B_0$ (μ_B: 보어 마그네톤, m_l: 자기 양자수, B_0: 외부 자기장의 세기)

스핀 운동이 외부 자기장과의 상호작용에 따른 에너지는 다음과 같이 된다.

$E_{m_s} = g_e \mu_B m_s B_0$ (g_e: 전자의 g 인자, m_s: 스핀 양자수)

한편 핵의 외부 자기장과의 상호작용에 따른 에너지는 다음과 같이 된다.

$E_{m_I} = g_I \mu_N m_I B_0$ (g_I: 핵의 g 인자, μ_N: 핵 마그네톤, m_s: 핵 스핀의 자기 양자수)

답 풀이 참조

12.2 NMR과 EPR 스펙트럼에서 갈라짐이 나타나는 이유를 설명하는 문제이다.

NMR 스펙트럼의 미세 구조

NMR 스펙트럼의 미세 구조는 핵들 사이의 스핀–스핀 짝지음 현상의 결과이다. 핵의 자기 에너지에 스핀–스핀 짝지음은 다음과 같이 기여한다.

$E_{m_1 m_2} = m_1 m_2 hJ$ (J: 짝지음 상수)

그러므로 m_1과 m_2의 값(즉 스핀의 배향)에 따라 에너지 준위에 변화가 일어나 스핀–스핀 갈라짐에 의한 미세 구조가 나타나게 된다.

EPR 스펙트럼의 초미세 구조

EPR 스펙트럼의 초미세 구조는 홀전자와 스핀이 0이 아닌 핵과의 전자–핵 짝지음의 결과이다. 라디칼에 들어 있는 $I \neq 0$인 핵자의 스핀 운동에 의한 자기장은 스핀의 배향에 전체 자기장의 세기를 증가시키기도 하고 감소시키기도 한다. 그 결과 국부 자기장은 다음과 같이 된다.

$\boldsymbol{B}_{loc} = \boldsymbol{B} + am_I$ (a: 초미세 짝지음 상수)

따라서 m_I 값(즉 핵 스핀의 배향)에 따라 국부 자기장의 세기가 달라져 전자의 에너지 준위 갈라짐이 변하여 초미세 구조가 나타나게 된다.

답 풀이 참조

12.3 특정 자기장에서 $I \neq \frac{1}{2}$ 인 핵의 스핀 에너지와 전이 공명 진동수를 구하는 문제이다.

(1) ^{33}S: $I = \frac{3}{2}$ 이다. 그러므로 $m_I = -\frac{3}{2}, -\frac{1}{2}, \frac{1}{2}, \frac{3}{2}$ 이 된다.

각 m_I에 대한 스핀 에너지들은 다음과 같이 구해진다.

$$E_{m_I} = g_I \mu_N m_I B_0$$

$$m_I = -\frac{3}{2}: \ \boldsymbol{E_{-3/2}} = -\frac{3}{2}(0.429)(5.051\times10^{-27}\ \mathrm{J\,T^{-1}})(3.0\ \mathrm{T}) = \mathbf{-9.75\times10^{-27}\ J}$$

$$m_I = -\frac{1}{2}: \ \boldsymbol{E_{-1/2}} = -\frac{1}{2}(0.429)(5.051\times10^{-27}\ \mathrm{J\,T^{-1}})(3.0\ \mathrm{T}) = \mathbf{-3.25\times10^{-27}\ J}$$

$$m_I = \frac{1}{2}: \ \boldsymbol{E_{1/2}} = \frac{1}{2}(0.429)(5.051\times10^{-27}\ \mathrm{J\,T^{-1}})(3.0\ \mathrm{T}) = \mathbf{3.25\times10^{-27}\ J}$$

$$m_I = \frac{3}{2}: \ \boldsymbol{E_{3/2}} = \frac{3}{2}(0.429)(5.051\times10^{-27}\ \mathrm{J\,T^{-1}})(3.0\ \mathrm{T}) = \mathbf{9.75\times10^{-27}\ J}$$

(2) $\Delta E = E_{1/2} - E_{-1/2} = \{3.25-(-3.25)\}\times10^{-27}\ \mathrm{J} = 6.50\times10^{-27}\ \mathrm{J}$ 이므로 흡수 진동수는 다음과 같이 된다.

$$\boldsymbol{\nu} = \frac{\Delta E}{h} = \frac{6.50\times10^{-27}\ \mathrm{J}}{6.626\times10^{-34}\ \mathrm{J\,s}} = 9.81\times10^{6}\ \mathrm{s^{-1}} = \mathbf{9.81\ MHz}$$

답 (1) $E_{m_I} = -9.75\times10^{-27}\ \mathrm{J}$, $-3.25\times10^{-27}\ \mathrm{J}$, $3.25\times10^{-27}\ \mathrm{J}$, $9.75\times10^{-27}\ \mathrm{J}$

(2) $\nu = 9.81\ \mathrm{MHz}$

12.4 자기장 안에 들어 있는 핵자의 공명 진동수를 구하는 문제이다.

공명 진동수는 라머 진동수와 같으므로 다음과 같이 구해진다.

$$\nu = \nu_L = \frac{\gamma B_0}{2\pi} \qquad \gamma = \frac{g_I \mu_N}{\hbar}$$

(1) 본문의 표에서 $\gamma(^1\mathrm{H}) = 26.75\times10^7\ \mathrm{T^{-1}\,s^{-1}}$이므로 공명 진동수는 다음과 같이 계산된다.

$$\boldsymbol{\nu} = \frac{(26.75\times10^{7}\ \mathrm{T^{-1}\,s^{-1}})(15.1\ \mathrm{T})}{2\pi} = 6.43\times10^{8}\ \mathrm{s^{-1}} = \mathbf{643\ MHz}$$

(2) 본문의 표에서 $\gamma(^{13}\mathrm{C}) = 6.73\times10^7\ \mathrm{T^{-1}\,s^{-1}}$이므로 공명 진동수는 다음과 같이 계산된다.

$$\boldsymbol{\nu} = \frac{(6.73\times10^{7}\ \mathrm{T^{-1}\,s^{-1}})(14.4\ \mathrm{T})}{2\pi} = 1.54\times10^{8}\ \mathrm{s^{-1}} = \mathbf{154\ MHz}$$

(3) 본문의 표에서 $\gamma(^{14}\mathrm{N}) = 6.73\times10^7\ \mathrm{T^{-1}\,s^{-1}}$이므로 공명 진동수는 다음과 같이 계산된다.

$$\boldsymbol{\nu} = \frac{(1.93\times10^{7}\ \mathrm{T^{-1}\,s^{-1}})(17.2\ \mathrm{T})}{2\pi} = 5.28\times10^{7}\ \mathrm{s^{-1}} = \mathbf{52.8\ MHz}$$

답 (1) 643 MHz (2) 154 MHz (3) 52.8 MHz

12.5 500 MHz NMR 화학종의 종류에 따라 공명을 일으키는 데 필요한 자기장의 세기를 구하는 문제이다.

I=1/2인 핵은 $\Delta E = h\nu = \gamma\hbar B_0 = |g_I|\mu_N B_0$ 이므로 자기장의 세기 B_0은 다음과 같이 구한다.

$$B_0 = \frac{h\nu}{\gamma\hbar} = \frac{2\pi\nu}{\gamma} \quad \text{또는} \quad B_0 = \frac{h\nu}{|g_I|\mu_N}$$

(1) ^{1}H: $I = 1/2$이다. 필요한 자기장의 세기는 다음과 같이 구해진다.

$$\boldsymbol{B_0} = \frac{(2\pi)(500\times10^6\ \text{s}^{-1})}{26.75\times10^7\ \text{T}^{-1}\ \text{s}^{-1}} = \mathbf{11.7\ T}$$

(2) ^{2}H: $I = 1/2$이다. 필요한 자기장의 세기는 다음과 같이 구해진다.

$$\boldsymbol{B_0} = \frac{(2\pi)(500\times10^6\ \text{s}^{-1})}{4.11\times10^7\ \text{T}^{-1}\ \text{s}^{-1}} = \mathbf{76.4\ T}$$

(3) ^{13}C: $I = 1/2$이다. 필요한 자기장의 세기는 다음과 같이 구해진다.

$$\boldsymbol{B_0} = \frac{(2\pi)(500\times10^6\ \text{s}^{-1})}{6.73\times10^7\ \text{T}^{-1}\ \text{s}^{-1}} = \mathbf{46.7\ T}$$

(4) ^{14}N: I=1이다. 이번에는 $B_0 = \frac{h\nu}{|g_I|\mu_N}$ 를 사용하여 구하면 필요한 자기장의 세기는 다음과 같다.

$$\boldsymbol{B_0} = \frac{(6.626\times10^{-34}\ \text{J s})(500\times10^6\ \text{s}^{-1})}{(0.404)(5.051\times10^{-27}\ \text{J T}^{-1})} = \mathbf{162\ T}$$

답 (1) $B_0 = 11.7$ T (2) $B_0 = 76.4$ T (3) $B_0 = 46.7$ T (4) $B_0 = 162$ T

12.6 화학적 이동에 대한 이웃 원자단의 전기 음성도 효과를 예측하는 문제이다.

전기 음성도가 클수록 메틸기에 있는 양성자의 전자 밀도를 많이 벗겨 내어 화학적 이동 값은 다음과 같은 순서가 된다.

$CH_3F > CH_3Cl > CH_3Br > CH_3I$

답 $CH_3F > CH_3Cl > CH_3Br > CH_3I$

12.7 화학적 이동이 서로 충분히 멀리 떨어진 A, M, X 종으로 구성된 계에 대한 NMR 스펙트럼의 모양을 예측하는 문제이다.

$A_2M_3X_4$ 계

A 종의 다른 종(M, X)에 의한 갈라짐

$J_{AM} > J_{AX}$이므로 A는 M_3에 의하여 1 : 3 : 3 : 1 세기의 4중선으로 갈라지고, 이 선들은 X_4에 의하여 각각 1 : 4 : 6 : 4 : 1 세기의 5중선으로 갈라져 전체 4 × 5 = **20개의** 선으로 나타난다.

M 종의 다른 종(A, X)에 의한 갈라짐

$J_{AM} > J_{MX}$이므로 M은 A_2에 의하여 1 : 2 : 1 세기의 3중선으로 갈라지고, 이 선들은 X_4에 의하여 각각 1 : 4 : 6 : 4 : 1 세기의 5중선으로 갈라져 전체 3 × 5 = **15개의** 선으로 나타난다.

X 종의 다른 종(A, M)에 의한 갈라짐

$J_{AX} > J_{MX}$이므로 X는 A_2에 의하여 1 : 2 : 1 세기의 3중선으로 갈라지고, 이 선들은 M_3에 의하여 각각 1 : 3 : 3 : 1 세기의 4중선으로 갈라져 전체 $3 \times 4 =$ **12개의 선**으로 나타난다.

답 풀이 참조

12.8 분자 내의 양성자가 자기적으로 동등한지를 판별하는 문제이다.

(1) CH_3CH_3

3차원 구조는 다음과 같다. 따라서 C−C 축을 중심으로 빠르게 회전할 때 H 핵들은 자기적으로 동등하다.

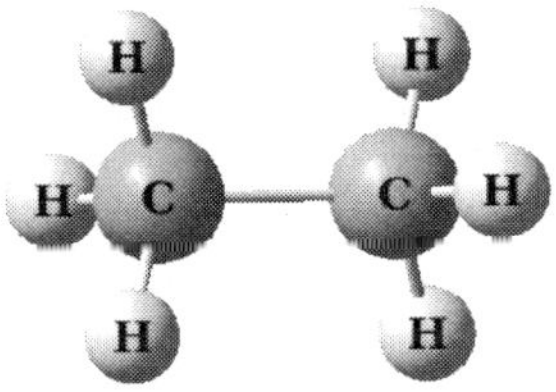

(2) $CH \equiv CH$

H 핵들은 서로 구분 불가능하다. 그러므로 자기적으로 동등하다.

(3) CH_2=CHF

3차원 구조는 다음과 같다. 각 H 핵은 F 핵과의 거리가 모두 다르다. 그러므로 H 핵들은 자기적으로 동등하지 않다.

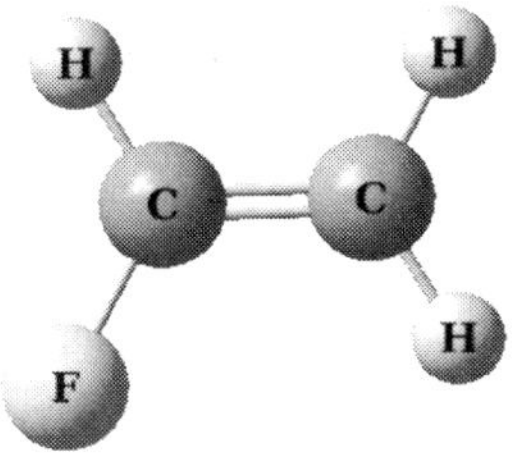

(4) C_6H_6

3차원 구조는 다음과 같다. H 핵들은 서로 구분 불가능하다. 그러므로 자기적으로 동등하다.

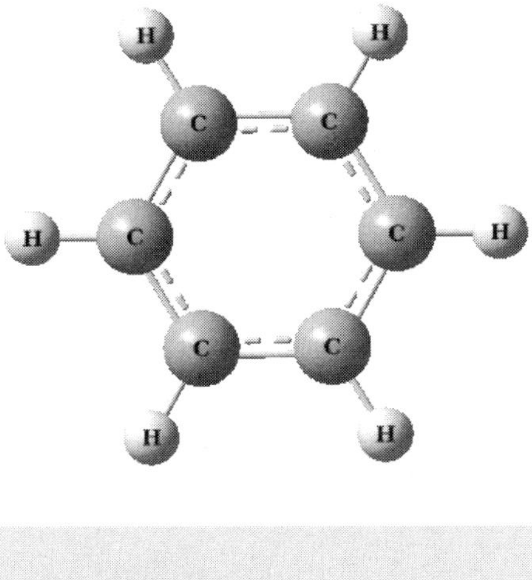

답 (1) 동등 (2) 동등 (3) 비동등 (4) 동등

12.9 수용액 중에서 용매의 양성자와 화학적 교환에 의한 스핀 갈라짐의 효과에 미치는 영향을 논하는 문제이다.

에탄올은 수용액 중에서 다음과 같은 양성자 교환 반응이 일어날 수 있다.

$$CH_3CH_2OH + H_2O \rightleftarrows CH_3CH_2O^- + H_3O^+$$

실온에서 이 양성자 교환은 매우 빠르게 일어나 −OH 기의 인접한 양성자와 스핀−스핀 짝지음을 일으키기 어려워 스핀 갈라짐이 나타나지 않게 된다.

답 풀이 참조

12.10 분자들의 양성자 NMR 스펙트럼을 예측하는 문제이다.

(1) 다이에틸 에터는 다음의 구조에서 보는 바와 같이 두 벌의 동등한 양성자 군이 있다.

A 벌: 분자 양 끝의 두 **CH_3 기에 있는 6개의 양성자**들로 이웃한 2개의 양성자에 의하여 **1 : 2 : 1의 3중선**으로 나타난다.

B 벌: 두 **CH_2 기에 있는 4개의 양성자**들로 이웃한 3개의 양성자에 의하여 **1 : 3 : 3 : 1의 4중선**으로 나타난다.

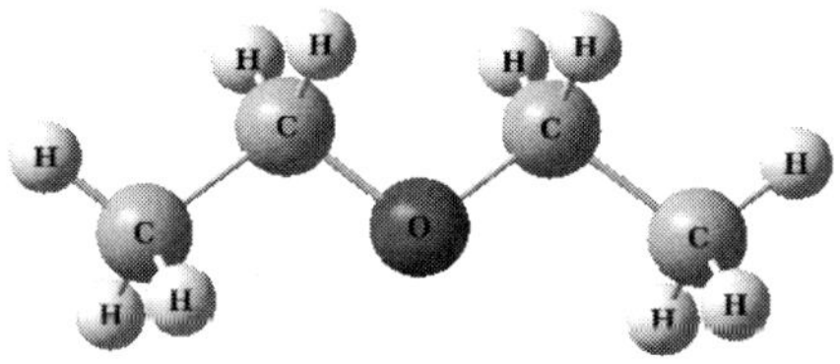

(2) 클로로에테인은 다음의 구조에서 보는 바와 같이 두 벌의 동등한 양성자 군이 있다.

A 벌: **CH_3 기에 있는 3개의 양성자**들로 이웃한 2개의 양성자에 의하여 **1 : 2 : 1의 3중선**으로 나타난다.

B 벌: **CH_2 기에 있는 2개의 양성자**들로 이웃한 3개의 양성자에 의하여 **1 : 3 : 3 : 1의 4중선**으로 나타난다.

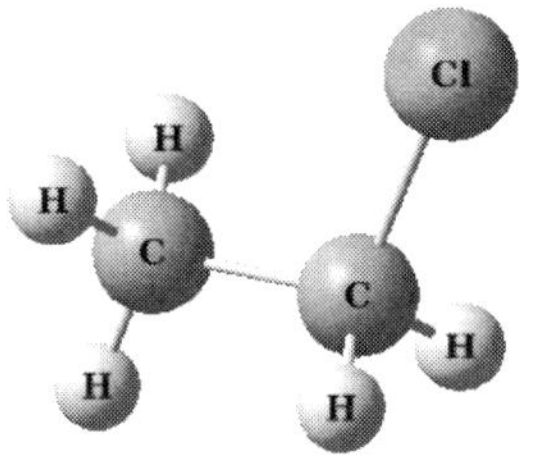

(3) 1,1,2-트라이클로로에테인의 구조는 다음과 같다.

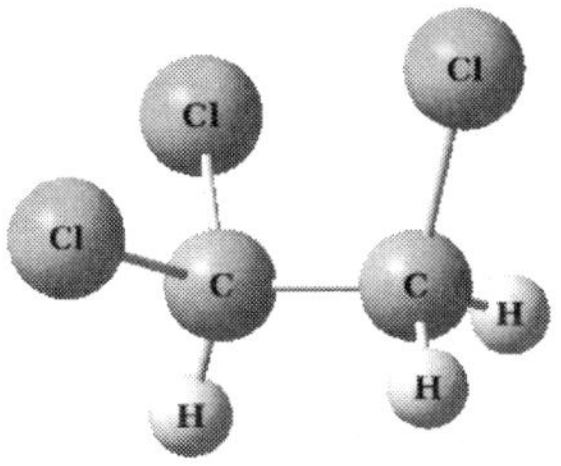

이 분자에는 두 벌의 동등한 양성자 군이 있다.

A 벌: $CHCl_2$ 기에 있는 1개의 양성자로 이웃한 2개의 양성자에 의하여 **1 : 2 : 1의 3중선**으로 나타난다.

B 벌: 두 **CH_2Cl 기에 있는 2개의** 양성자들로 이웃한 1개의 양성자에 의하여 **1 : 1의 2중선**으로 나타난다.

(4) 1,1,1-트라이클로로프로페인의 구조는 다음과 같다.

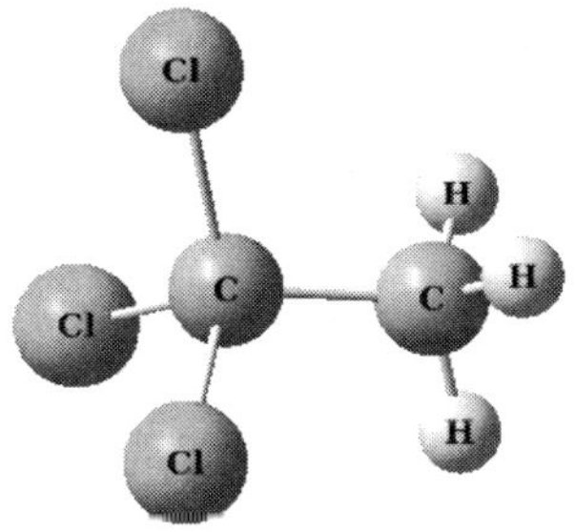

이 분자는 CH_3 기에 **한 벌의 동등한 양성자**가 있고, 이들은 이웃에 양성자가 없어 **단일선**으로 나타난다.

답 (1) 3중선 1벌과 4중선 1벌 (2) 3중선 1벌과 4중선 1벌 (3) 2중선 (4) 단일선

12.11 EPR 스펙트럼으로부터 초미세 짝지음 상수 a와 g 값을 구하는 문제이다.

(1) 초미세 짝지음 상수 a는 초미세 선들 사이의 간격이다. 그러므로 다음과 같이 구해진다.

인접한 두 선 사이의 간격

(332.7 – 330.2) mT = 2.3 mT, (334.8 – 332.7) mT = 2.1 mT

그러므로 $\boldsymbol{a} = (2.3 + 2.1)/2 = \mathbf{2.2\ mT}$

(2) g 값을 구하는 식은 다음과 같다.

$$g = \frac{\Delta H}{\mu_B \boldsymbol{B}_0} = \frac{h\nu}{\mu_B \boldsymbol{B}_0}$$

여기에서 B_0은 가운데 선인 332.7 mT를 사용하여 계산하면 다음과 같이 g 값이 구해진다.

$$\boldsymbol{g} = \frac{h\nu}{\mu_B \boldsymbol{B}_0} = \frac{(6.626\times10^{-34}\ \text{J s})(9.320\times10^{9}\ \text{s}^{-1})}{(9.274\times10^{-24}\ \text{J T}^{-1})(332.7\times10^{-3}\ \text{T})} = \mathbf{2.001}$$

답 (1) $a = 2.2$ mT (2) $g = 2.001$

12.12 EPR 스펙트럼의 다중선 갈라짐 양식을 예측하는 문제이다.

(1) $\bullet CH_3$: I = 1/2인 AX_3 계이다. 그러므로 파스칼 삼각형에 따라 **1 : 3 : 3 : 1**의 세기 분포를 갖는 4중선이 나타난다.

(2) $\bullet CD_2CD_3$: D는 양성자수=1, 중성자수=1로 I=1인 핵 종이다. 그러므로 다음과 같은 짝지음 갈라짐이 나타난다.

CD_2: CD_3에 의하여 D 하나당 3개의 선으로 갈라져 1 : 3 : 6 : 7 : 6 : 3 : 1의 7중선으로 갈라진다.

CD_3: CD_2에 의하여 D 하나당 3개의 선으로 갈라져 1 : 2 : 3 : 2 : 1의 5중선으로 갈라진다. 그러므로 전체 $7 \times 5 = 35$중선이 나타나며 그 세기 분포는 다음과 같이 된다.

1(4선) : 2(4선) : 3(6선) : 6(8선) : 7(2선) : 9(2선) : 12(4선) : 14(2선) : 18(2선) : 21(1선)

(3) $\bullet C^{35}Cl_3$: ^{35}Cl은 양성자수 = 17, 중성자수 = 18로 $I = 3/2$인 핵 종이다. 그러므로 ^{35}Cl 핵 하나당 4개의 선으로 갈라진다. 그러므로 다음과 같은 갈라짐이 일어난다.

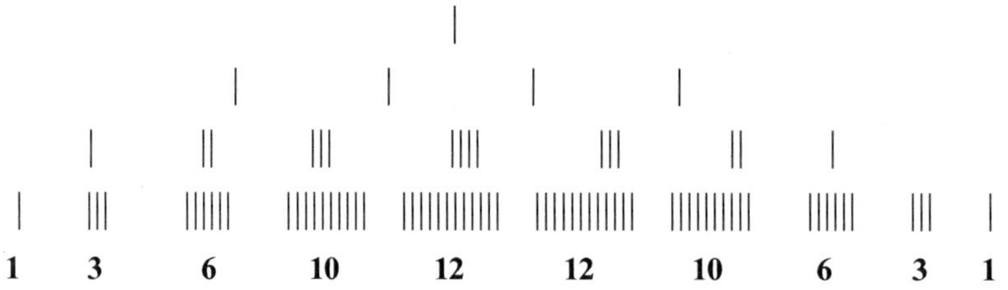

답 (1) 1 : 3 : 3 : 1 (2) 1(4선) : 2(4선) : 3(6선) : 6(8선) : 7(2선) : 9(2선) : 12(4선) : 14(2선) : 18(2선) : 21(1선) (3) 1 : 3 : 6 : 10 : 12 : 12 : 10 : 6 : 3 : 1

12.13 EPR 스펙트럼의 갈라짐으로부터 핵 스핀 값 I를 구하는 문제이다.

EPR 스펙트럼의 초미세 선의 수는 문제 12.12에서 보듯이 $2nI+1$(n=자기성 핵 수)개이다. 그러므로 I값은 다음과 같이 구해진다.

(1) 세기가 같은 선이 나타나므로 $n=1$이고, 4개의 선이 있으므로 I는 다음과 같이 구해진다.

$2I + 1 = 4,\ \therefore \boldsymbol{I = \frac{3}{2}}$

(2) 세기가 같은 선이 나타나므로 $n=1$이고, 7개의 선이 있으므로 I는 다음과 같이 구해진다.

$2I + 1 = 7,\ \therefore \boldsymbol{I = 3}$

(3) 세기가 다른 선이 나타나므로 $n \neq 1$이고, 5개의 선이 있으므로 I는 다음과 같이 구해진다.

$2nI + 1 = 5, nI = 2$

$n = 2$이면, $I = 1$ (가능)

$n = 3$이면, $I = 2/3$ (불가능)

$n = 4$이면, $I = 1/2$ (가능)

여기에서 5개의 갈라진 선이 1 : 2 : 3 : 2 : 1의 세기 분포를 갖는 경우는 $I = 1$일 때이다.

$\therefore \boldsymbol{I = 1}$

답 (1) $I = 3/2$ (2) $I = 3$ (3) $I = 1$

12.14 EPR 스펙트럼에서 얻은 초미세 짝지음 상수 a로부터 홀전자가 각 원자에 존재할 확률(즉 전자 밀도)을 구하는 문제이다.

초미세 짝지음 상수와 전자 밀도의 관계는 다음과 같다.

$a = Q\rho$

(1) 수소 원자의 경우 Q=0.05 T이므로 홀전자가 각 H에 존재할 확률(전자 밀도)은 다음과 같이 구해진다.

$$\rho = \frac{a}{Q} = \frac{0.38\times10^{-3}\ \mathrm{T}}{0.05\ \mathrm{T}} = 7.6\times10^{-3}$$

그러므로 전체 6개의 H에 홀전자가 존재할 %는 다음과 같다.

$$6\times(7.6\times10^{-3}) = 0.046 = \mathbf{4.6\%}$$

(2) H에 홀전자가 존재할 %가 4.6%이므로 각각의 C에 존재할 %는 다음과 같이 구해진다.

$$\frac{(100-4.6)\%}{6} = \mathbf{15.9\%}$$

답 (1) 4.6%　(2) 15.9%

빠른 답 확인

I부 양자화학

1강 양자론의 탄생

1.1 풀이 참조

1.2 풀이 참조

1.3 (1) 풀이 참조 (2) 풀이 참조

1.4 풀이 참조

1.5 (1) $h = 6.62 \times 10^{-34}$ J s
(2) $\Phi = 7.58 \times 10^{-19}$ J

1.6 (1) $v_0 = 4.40 \times 10^{14}$ s^{-1}
(2) $v = 4.40 \times 10^{14}$ m s^{-1}

1.7 $v = 4.787 \times 10^{14}$ s^{-1}, $\tilde{v} = 1.597 \times 10^4$ cm^{-1}

1.8 $\lambda = 1.025734 \times 10^{-7}$ m

1.9 (1) $I = 109677.6$ cm^{-1}
(2) $I = 2.1786 \times 10^{-18}$ J
(3) $I = 13.598$ eV

1.10 $r(\text{H}) = 5.292 \times 10^{-11}$ m,
$r(\text{He}^+) = 2.646 \times 10^{-11}$ m,
$r(\text{Li}^{2+}) = 1.764 \times 10^{-11}$ m
$V(\text{H}) = 1.976 \times 10^{-31}$ m^3,
$V(\text{He}^+) = 2.470 \times 10^{-32}$ m^3,
$V(\text{Li}^{2+}) = 7.318 \times 10^{-33}$ m^3
$V(\text{H}) : V(\text{He}^+) : V(\text{Li}^{2+}) = 1 : 0.125 : 0.037$

1.11 (1) $v_1 = 2.188 \times 10^6$ m s^{-1},
$v_2 = 1.094 \times 10^6$ m s^{-1},
$v_3 = 7.292 \times 10^5$ m s^{-1}

1.12 (1) 1.23×10^{-10} m
(2) 2.86×10^{-12} m (3) 3.325×10^{-10} m

1.13 $\Delta E = 6.6 \times 10^{-26}$ J

1.14 최소 수명 $= 2.9 \times 10^{-23}$ s

2강 양자역학의 기본 원리

2.1 (1) $3x^2 + \cos x$ (2) $-\sin^2 x + \cos^2 x$
(3) $-\dfrac{\cos x}{\sin^2 x}$ (4) $\dfrac{2x\sin x - x^2\cos x}{\sin^2 x}$
(5) $2axe^{ax^2}$

2.2 (1) 고유 함수가 아님
(2) 고유 함수, 고유값=2
(3) 고유 함수, 고유값=−1
(4) 고유 함수, 고유값=$-a^2$
(5) 고유 함수가 아님
(6) 고유 함수, 고유값=−1
(7) 고유 함수, 고유값=−6

2.3 (1) $2xe^{-ax^2} - 2ax^3e^{-ax^2}$
(2) $xe^{-ax^2} - 2ax^3e^{-ax^2}$
(3) $-2ax^2e^{-a(x^2+y^2)} + 4a^2x^2y^2e^{-a(x^2+y^2)}$

2.4 (1) $\sqrt{74}e^{-0.197\pi i}$ (2) $5e^{-\pi/2}$
(3) $\sqrt{2}e^{0.455\pi i}$ (4) $\dfrac{6\sqrt{2}}{5}e^{0.309\pi i}$

2.5 (1) 고유값$= -i\left(k_x + k_y + k_z\right)$
(2) 고유값$= -\left(k_x^2 + k_y^2 + k_z^2\right)$

2.6 (1) $y(x) = ce^{-3x}$
(2) $y(x) = c_1e^x$, $y(x) = c_2e^{2x}$,
또는 $y(x) = c_1e^x + c_2e^{2x}$
(3) $y(x) = c_1e^{ix}$, $y(x) = c_2e^{-ix}$,
또는 $y(x) = c_1e^{ix} + c_2e^{-ix}$
(4) $y(x) = 2e^{2x}$
(5) $y(x) = 2e^{3x} - 3e^{2x}$
(6) $x(t) = A\cos\omega t$

2.7 (1) 풀이 참조 (2) 풀이 참조

2.8 (1) 적절 (2) 부적절 (3) 부적절
(4) 적절

2.9 풀이 참조

2.10 고유 함수, 고유값$= k\hbar$

2.11 풀이 참조

2.12 풀이 참조

2.13 $[\hat{p}_x, \hat{x}] = -i\hbar\hat{I}$

2.14 $P = \frac{1}{2}$

2.15 $\langle E_k \rangle = \frac{n^2h^2}{8ma^2}$

3강 이상적 계에 대한 양자역학

3.1 (1) $0.05a^2$ (2) $\frac{a^2}{4}$

3.2 (1) $\langle p \rangle = 0$ (2) $\langle p^2 \rangle = \frac{n^2\pi^2\hbar^2}{a^2}$

3.3 (1) $\Delta E = 9.02 \times 10^{-19}$ J
(2) $\lambda = 2.20 \times 10^{-7}$ m

3.4 풀이 참조

3.5 풀이 참조

3.6 $E_0 = 2.78 \times 10^{-21}$ J

3.7 $k = 316$ N m^{-1}

3.8 (1) $\langle E_p \rangle = \frac{\hbar}{4}\sqrt{\frac{k}{m}}$ (2) $\langle E_k \rangle = \frac{\hbar}{4}\sqrt{\frac{k}{m}}$

3.9 (1) $r = \sqrt{38}$, $\theta = 0.62$ rad, $\phi = 0.59$ rad
(2) $x = -2.5$, $y = -2.5$, $z = 3.5$

3.10 (1) 고유값 = $m_l\hbar$, $-m_l\hbar$
(2) 각 운동량의 ϕ 성은 크기는 같고 방향은 반대

3.11 풀이 참조

3.12 (1) 201개 (2) 5.73°

3.13 (1) $L = \sqrt{6}\hbar$
(2) $l_z = 0, \pm m_l\hbar, \pm 2m_l\hbar$

4강 수소꼴 원자

4.1 풀이 참조

4.2 풀이 참조

4.3 풀이 참조

4.4 (1) $\frac{1}{2\sqrt{2\pi}}\left(\frac{1}{a_0}\right)^{3/2} e^{-r/2a_0}$
(2) $\frac{1}{8\sqrt{\pi}}\left(\frac{1}{a_0}\right)^{5/2} re^{-r/a_0}\sin\theta e^{i\phi}$

4.5 풀이 참조

4.6 (1) 풀이 참조 (2) $P = 0.323$

4.7 $\frac{3}{2}a_0$

4.8 (1) $E_{1s} = -2.178\times10^{-18}$ J $= -13.59$ eV
(2) $E_{2s} = -5.444\times10^{-19}$ J $= -3.399$ eV

4.9 $\frac{E_H}{E_D} = 0.9997$

4.10 (1) $I(\text{H}) = 2.179\times10^{-18}$ J $= 13.60$ eV
(2) $I(\text{He}^+) = 8.716\times10^{-18}$ J $= 54.41$ eV
(3) $I(\text{Li}^{2+}) = 1.961\times10^{-17}$ J $= 122.4$ eV

4.11 (1) $r_{\text{mp,2s}} = (3\pm\sqrt{5})a_0$
(2) $r_{\text{mp,}2p} = 4a_0$

4.12 (1) $\langle r \rangle_{2s} = 6a_0$, $\langle r \rangle_{2s} > r_{\text{mp,2s}}$
(2) $\langle r \rangle_{2p} = 5a_0$, $\langle r \rangle_{2p} > r_{\text{mp,}2p}$

4.13 풀이 참조

4.14 풀이 참조

5강 다전자 원자

5.1 풀이 참조

5.2 풀이 참조

5.3 풀이 참조

5.4 풀이 참조

5.5 풀이 참조

5.6 풀이 참조

5.7 풀이 참조

5.8 풀이 참조

5.9 (1) 풀이 참조

(2) $\langle E\rangle = \dfrac{5h^2}{4\pi^2 mL^2}$, 오차 $= 1.32\%$

5.10 $\langle E\rangle_{\text{min}} = 1.136\times\left(\dfrac{1}{2}h\nu\right)$,

오차$= 13.6\%$

5.11 (1) 0 (2) $\sqrt{2}\hbar$ (3) $\sqrt{6}\hbar$ (4) $2\sqrt{3}\hbar$

5.12 (1) $j=\dfrac{1}{2}$ (2) $j=\dfrac{3}{2}, \dfrac{1}{2}$

(3) $j=\dfrac{5}{2}, \dfrac{3}{2}$ (4) $j=\dfrac{7}{2}, \dfrac{5}{2}$

5.13 (1) $J=3, 2, 1$ (2) $J=8, 7, 6, 5, 4, 3, 2$

6강 원자 분광학

6.1 풀이 참조

6.2 (1) 풀이 참조 (2) 풀이 참조

6.3 풀이 참조

6.4 풀이 참조

6.5 $J=0, 1, 2, 3, 4$

6.6 (1) $^1S_0$ (2) $^1S_0$ (3) $^1S_0$

6.7 (1) $^2S_{1/2}$ (2) $^2P_{3/2}, {}^2P_{1/2}$

(3) $^2D_{5/2}, {}^2D_{3/2}$ (4) $^2F_{7/2}, {}^2F_{5/2}$

6.8 풀이 참조

6.9 풀이 참조

6.10 (1) 15 (2) $^1S_0$, $^3P_2$, $^3P_1$, $^3P_0$, $^1D_2$

(3) $^3P_0$

6.11 (1) 20 (2) 15 (3) 31 (4) 120

6.12 (1) 12 (2) $^3P_2$, $^3P_1$, $^3P_0$, $^1P_1$

(3) $^3P_0$

II부 분자 구조

7강 화학 결합: 원자에서 분자로

7.1 풀이 참조

7.2 풀이 참조

7.3 (1) 풀이 참조 (2) 풀이 참조

7.4 풀이 참조

7.5 (1) $1\sigma_g^2 1\sigma_u^{*1}$, $b=0.5$ (2) $2\sigma_g^2$, $b=1$

(3) $2\sigma_g^2 2\sigma_u^{*2}$, $b=0$

(4) $2\sigma_g^2 2\sigma_u^{*2} 1\pi_u^2$, $b=1$

(5) $2\sigma_g^2 2\sigma_u^{*2} 1\pi_u^4$, $b=2$

(6) $2\sigma_g^2 2\sigma_u^{*2} 1\pi_u^4 3\sigma_g^1$, $b=2.5$

7.6 (1) H_2^+: 상자성, H_2: 반자성, H_2^-: 상자성

(2) C_2^+: 상자성, C_2: 반자성, C_2^-: 상자성

(3) O_2^+: 상자성, O_2: 상자성, O_2^-: 상자성

7.7 (1) 풀이 참조 (2) 풀이 참조

7.8 (1) $B_2^- > B_2 > B_2^+$ (2) $N_2 > N_2^+ \approx N_2^-$

(3) $F_2^+ > F_2 > F_2^-$

7.9 풀이 참조

7.10 풀이 참조

8강 이핵 2원자 분자와 다원자 분자

8.1 풀이 참조

8.2 풀이 참조

8.3 풀이 참조

8.4 풀이 참조

8.5 (1) $2\sigma_g^2 2\sigma_u^{*2} 1\pi_u^4 3\sigma_g^2$, 반자성, $b=3$

(2) $2\sigma_g^2 2\sigma_u^{*2} 1\pi_u^4 3\sigma_g^2$, 반자성, $b=3$

(3) $2\sigma_g^2 2\sigma_u^{*2} 3\sigma_g^2 1\pi_u^4 1\pi_g^{*4}$, 반자성, $b=1$

8.6 (1) 굽은형 (2) 굽은형 (3) 선형

(4) 굽은형 (5) 굽은형

8.7 풀이 참조

8.8 고리형 구조가 선형 구조보다 안정

8.9 $E_\pi = 3\alpha + 2\sqrt{2}\beta$, $E_{\mathrm{deloc}} = 0.0828\beta$

8.10 $E_\pi = 4\alpha + 2\sqrt{3}\beta$ $P = 0.03164\ \mathrm{bar}$

8.11 $E_{\mathrm{MO}} = 4\alpha + 5.124\beta$, $E_{\mathrm{deloc}} = 1.124\beta$

8.12 (1) $a_{2u}^2 e_{1g}^4$, $E_\pi = 6\alpha + 8\beta$

(2) $a_{2u}^2 e_{1g}^4 e_{2u}^1$, $E_\pi = 7\alpha + 7\beta$

(3) $a_{2u}^2 e_{1g}^3$, $E_\pi = 5\alpha + 7\beta$

8.13 풀이 참조

9강 대칭 구조

9.1 풀이 참조

9.2 풀이 참조

9.3 풀이 참조

9.4 (1) C_{2v} (2) C_{3v} (3) D_{3h}
(4) C_{2h} (5) O_h (6) D_{3d}

9.5 (1) 비극성 (2) 극성 (3) 극성
(4) 비극성 (5) 비극성 (6) 극성

9.6 (1) 비카이랄 (2) 카이랄 (3) 비카이랄

9.7 (1) $\hat{C}_2\hat{C}_2 = \hat{E}$ (2) $\hat{C}_2\hat{\sigma}_v = \hat{\sigma}_v'$

(3) $\hat{\sigma}_v\hat{\sigma}_v' = \hat{C}_2$

9.8 (1) 풀이 참조 (2) 풀이 참조
(3) 풀이 참조

9.9 (1) 풀이 참조 (2) 풀이 참조

9.10 풀이 참조

9.11 (1) $AB = \begin{pmatrix} 30 & 22 & 34 & 38 & 20 \\ 72 & 52 & 82 & 83 & 53 \\ 114 & 82 & 130 & 128 & 86 \\ 12 & 24 & 16 & 0 & 0 \\ 48 & 78 & 28 & 0 & 0 \end{pmatrix}$

(2) $AB = \begin{pmatrix} 4 & 1 & 2 \\ 6 & 3 & 4 \\ 9 & 3 & 7 \end{pmatrix}$

9.12 풀이 참조

9.13 (1) $\Gamma_{\text{가약}} = A_1 + A_2 + B_1 + B_2$
(2) $\Gamma_{\text{가약}} = A_1 + 2A_2 + E$

10강 회전 및 진동 분광학

10.1 풀이 참조

10.2 풀이 참조

10.3 풀이 참조

10.4 풀이 참조

10.5 풀이 참조

10.6 (1) $\tilde{\nu} = 10.96\ \mathrm{cm^{-1}}$

(2) $\tilde{\nu} = 11.59\ \mathrm{cm^{-1}}$

(3) $\tilde{\nu} = 14.19\ \mathrm{cm^{-1}}$

10.7 (1) $r = 127.9\ \mathrm{pm}$ (2) $r = 142.0\ \mathrm{pm}$

10.8 $B(^{12}\mathrm{C}^{17}\mathrm{O}) = 188.3\ \mathrm{m^{-1}}$,
$B(^{13}\mathrm{C}^{16}\mathrm{O}) = 184.7\ \mathrm{m^{-1}}$,
$B(^{13}\mathrm{C}^{17}\mathrm{O}) = 179.8\ \mathrm{m^{-1}}$

10.9 $J_{\max}(\mathrm{H}^{35}\mathrm{Cl}) = 3, J_{\max}(^{12}\mathrm{C}^{16}\mathrm{O}) = 3$

10.10 (1) $B = 6.4275\ \mathrm{cm^{-1}}$ (2) $B = 3.4548\ \mathrm{cm^{-1}}$

10.11 (1) $A = 6.35\ \mathrm{cm^{-1}}, B = 9.96\ \mathrm{cm^{-1}}$

(2) $\Delta F_{0\to2} = 59.8\ \mathrm{cm^{-1}}$

(3) $\Delta F_{1\to2} = 39.8\ \mathrm{cm^{-1}}$

10.12 $B = 1.9227\ \mathrm{cm^{-1}}$, $D_J = 6.23\times10^{-6}\ \mathrm{cm^{-1}}$

10.13 (1) $\nu_{\mathrm{H^{37}Cl}} = 8.960\times10^{13}\ \mathrm{s^{-1}}$

(2) $\nu_{\mathrm{D^{35}Cl}} = 6.4280\times10^{13}\ \mathrm{s^{-1}}$

10.14 (1) $x_e = 7.6563\times10^{-3}$, $\tilde{\nu} = 1580.4\ \mathrm{cm^{-1}}$

(2) $x_e = 6.1073\times10^{-3}$, $\tilde{\nu} = 2374.2\ \mathrm{cm^{-1}}$

10.15 $D_e = 4.07\ \mathrm{eV}$

10.16

	기준 진동수	신축 진동수	굽힘 진동수
(1)	6	3	3
(2)	6	3	3
(3)	12	5	7
(4)	30	12	18

10.17 $A_1 + E + 2T_2$

11강 전자 전이 분광학

11.1 풀이 참조

11.2 풀이 참조

11.3 풀이 참조

11.4 풀이 참조

11.5 풀이 참조

11.6 (1) $^2\Pi$ (2) $^2\Sigma$ (3) $^2\Pi$

11.7 (1) $^1\Sigma$ (2) $^3\Delta$

11.8 $S = \frac{1}{2}$, $\Lambda = 0$

11.9 (1) 1개 (2) 3개 (3) 4개 (4) 4개

11.10 허용되는 전이: $^2\Pi_u$

11.11 풀이 참조

11.12 $\lambda = 21\ \mu m$

11.13 (1) $E_{해리} = 239.5\ kJ\ mol^{-1}$

(2) I^*의 에너지 $= 88.26\ kJ\ mol^{-1}$

12강 자기 공명 분광학

12.1 풀이 참조

12.2 풀이 참조

12.3 (1) $E_{m_I} = -9.75 \times 10^{-27}$ J ,

-3.25×10^{-27} J ,

3.25×10^{-27} J ,

9.75×10^{-27} J

(2) $\nu = 9.81$ MHz

12.4 (1) 643 MHz (2) 154 MHz

(3) 52.8 MHz

12.5 (1) $B_0 = 11.7$ T

(2) $B_0 = 76.4$ T

(3) $B_0 = 46.7$ T

(4) $B_0 = 162$ T

12.6 $CH_3F > CH_3Cl > CH_3Br > CH_3I$

12.7 풀이 참조

12.8 (1) 동등 (2) 동등

(3) 비동등 (4) 동등

12.9 풀이 참조

12.10 (1) 3중선 1벌과 4중선 1벌

(2) 3중선 1벌과 4중선 1벌

(3) 2중선

(4) 단일선

12.11 (1) $a = 2.2$ mT (2) $g = 2.001$

12.12 (1) 1 : 3 : 3 : 1

(2) 1(4선) : 2(4선) : 3(6선) : 6(8선) : 7(2선) : 9(2선) : 12(4선) : 14(2선) : 18(2선) : 21(1선)

(3) 1 : 3 : 6 : 10 : 12 : 12 : 10 : 6 : 3 : 1

12.13 (1) $I = 3/2$ (2) $I = 3$ (3) $I = 1$

12.14 (1) 4.6% (2) 15.9%

찾아보기

| 저자 소개 |

이 민 주

인하대학교 이과대학 화학과 이학사(1984)

인하대학교 대학원 화학과 이학석사(1986)

미국 Univ. of South Calolina, Dept. of Chemistry PhD(1991)

국립 창원대학교 자연과학대학 화학과 교수(1993~2015)

국립 창원대학교 자연과학대학 생물학 · 화학융합학부 교수(2015~현재)

물리화학연습: 양자화학과 분자 구조

| 저　　자 이민주

| 발 행 인 주정희

| 발 행 처 자유아카데미

| 주　　소 경기도 파주시 회동길 37-42 파주출판도시

저자와의 협의하에 인지생략

| 전　　화 031-955-1321

| 팩　　스 031-955-1322

| 홈페이지 www.freeaca.com

| 전자우편 main@freeaca.com(대표)
editor@freeaca.com(편집)
crm@freeaca.com(영업)

| 등　　록 제406-2003-017호, 1980. 7. 12

| 제1판1쇄 2016년 5월 6일 발행

| 정　　가 22,000원

ISBN 979-11-5808-085-3　93430

주기율표

주기 \ 족	1	2	3	4	5	6	7	8	9
1	H 1 Hydrogen 수소 1.007								
2	Li 3 Lithium 리튬 6.941	Be 4 Beryllium 베릴륨 9.0122							
3	Na 11 Sodium 소듐(나트륨) 22.9898	Mg 12 Magnesium 마그네슘 24.305							
4	K 19 Potassium 포타슘(칼륨) 39.0983	Ca 20 Calcium 칼슘 40.078	Sc 21 Scandium 스칸듐 44.9559	Ti 22 Titanium 타이타늄 47.867	V 23 Vanadium 바나듐 50.9415	Cr 24 Chromium 크로뮴 51.9961	Mn 25 Manganese 망가니즈 54.938	Fe 26 Iron 철 55.845	Co 27 Cobalt 코발트 58.9332
5	Rb 37 Rubidium 루비듐 85.4678	Sr 38 Strontium 스트론튬 87.62	Y 39 Yttrium 이트륨 88.9059	Zr 40 Zirconium 지르코늄 91.224	Nb 41 Niobium 나이오븀 92.9064	Mo 42 Molybdenum 몰리브데넘 95.94	Tc 43 Technetium 테크네튬 98.9063	Ru 44 Ruthenium 루테늄 101.07	Rh 45 Rhodium 로듐 102.9055
6	Cs 55 Cesium 세슘 132.9055	Ba 56 Barium 바륨 137.327		Hf 72 Hafnium 하프늄 178.49	Ta 73 Tantalum 탄탈럼 180.9479	W 74 Tungsten 텅스텐 183.84	Re 75 Rhenium 레늄 186.207	Os 76 Osmium 오스뮴 190.23	Ir 77 Iridium 이리듐 192.217
7	Fr 87 Francium 프랑슘 223.0197	Ra 88 Radium 라듐 226.0254		Rf 104 Rutherfordium 러더포듐 261.1088	Db 105 Dubnium 더브늄 262.1142	Sg 106 Seaborgium 시보귬 266.1219	Bh 107 Bohrium 보륨 264.1247	Hs 108 Hassium 하슘 269.13	Mt 109 Meitnerium 마이트너륨 268.1388

	주기						
란타넘족 (Lanthanides)	6	La 57 Lanthanum 란타넘 138.9055	Ce 58 Cerium 세륨 140.116	Pr 59 Praseodymium 프라세오디뮴 140.9077	Nd 60 Neodymium 네오디뮴 144.24	Pm 61 Promethium 프로메튬 146.9151	Sm 62 Samarium 사마륨 150.36
악티늄족 (Actinides)	7	Ac 89 Actinium 악티늄 227.0278	Th 90 Thorium 토륨 232.0381	Pa 91 Protactinium 프로트악티늄 231.0359	U 92 Uranium 우라늄 238.0289	Np 93 Neptunium 넵투늄 237.0482	Pu 94 Plutonium 플루토늄 244.0642

원소 기호 → C　6 ← 원자 번호
영어명 → Carbon
한글명 → 탄소
원자량 → 12.011

금속 (Metal)
준금속 (Semimetal)
비금속 (Nonmetal)

Periodic Table of the Elements

10	11	12	13	14	15	16	17	18
								He 2 Helium 헬륨 4.0026
			B 5 Boron 붕소 10.811	C 6 Carbon 탄소 12.011	N 7 Nitrogen 질소 14.0067	O 8 Oxygen 산소 15.9994	F 9 Fluorine 플루오린 18.9984	Ne 10 Neon 네온 20.1797
			Al 13 Aluminium 알루미늄 26.9815	Si 14 Silicon 규소 28.0855	P 15 Phosphorus 인 30.9738	S 16 Sulfur 황 32.0650	Cl 17 Chlorine 염소 35.4533	Ar 18 Argon 아르곤 39.948
Ni 28 Nickel 니켈 58.6934	Cu 29 Copper 구리 63.546	Zn 30 Zinc 아연 65.409	Ga 31 Gallium 갈륨 69.723	Ge 32 Germanium 저마늄 72.64	As 33 Arsenic 비소 74.9216	Se 34 Selenium 셀레늄 78.96	Br 35 Bromine 브로민 79.904	Kr 36 Krypton 크립톤 83.798
Pd 46 Palladium 팔라듐 06.421	Ag 47 Silver 은 107.8682	Cd 48 Cadmium 카드뮴 112.411	In 49 Indium 인듐 114.818	Sn 50 Tin 주석 118.71	Sb 51 Antimony 안티모니 121.76	Te 52 Tellurium 텔루륨 127.6	I 53 Iodine 아이오딘 126.9045	Xe 54 Xenon 제논 131.293
Pt 78 Platinum 백금 95.078	Au 79 Gold 금 196.9666	Hg 80 Mercury 수은 200.59	Tl 81 Thallium 탈륨 204.3833	Pb 82 Lead 납 207.2	Bi 83 Bismuth 비스무트 208.9804	Po 84 Polonium 폴로늄 208.9824	At 85 Astatine 아스타틴 209.9871	Rn 86 Radon 라돈 222.0176
Ds 110 Darmstadtium 다름스타튬 271.15	Rg 111 Roentgenuim 뢴트게늄 272.1535	Cn 112 Copernicium 코페르니슘 (277)	Uut 113 Ununtrium 우눈트륨 (284)	Fl 114 Flerovium 플레로븀	Uup 115 Ununpentium 우눈펜튬 (288)	Lv 116 Livermorium 리버모륨	Uus 117 Ununseptium 우눈셉튬	Uuo 118 Ununoctium 우눈옥튬 (294)

Eu 63 Europium 유로퓸 51.964	Gd 64 Gadolinium 가돌리늄 157.25	Tb 65 Terbium 터븀 22.9898	Dy 66 Dysprosium 디스프로슘 162.5	Ho 67 Holmium 홀뮴 164.93	Er 68 Erbium 어븀 167.259	Tm 69 Thulium 툴륨 168.9342	Yb 70 Ytterbium 이터븀 173.04	Lu 71 Lutetium 루테튬 174.967
Am 95 Americium 아메리슘 243.0614	Cm 96 Curium 퀴륨 247.0703	Bk 97 Berkelium 버클륨 247.0703	Cf 98 Californium 캘리포늄 251.0796	Es 99 Einsteinium 아인슈타이늄 252.083	Fm 100 Fermium 페르뮴 257.0951	Md 101 Mendelevium 멘델레븀 258.0984	No 102 Nobelium 노벨륨 259.101	Lr 103 Lawrencium 로렌슘 262.1097